# 北京市经济林生态功能研究

李少宁　许等平　鲁绍伟　赵　娜　徐晓天　主编

U0301875

科学技术文献出版社
SCIENTIFIC AND TECHNICAL DOCUMENTATION PRESS
·北京·

**图书在版编目（CIP）数据**

北京市经济林生态功能研究/ 李少宁等主编. —北京：科学技术文献出版社，2020.11

ISBN 978-7-5189-7378-1

Ⅰ.①北… Ⅱ.①李… Ⅲ.①经济林—生态环境—研究—北京 Ⅳ.① S727.3

中国版本图书馆 CIP 数据核字（2020）第 233013 号

## 北京市经济林生态功能研究

策划编辑：魏宗梅　责任编辑：王　培　责任校对：张吲哚　责任出版：张志平

| | | |
|---|---|---|
| 出　版　者 | 科学技术文献出版社 | |
| 地　　　址 | 北京市复兴路15号　　邮编　100038 | |
| 编　务　部 | （010）58882938，58882087（传真） | |
| 发　行　部 | （010）58882868，58882870（传真） | |
| 邮　购　部 | （010）58882873 | |
| 官 方 网 址 | www.stdp.com.cn | |
| 发　行　者 | 科学技术文献出版社发行　全国各地新华书店经销 | |
| 印　刷　者 | 北京虎彩文化传播有限公司 | |
| 版　　　次 | 2020 年 11 月第 1 版　2020 年 11 月第 1 次印刷 | |
| 开　　　本 | 710×1000　1/16 | |
| 字　　　数 | 243千 | |
| 印　　　张 | 15.25　彩插28面 | |
| 书　　　号 | ISBN 978-7-5189-7378-1 | |
| 定　　　价 | 78.00元 | |

# 编 委 会

# 前　言

　　经济林是以生产果品、食用油料、饮料、调料、工业原料和药材等为主要目的的林种，是森林资源的重要组成部分。发展经济林有利于提高国土资源利用效率，促进林业"双增"目标早日实现。经济林在集体林中占较大比重，发展特色经济林的重点在集体林。在集体林中大力发展以木本粮油、干鲜果品、木本药材和香辛料为主的特色经济林，有利于调整农村产业结构、促进农民就业增收和地方社会经济全面发展。同时，经济林对改善人居环境、推动绿色增长、维护国家生态和粮油安全都具有十分重要的现实意义。生态环境的良性循环是社会经济实现可持续发展的基础条件，为实现经济效益与生态效益双赢打下基础，经济林在维持和促进当今社会经济可持续发展及在环境保护中具有不可忽视的作用。

　　随着京津冀经济圈的逐渐强化，"十二五"期间，北京市产业结构调整进程迅速推进，经济林产业适度规模化发展及土地流转进程逐步加快，京郊果园经营主体及规模发生了较大变化。以农户为经营主体的户数由 31 万户减少到 28 万户，其中鲜果经营者减少到 15.9 万户，干果经营者减少到 12.1 万户。2017 年，北京市共有经济林 13.59 万 $hm^2$，其中果树林面积 13.33 万 $hm^2$，其他经济林面积 2591.2 $hm^2$。在果树林中，鲜果有 6.88 万 $hm^2$，干果林有 6.45 万 $hm^2$。经济林占全市森林面积（73.45 万 $hm^2$）的 18.50%；全市经济林年产值共计 43.39 亿元，带动 28 万户农户就业。此外，经济林不仅具有生产果品、提供药材等经济效益，同时具有的生态效益对首都生态环境的改善发挥着重要作用。

　　本书以北京市林业果树科学研究院科研人员长期观测获得的第一手资料及实验数据为基础，分为上篇"北京地区部分经济林树种生态功能研究"和下篇"北京市经济林生态系统服务功能研究"两部分。

本书上篇以北京地区常见经济林树种为研究对象，定量分析不同经济林树种生态功能，重点针对光合蒸腾、固碳释氧、降温增湿、吸滞大气颗粒物、吸滞金属元素及提供负离子功能等净化大气环境功能进行连续测定，定量比较分析了北京地区部分经济林树种生态功能的差异，全面掌握了北京地区经济林发展与环境因素的关系，量化了不同经济林树种生态功能物质量及其价值量，合理评估了经济林除直接经济价值以外的生态价值，明确了经济林在维持和促进当今社会经济可持续发展及在环境保护中不可忽视的作用。

结果表明：①不同经济林树种蒸腾速率日变化表现为先增加后减小，降温增湿功能均在 9 月、10 月变弱，6 月、7 月日降温值明显升高，各树种日降温均值介于 0.13～0.23 ℃，日释水量均值介于 808.38～1408.75 g·m$^{-2}$·d$^{-1}$；②各树种单位叶面积年固碳量、释氧量分别介于 18.22～35.57 g·m$^{-2}$·d$^{-1}$ 和 13.25～25.87 g·m$^{-2}$·d$^{-1}$，单位叶面积日固碳量、释氧量分别为 10.12～19.76 g·m$^{-2}$·d$^{-1}$ 和 7.36～14.37 g·m$^{-2}$·d$^{-1}$；③不同经济林树种吸滞 PM2.5 差异较明显，苹果吸滞 PM2.5 年价值量最高，约为 67.47 元·hm$^{-2}$；④各树种吸滞不同重金属元素能力差异显著，叶片中各金属元素含量具有一致大小排序，为 Zn ＞ Cu ＞ Cr ＞ Ni ＞ Pb ＞ As ＞ Cd，经济林树种与绿化树种一样，均可有效净化环境重金属污染；⑤经济林树种提供负离子能力（969～1631 个·cm$^{-3}$）显著高于部分绿化树种。可见，经济林生态功能同样可观，开展相关研究具有重要意义。

本书下篇借鉴国内外森林生态系统生态功能评估原理及方法，结合经济林自身的特点，以国家林业和草原局在北京市内布设的森林生态系统定位观测研究网站为技术依托，参考中华人民共和国国家标准《森林生态系统服务功能评估规范》（GB/T 38582—2020），以经济林资源二类调查数据集、经济林生态功能长期监测数据集及社会公共数据集为依据，对北京市经济林生态系统在涵养水源、保育土壤、固碳释氧、林木积累营养物质、净化大气环境、生物多样性保护和游憩等 7 个方面进行了物质量和价值量的评估。

结果显示：按照 2015 年现价评估，北京市经济林生态系统每年产生的生态效益总价值量为 78.41 亿元。其中，涵养水源 30.15 亿元，固碳释氧 17.42 亿元，林木积累营养物质 1.07 亿元，净化大气环境 11.59 亿元（滞纳 TSP 0.003 亿元，滞纳 PM10 0.37 亿元，滞纳 PM2.5 11.20 亿元），生物多样性保护 6.80 亿元，游憩 8.50 亿元。与森林生态系统单位面积价值量相比，经济林生态系统单位面积服务功能总体位于中下位置，当加入经济林的单位面积产业价值时，经济林单位面积价值量总体位于总排序中上位置，不同经济林单位面积服务功能差异主要由植物生物学特征、立地条件和降水等环境因子影响造成。

评估结果以直观的货币形式展示了北京市经济林生态系统为人们提供的服务价值，充分反映了北京市经济林生态建设成果。经济林生态效益对确定经济林在生态环境建设中的地位和作用具有非常重要的现实意义，有助于推进北京市经济林由生产果品为主转向生态、经济、社会三大效益统一的科学发展道路。

编者殷切希望本书的出版能够引起有关人士对该领域更大的关注和支持，并希望对从事该领域研究的师生有所裨益。

本书的出版得到了北京市农林科学院科技创新能力建设项目"北京主要林木树种种质创新与生态功能提升"（KJCX20200207）、"北京主要林木树种种质创新与生态功能评价"（KJCX20180202）、"北京森林生态质量状况监测基础数据平台建设"（KJCX20160301 和 KJCX20190301）、"顺义基地现代高效果园栽培技术示范"（KJCX20170601）、"顺义基地林果花卉资源筛选及栽培技术示范"（KJCX20200602），国家林业和草原局林业科技创新平台运行补助项目"北京燕山森林生态系统国家定位观测研究站运行补助"（2019132001），北京市林业果树科学研究院青年基金项目"北京城市森林环境 $SO_2$ 态特征与迁移转化"（LGYJJ202010）等项目的资助，在此表示感谢。

科学技术文献出版社对本书的出版给予了大力支持，编辑人员为此付出了辛勤劳动，在此也表示诚挚的谢意。

最后，恳切希望广大读者对本书中发现的问题和不足予以批评指正，以期进一步修订更改。

编者

2020 年 9 月

# 目　录

## 上　篇　北京地区部分经济林树种生态功能研究

上 篇

# 北京地区部分经济林树种生态功能研究

# 1 绪 论

## 1.1 引言

### 1.1.1 研究背景

森林作为陆地生态系统的最重要组成部分，在自然生态系统中发挥着不可替代的作用，其生态功能研究一直备受关注。经济林作为森林生态系统的重要组成部分，其生态功能的研究同样具有重要意义。许多专家学者从各个角度、各个学科（包括生态学、植物学、经济学等）开展相关研究，对其生态功能、生态价值进行了一系列探究，并在对其价值评估框架体系的不断完善过程中，挖掘更深层次的作用机制，促进森林生态系统为人类提供更多服务。近年来，生态功能价值评估成为生态系统研究的热点，并取得了一定的成果。我国学者在国外研究理论与方法的基础上，从不同方向开展了森林生态系统功能及其价值的评估工作，绝大部分研究都只针对天然林和生态林，对经济林生态功能研究鲜有涉及。

经济林是一种集经济效益、生态效益和社会效益于一体的重要森林资源。改革开放以来，随着产业结构的调整，种植经济林已发展成为改善生态环境的重要措施，对生态环境调控有着不可或缺的作用。因此，对经济林生态功能进行研究是必要的、切实可行的。

### 1.1.2 研究目的及意义

本研究以北京地区常见经济林树种为研究对象，通过对不同经济林树种固碳释氧、降温增湿、吸滞大气颗粒物、吸滞金属元素及提供负离子等功能进行连续测定，分析各经济林树种不同生态功能强弱。同时，借鉴国内外森林生态系统生态功能的评估原理及方法，结合经济林自身特点，采用适宜的评价指标，确定合理的评价方法，对不同经济林树种部分生态功能进行物质量及价值量的初步分析和量化评价。

本研究的目的在于定量分析不同经济林树种生态功能，全面掌握北京地区经济林发展与环境因素的对应关系，量化不同经济林树种生态功能物质量及其价值量，合理确定经济林除直接经济价值以外的巨大生态价值，明确经济林在维持和促进当今社会经济可持续发展及其在环境保护中不可忽视的作用。其意义在于全面挖掘经济林的潜在生态价值，为合理评价经济林的生态功能提供依据，有利于经济林经济效益与生态效益的有效结合，合理布局林业发展，促进林业、生态及和谐社会的可持续发展。

### 1.1.3 研究进展

（1）林木蒸腾及降温增湿作用

随着城市化进程的不断加快，城市"热岛效应"日益突出（Mohan et al.，2011；Hathwaya et al.，2012），尤其是改善夏季高温问题已成为城市绿化的主题之一。生态系统作为地表与大气之间的绿色调节器，对大气候及区域小气候均有一定的调节作用，包括对温湿度、径流和气流的影响（李少宁 等，2004）。林木通过蒸腾作用汽化吸热，同时将水分散失到周围环境中，增大空气湿度，大面积的林木蒸腾还可以产生降雨进而降低周围环境温度，达到调节小气候的目的（李晶 等，2002；安磊 等，2008）。近年来，人们主要针对经济林的蒸腾作用（Gretchen et al.，2015；陈洪国，2006）、提高经济林适应性（张菊，2013）和提高果品产量（马生珍，2015）进行大量研究。研究发现，影响植物蒸腾速率的因子包括相对湿度、空气温度、$CO_2$ 浓度、光合有效辐射、叶水势（张旭 等，2010；郭阿君 等，2007）。当外界环境因子满足湿度小、气温高、光照强、空气流动快时，林木的蒸腾作用就增强（潘瑞炽，1979）。气孔导度、叶片温度和空气相对湿度是影响蒸腾速率的主要因子（莫健彬 等，2007）。

国外关于经济林降温增湿能力的研究较为少见，但关于其他植被的降温增湿能力的研究则较为成熟。19 世纪 30 年代初，Howard 最早指出由于植被的存在，郊区温度相较城区温度偏低，并对其原因做出了简单解释；德国学者在维也纳做了不同地区沿线昼夜温度观测，结果表明绿化地区温度明显降低；20 世纪 50 年代，苏联进行了绿色植物改善热环境的研究，得出不同树种对热效应的影响程度不同，如山杨树叶透过的热能是胡桃楸或山楂树叶的 9.5

倍，其反射的热能达到稠李树叶片的 3 倍多（Young et al., 1987）；Cohen 等（2012）对不同城市绿地的植被覆盖度进行研究，发现其在夏季降温幅度最大可达 3.8 ℃。

经济林生态系统不仅可以提供巨大的直接经济价值，还具有较强的降温增湿能力。杨超等（2015）对北京地区常见经济林蒸腾及降温增湿作用的研究发现，经济林树种具有显著的降温增湿作用，且蒸腾速率的强弱及外界环境直接影响降温增湿作用的能力。关于森林植被降温增湿能力研究则相对较多（朱燕青，2013；何亮，2013；朱春阳 等，2011；秦仲，2016；Gomez-Munoz et al., 2010）。杨士弘（1994）研究发现，气温为 30 ℃时，单位面积细叶榕林可以降低周围 100 $m^3$ 大气层的温度达 1.3 ℃，相对湿度增加约为 2.4%；张景哲等（1988）研究北京气温与其下垫面结构的关系时发现，测点周围绿化覆盖率每增加 10%，白天气温下降可达到 0.93 ℃；广州的一项研究表明，无论是日均气温或是日最高气温，均表现为绿化区低于未绿化街区；日本的一项研究表明，屋顶有植被的房屋在盛夏时，屋内气温比其他地方低 3 ℃左右（彭镇华，2005）；张明丽等（2008）发现，上海不同植物群落的降温增湿效果差异显著，降温幅度为 3.3 ～ 4.5 ℃，增湿幅度为 10.6% ～ 17.4%。可见，森林植被对于气候的调节及降温增湿功能是显而易见的，故人们把森林降温称为"绿色空调"，经济林生态系统与森林生态系统具有同样显著的降温增湿能力。

我国水资源总量为 2.83 万亿 $m^3$，但人均占有量仅为 2317 $m^3$，不足世界人均占水量的 1/4（沈国舫，2001）。北京市人均水量只有 300 $m^3$，约为全国人均水平的 1/8，属重度缺水区域。水资源的紧缺已成为制约我国经济发展的重要因素，影响到社会可持续发展。在陆地生态系统中，森林具有重要的水土保持作用。因此，在水资源短缺的大形势下，人们越来越多地关注森林、草地等自然生态系统的水分利用变化及其保持水土的能力。

经济林树种作为植物的一类，其必然需要通过耗水来提供自身一系列的生理活动，其自身的光合、蒸腾、呼吸都需要水分来维持，在当今水资源日益稀缺的环境下，提高经济林树种的水分利用效率，在低耗水前提下提供更高的价值显得意义非凡。水分利用效率（water use efficiency，WUE）指植物消耗单位质量水分所固定的 $CO_2$（或生产的干物质）量。Testi（2008）对橄榄树及 Tong 等（2009）对农作物的水分利用特征研究表明，其日变化一般呈现出上午高下午低的变化趋势，通常认为这是由于环境因素影响造成的；Nobel（1991）

发现，一般情况下 CAM（景天酸代谢途径）植物的水分利用效率比 $C_3$ 和 $C_4$ 植物高，$C_4$ 植物的比 $C_3$ 植物的高；Ma 等（2010）针对苹果属 10 个砧木的研究表明，水分利用效率与叶面积没有关系，并且气孔导度低与水分利用效率相对高、相对生长率低之间并无相关性。

我国关于经济林树种水分利用效率的研究相对较少。其中，杨洪强等（2002）对苹果水分利用效率的影响因素研究结果表明，断根等切伤可以促进 ABA（脱落酸）的合成，进而减少蒸腾失水，提高水分利用效率。已有大量关于森林植被水分利用的研究，如李菊（2006）对人工针叶林的研究表明，水分利用效率日变化呈逐渐降低的趋势，且饱和水汽压差、太阳辐射等对植物水分利用有一定影响；曹生奎等（2009）发现，植物能否适应当地的极限环境条件，主要取决于植物自身是否能够协调碳同化和水分耗散之间的关系，即植物水分利用效率是其生存的关键因子。经济林树种以生长果实、产生干物质为主要目标，其光合作用能力相对园林绿化植物较强，光合作用的提高有利于水分的高效利用。经济林水分利用效率是生态系统碳循环和水分循环相互作用的综合反映，其对环境因子的响应机制十分复杂，有待进一步研究。

（2）林木光合与固碳释氧作用

全球碳循环中，对大气平衡影响最大的是全球生物碳循环和人类活动碳循环。工业革命以来，大气中 $CO_2$ 浓度持续升高，温室效应愈演愈烈，导致全球气候变暖。联合国政府气候变化专门委员会（IPCC，2013）的报告指出，近百年来地球已增温 $0.3 \sim 0.6$ ℃，预计到 21 世纪中期，$CO_2$ 浓度倍增后全球可增温 $1.5 \sim 4.5$ ℃，有可能导致旱涝灾害频繁，海平面上升，威胁人类生存，因此，控制大气中 $CO_2$ 浓度已经迫在眉睫（蒋有绪，1992；Dixon et al.，1994）。

全球森林面积仅占地球面积的 26%，但其地上部分及土壤中的碳储存量分别占全球陆地植物和土壤中碳贮量的 83% 和 63%（欧阳志云 等，1999）。森林植被通过光合作用，将 $CO_2$ 作为原料，经过一系列化学反应生成碳水化合物释放 $O_2$，达到固碳释氧的效果，不仅缓解自然环境的承载压力，还为人类提供生存物质，对于提高城市空气环境质量、维持生态平衡和促进可持续发展有十分重要的意义（韩焕金，2005）。日本的一项研究表明，每公顷落叶阔叶林、常绿阔叶林及针叶林 $CO_2$ 年吸收量分别为 14 t、29 t 和 22 t，$O_2$ 年释放量分别为 10 t、22 t 和 16 t（Mcnaughton et al.，1983）；当绿化覆盖率达 30% 时，

$CO_2$ 浓度呈直线下降，覆盖率超过 50% 以后空气中 $CO_2$ 浓度维持在一个正常的稳定值，约为 320 mg·m$^{-3}$（杨赉丽，1995）。由此可见，森林对于碳平衡的调节有着至关重要的作用。经济林在全球森林组成中占有的比例虽然不高，但其光合固碳释氧功能同样不容忽视。

许多学者通过环境胁迫（张菊，2013；辛慧卿 等，2008；姜卫兵 等，2002；尚杰 等，2015）和不同栽培技术对经济林的光合作用（王红霞 等，2003）及其影响因子进行了大量研究，发现通过调节经济林周围的 $CO_2$、水分、温度、矿物质含量可以提高经济林树种的光合作用并增加经济林产量。姜小文 等（2003）通过研究经济林树种生理生态特征对其光合作用产生的影响发现，不同种类及不同品种经济林光合特性之间有很大差异，叶片中叶绿素含量在达到某一限定值后叶绿素含量与净光合速率间没有平行关系，Rubisco 酶的羧化和氧化活性的比值直接影响其光合作用（高光林 等，2013）。

固碳释氧作为重要的生态功能之一，其在自然界的物质循环及能量传递中起着重要的调节作用（Hua et al.，2003；张一弓 等，2012）。植物固碳释氧的研究在 20 世纪中叶就已经开始，近些年逐渐受到人们关注。近些年，国内外学者主要针对常见绿化树种、绿地的固碳释氧量研究发现，乔木改善环境的作用最强。刘嘉君等在对彩叶树种的研究中发现，植物固碳释氧量能力与其光合作用有着密切关系，净光合速率越大植物固碳释氧能力就越强；杨超等（2016）对北京地区常见经济林固碳释氧能力研究发现，各经济林树种固碳释氧能力在夏季最高，春季最低，且植物净光合速率对经济林固碳释氧能力有显著影响；史红文等（2012）发现，灌木的光合速率和单位面积固碳释氧量高于乔木，常绿植物的光合速率和单位面积固碳释氧量高于落叶植物。净光合速率和单位面积固碳释氧量反映了植物通过叶片光合作用固碳释氧能力的强弱；李冬梅（2014）研究表明，在光照强度较强的 7 月、8 月，光照对于桃树的光合速率具有一定抑制作用，导致其固碳释氧能力较弱。

（3）林木吸滞 PM2.5 作用

近年来，随着城市化和工业化步伐的加快，空气污染日益严重，气溶胶作为影响大气环境的重要因素和危害人类健康的主要污染物，备受人们关注。细颗粒物（PM2.5）是气溶胶的主要组成部分，通过散射和吸收太阳光直接改变全球辐射平衡和分布，也可以作为云的凝结核影响云、雾的形成间接影响全球气候（Zhang et al.，1999；宋宇 等，2002）。此外，大气颗粒物还会危害森林和农作物健康、降低大气能见度和污染水质等（Charlson et al.，1992；Myhre，2009）。PM2.5 是指粒径小于 2.5 μm 的细小颗粒物，由于粒径极小可通过肺部进入血液循环，引发一系列疾病（Polichetti et al.，2009），且随着颗粒物粒径的减小其危害指数成倍增长（Hsu et al.，2005；Deng et al.，2006；Brunekreef et al.，2002）。北京地区 PM2.5 浓度远高于发达国家大城市大气中的浓度，已经达到相当严重的污染程度。仅在 2015 年 12 月一个月的时间内，北京市就两次启动灰霾天气红色预警，在红色警报期内 PM2.5 浓度值一度达到 1000 μg·m$^{-3}$ 以上，远远超出其正常浓度范围。因此，对大气环境污染的治理迫在眉睫。

森林植被可以通过降低风速、阻挡和吸滞颗粒物等方式将大气污染物有效滞留在植物枝干、叶片等表面（么旭阳 等，2014），达到净化大气环境的目的。因此，利用植被冠层结构净化大气颗粒物具有积极意义，但由于不同树种之间冠层结构和叶片结构等存在较大的差异，吸滞细颗粒物能力存在一定差距（孔令伟，2015）。Nowak 等（2006）研究森林植被对大气污染物吸附作用发现，美国各城市植被年移除大气污染物约为 71.1 万 t，价值约 380 亿美元；Virginia 等（1996）研究发现，粗糙的植物叶表面在滞留悬浮颗粒物时要比光滑的叶表面更有效率；Nowak（1991）指出，在美国芝加哥的库克和杜佩奇市区，夏天城市森林平均每天吸收 PM10 等大气颗粒物达 8.9 t；柴一新等（2002）研究发现，城市绿化树种有很强的滞尘能力，一株胸径 20 cm 的红皮云杉年滞尘量可达 8.41 kg；张新献等（1997）对园林绿化树种吸滞颗粒物能力研究表明，短小密集的针叶树更加有利于粉尘的滞留。这一系列研究结果均充分证实了林木对于大气颗粒物的清除十分有效，进而佐证本研究针对经济林吸滞大气颗粒物研究的重要意义。

经济林作为森林资源的重要组成部分，在吸滞大气颗粒物方面具有重要的作用。尽管关于经济林生态系统吸滞大气颗粒物的研究还相对较少，但国内外关于森林植被吸滞大气颗粒物的作用已经得到广泛证实（Nowak et al.，2006；刘萌萌，2014；赵冰清，2015；赵晨曦 等，2013；Mcdonald et al.，2007），经济林对于大气颗粒物的吸滞与生态林、园林绿化树种的作用机制完全一致。覃正亚等对湖南省经济林（油茶）的研究结果表明，其年滞尘量达到 5333 万 t，年节省滞尘费用 2954 万元，相当于其间接生态价值每年可达到 2000 多万元；此项研究充分证实经济林吸滞大气颗粒物的重要作用，而关于森林植被吸滞大气颗粒物的研究则相对较为成熟。

综上所述，经济林作为森林资源的一部分，具有一定的吸滞大气颗粒物能力，且经济林树种吸滞大气颗粒物日、季节动态趋势及其与环境因子作用机制同园林绿化树种等生态林树种是一致的。森林对大气细颗粒物具有明显的净化作用，且不同绿化树种净化能力不尽相同，净化能力的强弱受环境的影响及植物叶片自身形态特征的影响。

（4）叶片吸滞金属元素及吸收污染气体净化作用

1）林木吸滞金属元素研究现状

植物主要通过自身的避性和抗性对外界环境中的污染物进行抵抗。避性的作用机制主要是通过一系列生理生化过程将有毒物质进行降解或者排出体外；抗性主要是指植物某些器官具有忍耐有毒物质的能力。大气中主要存在 $SO_2$、HF、$Cl_2$、$O_3$ 等有毒、有害气体，这些污染物会直接或间接对人体健康及其生存环境产生影响。森林生态系统净化空气污染功能主要是通过吸收、过滤、分解等一系列作用，使之得到降解和净化。S 是植物体内必需元素，正常含量为叶片干重的 0.1%～0.3%，当空气污染到一定程度后，其体内 S 含量可达正常状态下 5～10 倍。

经济林可以通过自身一系列生理反应对污染物起到一定的净化作用，20世纪 70 年代，国内外就已经进行过相关试验，研究树木吸收 $SO_2$ 的能力。早期的试验多采用熏气法，在短时间高浓度下对树木吸收 $SO_2$ 的能力进行了研究（William，1986）。大量研究均证实植被对污染物具有良好的吸滞、削减作用，达到净化空气的目的（吴耀兴 等，2009；温达志 等，2003；刘艳菊 等，2001；孔国辉 等，2003）。

2）叶片吸收污染气体研究现状

金属元素污染危害性极其严重，不仅破坏生态平衡，还对人类健康产生极大威胁，且关于金属元素污染的治理难度较大、成本较高。在环境污染方面所说的金属元素，主要是指 Hg、Cr、Pb、Ni、Sn、Cd，以及类金属 As 等生物毒性显著元素。利用植物吸滞金属元素，达到净化金属元素污染的目的，是目前广为研究且具有良好发展前景的植物修复方式。它是利用植物的耐受及积累金属元素的能力来吸收环境中的金属离子，将它们输送并贮存在体内，通过一系列化学反应将有毒物质转变成无毒物质（韦朝阳 等，2001）。

经济林树种吸滞金属元素的研究国内外都极少涉及，但关于园林树种及其他生物吸滞金属元素的研究已较为成熟。国内外专家、学者曾利用水生植物来吸收净化污水中的金属与有机污染物。凤眼莲为了维持自身的生命活动能大量地吸收污水中 N、P、K 等无机营养元素，同时能将吸收的各种有机污染物在体内进行转化；热带、亚热带海岸，木本植物红树林对污水和重金属有一定的净化作用（陈荣华 等，1989）。加拿大杨等木本植物对土壤中的 Hg 具有较强的吸收累积作用（林治庆 等，1989）；研究发现，落叶树种对重金属溶液的吸附效率高于 60%（潘海燕 等，2002）。此外，还有许多研究均证实植物叶片对重金属具有一定的吸滞作用（Alfani et al.，1996；马跃良 等，2001；王成 等，2007；任乃林 等，2004）。因此，植物叶片对于大气重金属污染具有十分重要的调控作用。经济林树种作为生态系统的初级生产者，其叶片同样具有吸滞大气重金属污染的功能。

（5）林木提供空气负离子作用

空气负离子，又被称为负氧离子，指获得 1 个或 1 个以上电子带负电荷的氧气离子。组成空气的各成分中只有 $O_2$ 和 $CO_2$ 对电子有亲和力，但空气中 $O_2$ 浓度是 $CO_2$ 浓度的 700 倍，因此，空气中生成的负离子绝大多数是空气负氧离子。它几乎对所有生物都有良好的生理效应，人和动物如果没有负氧离子将无法生存，而且负离子具有极佳的除尘、降低二手烟危害、预防呼吸道疾病、改善睡眠、防衰老、降低血液黏稠度的效果，在医学界享有"维他氧""空气维生素""长生素"等美称（赵瑞祥，2002；曾曙才 等，2006）。

1889 年，德国科学家 Elster 和 Geital 首次发现了空气负离子的存在，德国物理学家 Philip Leonard 博士第一个在学术上证明负离子对人体的功效。1902 年，Asamas 等肯定了空气负离子存在的生物意义；1931 年，一位德国医生发现空气负离子对人体的生理影响。1932 年，美国 RCA 公司的 Hamsen 发明了世界上第一台医用空气负离子发生器，近一个世纪以来，空气负离子研究在欧、美、日各国已经历了很长的发展和应用阶段（Phillips et al.，1964；Krueger，1985；Krueger et al.，1976；Nakane et al.，2002）。空气负离子通过吸附、聚集和沉降作用降低空气中污染物和颗粒物的浓度，达到净化空气的目的，这一结果已经得到证实（Wu et al.，2004）。

经济林生态系统与森林生态系统一样，同样具有提供空气负离子的作用，相关研究目前还较少涉及。空气负离子对于生态环境和人类具有重大的积极作用，因此我国学者早在 1978 年就已经展开相关研究，经历了 20 世纪

80 年代和 20 世纪 90 年代初两个研究发展高潮（邵海荣 等，2005）。据研究结果显示（段舜山 等，1999；杨小波 等，2001），一般城区内空气负离子含量为 300～700 个·$cm^{-3}$，工业区仅为 200 个·$cm^{-3}$，而在林区可以高达 2000～3000 个·$cm^{-3}$；还有研究表明，空气负离子浓度呈现十分规律的日变化和季节变化特征，邵海荣等（2005）发现空气负离子浓度最大值出现在 9：00～11：00，最小值出现在 23：00 左右；在季节变化当中表现为夏季空气负离子浓度最高，冬季最低（吴际友 等，2003）。相关研究还表明，空气负离子浓度受环境因素影响较大，且与生态结构、林分类型、郁闭度等均有一定关系（王洪俊，2004；黄彦柳 等，2004；邵海荣 等，2000）。

经济林在提供果品等直接经济价值的同时，还可以提供大量有益于人体健康的空气负离子，但是目前关于经济林提供空气负离子的研究还未形成相对系统的体系。

## 1.2 研究区概况

### 1.2.1 研究区自然概况

（1）地理位置

北京，中华人民共和国首都、直辖市。市中心位于 39°54′20″N，116°25′29″E，总面积约 16 410.54 $km^2$。东西宽约 160 km，南北长约 176 km。位于华北平原北部，毗邻渤海湾，上靠辽东半岛，下临山东半岛，毗邻河北省和天津市。北京平原的海拔高度在 20～60 m，平均海拔 43.5 m，山地一般海拔 1000～1500 m。

（2）地理地貌

北京位于我国第二、第三级阶梯的过渡地段，处于内蒙古高原和华北平原的交接地带，由西北山地和东南平原两大地貌单元组成，地势呈现西北高，东南低的特点。西部山地称西山，属于太行山山脉，北部山地统称军都山，属于燕山山脉。

（3）气候资源

北京的气候为典型的北温带半湿润性大陆季风气候，夏季高温多雨，冬季寒冷干燥，春、秋短促。北京年均日照时数在 2000～2800 h，全年无霜期 180～200 天，西部山区较短。年均降雨量约 483.9 mm，为华北地区降雨较多

的区域之一。降水季节分配不均匀，全年 80% 的降水集中在夏季 6 ～ 8 月，7
月、8 月多有大雨。

（4）土壤状况

北京地区成土因素复杂，形成了多种多样的土壤类型，可划分为 10 个土类，
20 个亚类，64 个土属。其空间分布特点表现为全市土壤随海拔变化呈明显的
垂直分布规律。其分布规律为：山地草甸土—山地棕壤—山地淋溶褐土—山地
普通褐土—普通褐土—碳酸盐褐土—褐潮土—砂姜潮土—潮土—盐潮土—草甸
沼泽土。由于不同地区成土因素的差异，土壤分布有明显的地域分布规律。

（5）植被状况

北京市地带性植被类型为暖温带落叶阔叶林并间有温性针叶林的分布，大
部分平原地区已成为农田和城镇。据统计，截至 2013 年森林面积约为 61 192
万 hm²，其中经济林面积约 16 145 万 hm²，经济林面积占森林资源面积的 30%
左右。

森林资源主要分布在密云、怀柔、延庆、平谷等区县。主要乔、灌木树种
包括：油松、侧柏、柳树、华北落叶松、榆树、刺槐、黄栌、小叶黄杨等，主
要经济林树种包括：苹果、梨、桃、樱桃、杏等。

北京市经济林栽培面积达到 231 万亩，总产量达 9.1 亿 kg，果品直接收入
达 36.6 亿元。北京市各类经济作物多种多样，其中 10 个郊区 178 个乡都栽培
杏树，共栽植杏树约计 532 万株，葡萄属植物共计 14 种。目前，郊区苹果、
梨种植面积均已达到 2 万 hm² 左右，桃种植面积已超过 2.7 万 hm²，而樱桃种
植面积不足 1700 hm²，枣、杏、李子仅有几万亩；草莓、木瓜、树莓只有零
星栽培，主要分布在海淀、通州、延庆、怀柔、门头沟、房山等。

## 1.2.2　试验地基本概况

试验地选择在北京市林业果树科学研究院的种质资源圃，位于北京市西北
五环内闵西桥附近。西邻北京市西山国家森林公园，距离西五环路百米左右。
林业果树科学研究院种质资源圃总面积约为 13.33 hm²，地理坐标为 39° 59′ 35″ N，
116° 13′ 13″ E，海拔约为 88 m。资源圃内经济林种类繁多，主要分布有：桃、
苹果、梨、樱桃、枣、杏、核桃、板栗等（表 1–1）。由于资源圃紧靠北京市
西北五环，车流量较大，其大气污染主要受交通状况、汽车尾气排放的影响。

表 1-1 试验区经济林树种基本信息

| 树种（品种） | 平均树高 /m | 平均地径 /cm | 林龄 / 年 | 株行距 / ( m × m) |
|---|---|---|---|---|
| "京枣 31" 枣 | 4.6 | 14.7 | 13 | 3 × 4 |
| "皇冠" 梨 | 2.6 | 12.4 | 8 | 3 × 4 |
| "黄金" 梨 | 3.3 | 16.5 | 15 | 3 × 4 |
| "晚蜜" 桃 | 2.5 | 11.8 | 7 | 3 × 4 |
| "龙王帽" 杏 | 2.5 | 10.9 | 8 | 3 × 4 |
| "串枝红" 杏 | 2.8 | 11.2 | 14 | 3 × 4 |
| "红灯" 樱桃 | 3.1 | 13.4 | 8 | 3 × 4 |
| "薄壳香" 核桃 | 3.4 | 14.6 | 9 | 3 × 4 |
| "红富士" 苹果 | 2.9 | 12.0 | 8 | 3 × 4 |

## 1.3 研究方法与内容

### 1.3.1 研究内容

本书研究内容主要包括以下 5 个方面。

（1）经济林蒸腾及降温增湿功能研究

测定不同经济林树种蒸腾速率大小,进而得出不同经济林树种蒸腾量差异,并由其蒸腾速率推算出不同经济林降温和增湿能力，分析导致不同经济林树种降温增湿能力差别的原因。

（2）经济林固碳释氧功能研究

测定各经济林树种光合速率变化情况及其固碳释氧能力大小；利用森林评估指标体系，评估各经济林固碳释氧物质量及其价值量。测定光合速率和蒸腾速率日变化，分析光合与蒸腾日变化耦合特征关系。

（3）经济林叶片吸滞 PM2.5 功能研究

采集不同经济林树种叶片，分析其叶片 PM2.5 吸滞量变化特征；同时，利用电子显微镜观测不同经济林树种叶表面形态特征，探究叶表面形态特征与叶片吸滞 PM2.5 能力的关系；利用指标体系评估不同经济林吸滞 PM2.5 物质量及其价值量。

（4）经济林叶片吸滞金属元素及污染物净化功能研究

测定不同经济林不同土壤层次与叶片中金属元素（包含 25 种金属及类金属元素）及 Cl 元素含量，分析不同经济林吸滞金属元素及污染物能力的差异。

（5）经济林提供负离子特征及其评价研究

测定不同经济林内空气负离子浓度及其时间变化特征，分析环境因子对空气负离子浓度的影响，对不同经济林空气质量进行评价分级，并对不同经济林提供空气负离子量进行物质量和价值量的评估。

## 1.3.2 研究方法

实验时间分别为 2015—2020 年的 5～10 月，其中 5 月为春季，6～8 月为夏季，9 月、10 月为秋季；选择在林业果树科学研究院资源圃中处于初产期内、林龄基本一致的几种经济林树种进行相关研究。在试验地内设有米特（Wether Meter）全自动气象站，可以实时观测气温、相对湿度、风速、降水等气象因子。

（1）林木蒸腾吸热降温增湿

每月选取 1 天晴朗无风天气，通过 CI-340 光合测定仪测定不同经济林树种的蒸腾速率，通过公式（1-1）、（1-2）、（1-3）、（1-4）计算出各个树种蒸腾降温值（于雅鑫 等，2013）。

日蒸腾总量为：

$$E = \sum_{i=1}^{j}[(e_i + e_{i+1}) \div 2 \times (t_{i+1} - t_i) \times 3600 \div 1000]。 \qquad (1-1)$$

式中，$E$ 为日蒸腾总量（单位：$mol \cdot m^{-2} \cdot d^{-1}$）；$j$ 为测定次数；$e_i$ 为初测点的瞬时蒸腾速率值（单位：$mmol \cdot m^{-2} \cdot s^{-1}$）；$e_{i+1}$ 为下一测点的瞬时蒸腾速率值（单位：$mmol \cdot m^{-2} \cdot s^{-1}$）；$t_i$ 为初测点的瞬时时间（单位：h）；$t_{i+1}$ 为下一测点的瞬时时间（单位：h）。

单位叶面积日蒸腾释水量为：

$$W_{H_2O} = E \times 18。 \qquad (1-2)$$

式中，$W_{H_2O}$ 为日蒸腾释水量（单位：$g \cdot m^{-2} \cdot d^{-1}$）；$E$ 为日蒸腾总量（单位：$mol \cdot m^{-2} \cdot d^{-1}$）。

单位叶面积日蒸腾吸热量为：

$$Q = W_{H_2O} \times l \times 4.18。 \qquad (1-3)$$

式中，$Q$ 为单位叶面积日吸热量（单位：$J \cdot m^{-2} \cdot d^{-1}$）；$l$ 为蒸发耗热系数（$l=597-0.57t$，$t$ 为测定日的空气温度）。

由于空气中存在湍流、对流和辐射，因而考虑到叶面与空气、空气与气团之间热量的交换，取底面积为 10 $m^2$，高度为 100 m 的柱形空气作为计算单位。

蒸腾降温公式为：

$$\triangle T = Q/\rho_c。 \qquad (1-4)$$

式中，$\triangle T$ 为下降温度值；$Q$ 是取自周围 1000 $m^3$ 的空气柱体（单位：$J \cdot m^{-3} \cdot h^{-1}$）；$\rho_c$ 为空气的容积热容量，值为 1256 $J \cdot m^{-3} \cdot ℃^{-1}$。

林木水分利用效率为：

试验期间，每月中旬选取晴朗无风天气作为测定日，每月测定 1 次。利用 CI-340 便携式光合测定仪对不同经济林树种光合及蒸腾作用进行全天连续测定，在待测品种上选取树冠外层向阳的 5 片叶子，7：00 ～ 17：00 每隔两小时测定一次，每次测定 3 ～ 5 个瞬时净光合速率（$P_n$）和蒸腾速率（$E$）。

经济林水分利用效率采用气体交换法定量测定（Morgan et al.，1993），计算公式如下：

$$WUE = P_n/E。 \qquad (1-5)$$

（2）林木光合作用与固碳释氧

试验期间，每月中旬选取晴朗无风天气作为测定日，每月测定 1 次。利用 CI-340 便携式光合测定仪对不同经济林树种光合及蒸腾作用进行全天连续测定，在待测品种上选取树冠外层向阳的 5 片叶子，7：00 ～ 17：00 每隔两小时测定一次，每次测定 3 ～ 5 个瞬时净光合速率。

通过以下公式可以计算出各树种固碳释氧量（刘嘉君 等，2011）。

日净同化量为：

$$P = \sum_{i=1}^{j} [(P_{i+1} + P_i) \div 2 \times (t_{i+1} - t_i) \times 3600 \div 1000]。 \qquad (1-6)$$

式中，$P$ 为测定日总同化量（单位：$mmol \cdot m^{-2} \cdot d^{-1}$）；$j$ 为测定时间段内的测定次数；$P_i$ 为初测点的瞬时光合速率（单位：$\mu mol \cdot m^{-2} \cdot s^{-1}$）；$P_{i+1}$ 为下一观测时间点的瞬时光合速率（单位：$\mu mol \cdot m^{-2} \cdot s^{-1}$）；$t_i$ 为初测点的瞬时观测时间（单位：h）；$t_{i+1}$ 为下一观测点的瞬时时间（单位：h）。

林木通过光合作用吸收 $CO_2$ 同时释放 $O_2$，光合作用方程式为：

$$CO_2+4H_2O \rightarrow CH_2O+3H_2O+O_2。$$

其中，$CO_2$ 的摩尔质量为 $44\ g \cdot mol^{-1}$，$O_2$ 的摩尔质量为 $32\ g \cdot mol^{-1}$，因此可以根据公式（1-7）、（1-8）计算当日的固碳释氧量。

单位叶面积固碳量为：

$$W_{CO_2} = P \times 44 \div 1000。 \tag{1-7}$$

单位叶面积释氧量为：

$$W_{O_2} = P \times 32 \div 1000。 \tag{1-8}$$

式中，$W_{CO_2}$ 为单位叶面积的净固定 $CO_2$ 量；$W_{O_2}$ 为单位叶面积的固定 $O_2$ 量。

（3）叶片吸滞 PM2.5

1）叶片采集

试验期间，每月中旬采集一次叶片。在采集叶片之前先进行清洗，并对清洗过的叶片进行标记，以月为单位，在清洗完一个月之后（期间如遇降水，则在降水 7 天后进行采集），每个树种分别选择 3 棵样树（林龄相近），在树冠的上、中、下部位及东、南、西、北 4 个方向对标记过的功能叶片进行采集（15～20片），将采集的叶片封存于纸质采集袋（无静电）中带回实验室。

2）分析方法

①单位叶面积 PM2.5 吸滞量测定

应用气溶胶再发生器（QRJZFSQ-I）进行测定（王兵 等，2015），通过风蚀原理，将叶片上的颗粒物吹起，制成气溶胶，再结合英国 Turkey 公司生产的 Dustmate 手持 PM2.5 检测仪测定气溶胶中 PM2.5 的质量浓度，进而推算出叶片上 PM2.5 的吸附量，每个树种进行 3 次重复；再利用 EPSON-V700 扫描仪和叶面积计算软件算出叶面积，由公式（1-9）计算单位叶面积 PM2.5 吸滞量。

计算公式为：

$$m = m1/S。 \tag{1-9}$$

式中，$m$ 为单位叶面积 PM2.5 吸附量（$\mu g \cdot cm^{-2}$），$m1$ 为放入气溶胶再发生器叶片的 PM2.5 吸附量（$\mu g$），$S$ 为放入气溶胶再发生器料盒中所有叶片的叶面积（$cm^2$）。

②叶表面形态特征观测

利用日本日立公司生产的 S-3400 环境扫描电子显微镜，在不同放大倍数下进行观测。

（4）叶片吸滞金属元素及污染物

1）叶片采集

于 5 月 25 日、7 月 27 日、9 月 10 日、11 月 10 日分别进行取样，以此代表春、夏、秋、冬 4 个季节。每个树种分别选择 3 棵样树，在树冠 4 个方向的上、中、下不同部位采集叶片 3～5 片，封存于密封袋中带回实验室。用去离子水冲洗后晾干，105 ℃杀青，置于 65 ℃烘箱中烘至恒重，粉碎，过 200 目筛。

2）土壤样品采集

在每个取样树种附近选取有代表性的地块，用土钻分 3 层（0～10 cm、10～20 cm、20～40 cm）取样。将样品放入土袋中，带回实验室风干处理，研磨后分别过 100 目和 200 目筛，利用四分法取部分土样。

3）分析方法

Cl 元素的测定采用离子色谱仪，金属元素分析先采用微波消解仪进行微波消解，然后利用 ICP-MS 电感耦合等离子体质谱进行测定。

（5）林木提供空气负离子

在距离地面 1.5 m 处，利用空气负离子仪进行测定。在不同经济林内，选择天气状况良好，大气状态相对稳定，风向、风速变化不大的晴天进行，每月选取 3 天，从 7：00～19：00 进行全天连续监测，每 2 小时监测 1 次，在每个监测点按东、南、西、北 4 方向分别瞬间读数，每个方向待仪器显示的数值稳定后，读取 5 个波峰数值，并取 5 个数值的平均值作为一个方向的值，然后取 4 个方向数值的平均值作为该监测点的监测值。

# 2 经济林树种蒸腾及降温增湿功能研究

随着城市化进程的不断加快，城市"热岛效应"日益突出，改善夏季高温的问题已经成为城市绿化的主题之一。林木可以通过蒸腾作用汽化吸热，同时将水分散失到周围环境中，使空气湿度增大，迫使周围环境温度降低。经济林作为林木中的一种，不仅具有较大的经济价值，还兼具较强的生态价值，其中，降温增湿功能就是其主要生态价值的体现之一。本章通过测定北京市不同经济林树种蒸腾速率大小，分析导致不同经济林树种降温增湿能力差别的原因。

## 2.1 经济林蒸腾吸热降温增湿效应研究

### 2.1.1 蒸腾速率变化

由图 2-1 可知，"XG 丰水"梨、"龙王帽"杏、"晚蜜"桃、"红富士"苹果和"串枝红"杏 5 种经济林在相同月份的日蒸腾速率不同，同一树种不同品种间也不相同，即使是同一品种不同月份其日蒸腾速率也不相同。"红富士"苹果 7 月日蒸腾速率最大（1.87 mmol·m$^{-2}$·s$^{-1}$），6 月日蒸腾速率最小（0.60 mmol·m$^{-2}$·s$^{-1}$），最大值是最小值的 3.12 倍；"晚蜜"桃 6 月日蒸腾速率最大（1.79 mmol·m$^{-2}$·s$^{-1}$），10 月日蒸腾速率最小（0.78 mmol·m$^{-2}$·s$^{-1}$），6 月出现的最大值是 10 月出现的最小值的 2.30 倍；"串枝红"杏 6 月日蒸腾速率最大（1.85 mmol·m$^{-2}$·s$^{-1}$），10 月日蒸腾速率最小（0.46 mmol·m$^{-2}$·s$^{-1}$），6 月出现的最大值是 10 月出现的最小值的 4.02 倍；"龙王帽"杏 6 月日蒸腾速率最大（1.93 mmol·m$^{-2}$·s$^{-1}$），10 月日蒸腾速率最小（0.66 mmol·m$^{-2}$·s$^{-1}$），6 月出现的最大值是 10 月出现的最小值的 2.92 倍；"XG 丰水"梨日蒸腾速率最大值和最小值分别出现在 7 月和 10 月，值依次为 2.07 mmol·m$^{-2}$·s$^{-1}$ 和 1.03 mmol·m$^{-2}$·s$^{-1}$，最大日蒸腾速率是最小日蒸腾速率的 2.01 倍。

在整个观察期内，平均日蒸腾速率由大到小依次为"XG丰水"梨
（1.42 mmol·m$^{-2}$·s$^{-1}$）＞"龙王帽"杏（1.25 mmol·m$^{-2}$·s$^{-1}$）＞"晚蜜"
桃（1.22 mmol·m$^{-2}$·s$^{-1}$）＞"红富士"苹果（1.18 mmol·m$^{-2}$·s$^{-1}$）＞"串枝红"
杏（1.01 mmol·m$^{-2}$·s$^{-1}$）。

5种经济林的蒸腾速率在6、7月最强，与陆贵巧等（2006）研究的大连
市常见绿化树种蒸腾速率大部分在8月最强的结果不一致，除去树种本身原因
外，外在因素可能是由于北京8月出现冰雹，冰雹对叶片造成伤害，影响叶片
的蒸腾作用，导致其蒸腾速率降低。

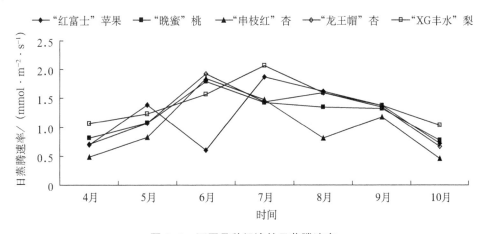

图 2-1　不同品种经济林日蒸腾速率

### 2.1.2　吸热量研究

林木通过蒸腾作用将液态水转化成气态水，散失到空气中，吸收大气
中的热量。5个不同品种果树的单位叶面积日蒸腾吸热量存在差异。5个
不同品种经济林单位面积日蒸腾吸热量由多到少依次为："XG丰水"梨
（2941.26 kJ·m$^{-2}$·d$^{-1}$）＞"龙王帽"杏（2622.27 kJ·m$^{-2}$·d$^{-1}$）＞"晚蜜"桃
（2582.81 kJ·m$^{-2}$·d$^{-1}$）＞"红富士"苹果（2499.80 kJ·m$^{-2}$·d$^{-1}$）＞"串枝红"
杏（2073.75 kJ·m$^{-2}$·d$^{-1}$），其中吸热量最多的"XG丰水"梨是吸热量最少的"串
枝红"杏的1.42倍。虽然5个品种吸热量存在差异，但在季节上的差异并不明显，
日均表现为：夏季（3184.74 kJ·m$^{-2}$·d$^{-1}$）＞秋季（2151.52 kJ·m$^{-2}$·d$^{-1}$）＞
春季（1975.29 kJ·m$^{-2}$·d$^{-1}$），其中夏季平均日吸热量顺序为："XG丰水"

梨（3574.46 kJ·m⁻²·d⁻¹）＞"龙王帽"杏（3450.94 kJ·m⁻²·d⁻¹）＞"晚蜜"桃（3217.32 kJ·m⁻²·d⁻¹）＞"红富士"苹果（2879.21 kJ·m⁻²·d⁻¹）＞"串枝红"杏（2801.75 kJ·m⁻²·d⁻¹）；秋季平均日吸热量顺序为："XG丰水"梨（2490.90 kJ·m⁻²·d⁻¹）＞"红富士"苹果（2238.62 kJ·m⁻²·d⁻¹）＞"晚蜜"桃（2229.93 kJ·m⁻²·d⁻¹）＞"龙王帽"杏（2118.89 kJ·m⁻²·d⁻¹）＞"串枝红"杏（1679.29 kJ·m⁻²·d⁻¹）；春季平均日吸热量顺序为："XG丰水"梨（2441.80 kJ·m⁻²·d⁻¹）＞"红富士"苹果（2191.87 kJ·m⁻²·d⁻¹）＞"晚蜜"桃（1983.93 kJ·m⁻²·d⁻¹）＞"龙王帽"杏（1882.65 kJ·m⁻²·d⁻¹）＞"串枝红"杏（1376.21 kJ·m⁻²·d⁻¹）（图2-2）。

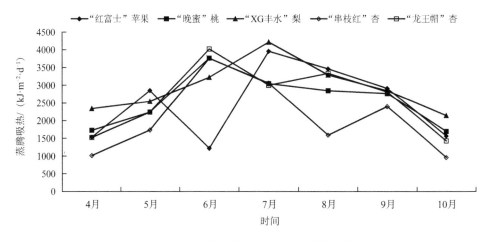

图2-2　不同品种经济林单位面积日蒸腾吸热量

　　5种经济林在不同月份的平均日吸热量由多到少依次为："红富士"苹果7月＞8月＞9月＞5月＞10月＞4月＞6月；"晚蜜"桃6月＞7月＞8月＞9月＞5月＞4月＞10月；"XG丰水"梨7月＞8月＞6月＞9月＞5月＞4月＞10月；"串枝红"杏6月＞7月＞9月＞5月＞8月＞4月＞10月；"龙王帽"杏6月＞8月＞7月＞9月＞5月＞4月＞10月。

　　该研究发现，5个品种经济林在6月、7月、8月吸热最多。"红富士"苹果在6月吸热最少，一方面与品种本身有关；另一方面可能是由于6月"红富士"苹果叶片缺乏水分导致蒸腾速率偏小（王孟本，1999）。在夏季，经济林吸热最多的月份主要集中在6月、7月，与陆贵巧等（2006）研究的大连市常见绿化树种大部分蒸腾吸热在 8 月最强不一致，原因是蒸腾速率和空气温度共同作用引起的。

### 2.1.3　降温研究

经济林树种能够通过蒸腾作用降低周围空气的温度，5 个不同品种经济林单位叶面积日蒸腾降温存在差异。蒸腾降温值由大到小依次为："XG 丰水"梨（0.1952 ℃）＞"龙王帽"杏（0.1740 ℃）＞"晚蜜"桃（0.1714 ℃）＞"红富士"苹果（0.1659 ℃）＞"串枝红"杏（0.1376 ℃），其中温度下降值最大的"XG 丰水"梨是温度下降值最小的"串枝红"杏的 1.42 倍。虽然 5 个品种蒸腾降温值存在差异，但在季节上的差异并不明显，降温值均表现为：夏季（0.2113 ℃）＞秋季（0.1428 ℃）＞春季（0.1310 ℃）。夏季 5 种经济林平均蒸腾降温值顺序依次为："XG 丰水"梨（0.2372 ℃）＞"龙王帽"杏（0.2290 ℃）＞"晚蜜"桃（0.2135 ℃）＞"红富士"苹果（0.1910 ℃）＞"串枝红"杏（0.1859 ℃）；秋季平均蒸腾降温值顺序为："XG 丰水"梨（0.1653 ℃）＞"红富士"苹果（0.1486 ℃）＞"晚蜜"桃（0.1480 ℃）＞"龙王帽"杏（0.1406 ℃）＞"串枝红"杏（0.1114 ℃）；春季平均蒸腾降温值顺序为："XG 丰水"梨（0.1620 ℃）＞"红富士"苹果（0.1454 ℃）＞"晚蜜"桃（0.1316 ℃）＞"龙王帽"杏（0.1249 ℃）＞"串枝红"杏（0.0913 ℃）。

5 种经济林在不同月份日平均蒸腾降温值的顺序为："红富士"苹果 7 月＞8 月＞9 月＞5 月＞10 月＞4 月＞6 月，"晚蜜"桃 6 月＞7 月＞8 月＞9 月＞5 月＞4 月＞10 月，"XG 丰水"梨 7 月＞8 月＞6 月＞9 月＞5 月＞4 月＞10 月，"串枝红"杏 6 月＞7 月＞9 月＞5 月＞8 月＞4 月＞10 月，"龙王帽"杏 6 月＞8 月＞7 月＞9 月＞5 月＞4 月＞10 月（图 2-3）。

经研究发现，"红富士"苹果、"晚蜜"桃、"XG 丰水"梨、"串枝红"杏、"龙王帽"杏蒸腾降温主要集中在夏季，与张艳丽等（2013）研究的成都市沙河主要绿化树种的降温增湿效益结果一致。

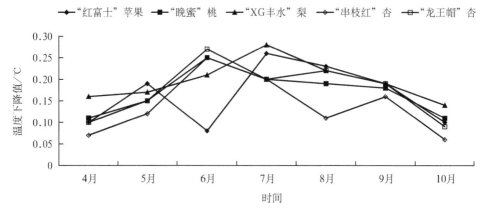

图 2-3 不同品种经济林单位面积日蒸腾降温值

## 2.1.4 讨论

随着生活水平的提高，人们对水果的需求量也逐渐增大，经济林的种植也在逐年增多。近年来，人们主要针对经济林的光合作用（王红霞 等，2003；姜小文 等，2003；高光林 等，2013）、蒸腾作用（Reuning，2015；陈洪国 等，2006）、提高经济林的适应性（张菊，2013）和提高果品的产量（马生珍，2015）等方面进行了大量的研究，发现影响植物蒸腾速率的因子包括相对湿度、空气温度、$CO_2$ 浓度、光合有效辐射和叶片水势（张旭 等，2010；郭阿君 等，2007）。当外界环境因子满足湿度小、气温高、光照强、空气流动快时，林木的蒸腾作用就强（潘瑞炽，1979）。气孔导度、叶片温度和空气相对湿度是影响蒸腾速率的主要因子（莫健彬 等，2007）。林木蒸腾速率的强弱和外界大气温度直接影响着其蒸腾吸热和蒸腾降温能力的大小。近年来，国内外研究学者通过测定植物叶片的蒸腾速率值，来计算植物蒸腾吸热量和蒸腾降温值（杨士弘，1994）。但是，对果树的蒸腾吸热量和降温增湿（郑鹏 等，2012；张彪 等，2012；郭太君 等，2014；陆贵巧 等，2006；李海梅 等，2009）能力鲜见研究。因此，该研究通过测定 5 种经济林的蒸腾速率和外界大气温度，来确定果树的蒸腾吸热量和蒸腾降温值，让人们意识到经济林在为人类提供果品的同时也能吸收空气中的热量，同时增加周边环境的湿度、降低空气温度。

## 2.1.5 小结

经济林树种不仅可以为人类提供果品，同时也发挥着其本身的生态功能，该试验通过对几种常见的经济林树种的研究，为今后种植经济林树种提供理论依据。5 种经济林在相同月份的日蒸腾速率、蒸腾吸热和蒸腾降温值不同，同一树种不同品种间也不相同，即使同一品种内，在不同月份其蒸腾吸热和蒸腾降温值也不相同。5 种经济林的日蒸腾速率、蒸腾吸热和蒸腾降温值大小顺序均表现为："XG 丰水"梨＞"龙王帽"杏＞"晚蜜"桃＞"红富士"苹果＞"串枝红"杏。经济林的蒸腾吸热量和蒸腾降温值主要表现为：夏季＞秋季＞春季。

## 2.2　经济林降温增湿功能研究

### 2.2.1 蒸腾速率日变化特征

由 7 种经济林树种不同月份蒸腾速率日变化特征发现，不同经济林树种各月的蒸腾速率日变化明显不同（图 2-4）。

①苹果在夏季（6 月、7 月、8 月）蒸腾速率日变化呈双峰曲线，双峰值均出现在 11：00 和 15：00，9 月有一个明显的低谷值（0.42 mmol·$m^{-2}$·$s^{-1}$）和一个峰值（2.14 mmol·$m^{-2}$·$s^{-1}$），分别在 11：00 和 15：00 出现，5 月、10 月在 13：00 出现最大值。

②梨的蒸腾速率日变化只在 5 月呈双峰曲线，两峰值分别为低谷值（13：00）的 1.8 倍和 2.1 倍，6～10 月均为单峰曲线，峰值均在 13：00 出现，分别为 4.09 mmol·$m^{-2}$·$s^{-1}$、2.89 mmol·$m^{-2}$·$s^{-1}$、3.10 mmol·$m^{-2}$·$s^{-1}$、2.18 mmol·$m^{-2}$·$s^{-1}$、1.92 mmol·$m^{-2}$·$s^{-1}$。

③桃的蒸腾速率日变化在 5 月呈"W"型曲线，两个低谷值分别为 9：00（0.94 mmol·$m^{-2}$·$s^{-1}$）和 13：00（1.27 mmol·$m^{-2}$·$s^{-1}$），最大值出现的时间点与 9 月最大值出现的时间点（15：00）相同，10 月的变化曲线则与 5 月相反，呈"M"型，即双峰曲线，两峰值为 11：00（1.91 mmol·$m^{-2}$·$s^{-1}$）和 15：00（1.61 mmol·$m^{-2}$·$s^{-1}$），夏季（6 月、7 月、8 月）最大值则出现在 11：00～13：00。

④杏的蒸腾速率日变化除 8 月为"W"型，其他各月基本为单峰曲线，6 月、7 月、9 月的峰值均在 11：00，5 月、10 月则出现在 13：00，8 月的两个低谷值分别在 9：00（1.24 mmol·$m^{-2}$·$s^{-1}$）和 15：00（1.23 mmol·$m^{-2}$·$s^{-1}$）出现，仅为 11：00 出现的最大值的 57%。

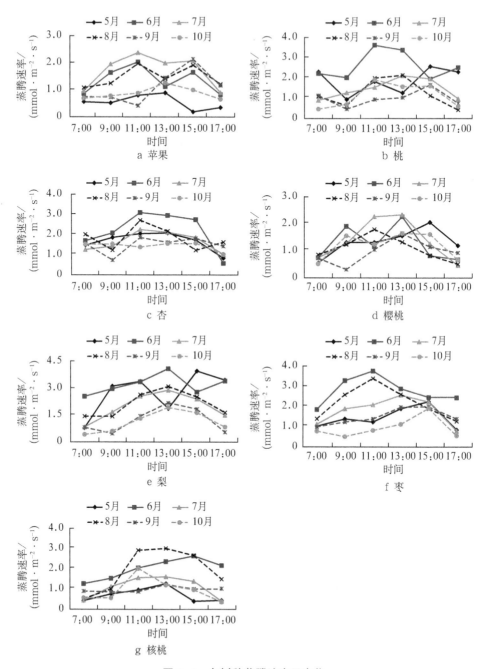

图 2-4　各树种蒸腾速率日变化

⑤樱桃的蒸腾速率日变化在 6 月、10 月为双峰曲线，其他各月则均为单

峰曲线，且各月最大值基本在 13：00 左右出现，而最小值在夏季 3 个月出现在 17：00，5 月、9 月、10 月在 7：00 出现。

⑥枣的蒸腾速率日变化均为单峰曲线，5 ～ 10 月蒸腾速率最大值介于 1.91 ～ 3.76 mmol·m⁻²·s⁻¹，除 5 月、10 月在 15：00 出现，其他各月均在 11：00 ～ 13：00 出现。

⑦核桃各月的蒸腾速率日变化同枣相似，均呈单峰变化，最大值在 11：00 ～ 13：00，但核桃在 9 月蒸腾速率变化较为平缓，最大值与最小值仅差 0.37 mmol·m⁻²·s⁻¹。

由上述分析可知，各经济林树种在不同月份单位叶面积蒸腾速率日变化基本为：从 7：00 ～ 17：00 呈先增加后减少的变化趋势，最大值大部分出现在 11：00 ～ 13：00，这表明 11：00 ～ 13：00 是全天之中的一个重要转折点，在此时段之前，各树种蒸腾速率持续上升，在此时段之后，各树种在大部分月份蒸腾速率均会下降。产生这种现象的原因是上午时段，随着温度的逐渐升高，光合有效辐射逐渐增加，各树种蒸腾速率均持续上升，13：00 过后，由于温度过高，导致部分叶片气孔关闭，从而影响叶片蒸腾速率。枣、桃和核桃在部分月份蒸腾速率最大值出现在 15：00 左右，可能是由于 3 个树种耐高温能力强，气孔在温度较高环境下仍能正常进行生理反应，使其在午后温度较高时仍能保持较高的蒸腾速率。

## 2.2.2　日蒸腾总量变化

7 种不同经济林树种 5 ～ 10 月的日蒸腾总量变化显示，不同树种各月平均日蒸腾总量介于 44.91 ～ 78.26 mol·m⁻²·d⁻¹，其大小排序为：梨＞枣＞杏＞桃＞核桃＞樱桃＞苹果（表 2-1）。对比各月的日蒸腾总量发现，各树种均在 6 ～ 8 月日蒸腾量较高，而最低值出现月份却各不相同。其中，苹果和核桃日蒸腾总量最低值出现在 5 月，其值分别为 20.56 mol·m⁻²·d⁻¹ 和 27.58 mol·m⁻²·d⁻¹，与最大值分别相差 46.54 mol·m⁻²·d⁻¹ 和 48.78 mol·m⁻²·d⁻¹；桃和樱桃蒸腾总量最低值出现在 9 月，分别为 36.47 mol·m⁻²·d⁻¹ 和 35.93 mol·m⁻²·d⁻¹；杏、梨和枣三者蒸腾总量最低值出现在 10 月，其值分别为最大值的 61.3%、37.7% 和 34.6%。

综上所述，苹果、樱桃和核桃日蒸腾总量较低，梨则最高。从各月的日蒸腾总量来看，6 ～ 8 月各树种的日蒸腾量均较高，其他各月明显低于这 3 个月，这是因为 6 ～ 8 月植物生理作用旺盛，导致蒸腾作用加强，从而产生相对较高的日蒸腾耗水量；进入 9 月、10 月后，经济林树种生理功能有所衰退，且早晚温度较低，不利于蒸腾作用，导致其日蒸腾耗水量逐渐降低。而有的树种在 5 月蒸腾量偏低的原因可能是林木部分功能叶片尚未完全成熟，其生理功能尚未健全，使其蒸腾作用相对较弱。

表 2-1　各经济林树种不同月份日蒸腾总量

单位：$mol \cdot m^{-2} \cdot d^{-1}$

| 树种 | 5 月 | 6 月 | 7 月 | 8 月 | 9 月 | 10 月 | 均值 |
| --- | --- | --- | --- | --- | --- | --- | --- |
| 苹果 | 20.56 | 52.45 | 67.10 | 55.26 | 41.00 | 33.08 | 44.91 |
| 桃 | 64.15 | 96.19 | 56.38 | 47.99 | 36.47 | 45.65 | 57.80 |
| 杏 | 63.94 | 86.40 | 63.36 | 66.02 | 54.14 | 52.92 | 64.46 |
| 樱桃 | 51.37 | 49.50 | 55.84 | 42.37 | 35.93 | 48.06 | 47.18 |
| 梨 | 104.00 | 116.57 | 76.82 | 80.75 | 47.52 | 43.92 | 78.26 |
| 枣 | 55.22 | 104.44 | 69.77 | 84.89 | 55.76 | 36.18 | 67.71 |
| 核桃 | 27.58 | 74.16 | 43.96 | 76.36 | 35.60 | 37.58 | 49.21 |

### 2.2.3　降温增湿能力对比

对比不同经济林树种的降温增湿能力发现，各树种的日降温值无明显月变化规律，但均在 9 月、10 月较弱，这可能是由于 9 月、10 月，各经济林树种均已度过生长旺季，部分功能叶片开始退化，且气温开始降低，叶片蒸腾作用减弱，导致其降温能力随之下降（表 2-2）。各树种日降温最大值大多出现在 6 月、7 月，其中，降温能力较强的是梨，在 6 月达到最大降温值 0.34 ℃，而日降温最少的为苹果，且在 5 月出现最小降温值 0.06 ℃，这可能是由于苹果发育较晚，进入 5 月初期，其叶片的功能尚未健全，其生理作用较弱，日降温能力也较差。对比各树种日降温均值发现，其降温能力大小排序为：梨（0.23 ℃）>枣（0.20 ℃）>杏（0.19 ℃）>桃（0.17 ℃）>核桃（0.14 ℃）>樱桃（0.14 ℃）>苹果（0.13 ℃）。

表 2-2 中显示，各树种的日吸热量和日释水量差异较大，其均值分别介于 1971.34 ～ 3434.36 $kJ \cdot m^{-2} \cdot d^{-1}$ 和 808.38 ～ 1408.75 $g \cdot m^{-2} \cdot d^{-1}$，但各树种排序均与其降温能力相同。对比各月的日吸热量和日释水量可知，6 ～ 8 月

的日吸热量和日释水量明显高于其他月份，这说明夏季树种的增湿能力较强。

表 2-2　各经济林树种不同月份日降温增湿情况

| 树种 | 项目名称 | 5 月 | 6 月 | 7 月 | 8 月 | 9 月 | 10 月 | 均值 |
|---|---|---|---|---|---|---|---|---|
| 苹果 | 吸热量 /（kJ·m$^{-2}$·d$^{-1}$） | 900.73 | 2303.01 | 2935.66 | 2414.88 | 1807.82 | 1465.93 | 1971.34 |
| | 释水量 /（g·m$^{-2}$·d$^{-1}$） | 370.01 | 944.14 | 1207.87 | 994.68 | 738.07 | 595.51 | 808.38 |
| | 降温值 /℃ | 0.06 | 0.15 | 0.19 | 0.16 | 0.12 | 0.10 | 0.13 |
| 桃 | 吸热量 /（kJ·m$^{-2}$·d$^{-1}$） | 2811.03 | 4223.50 | 2466.33 | 2097.09 | 1607.83 | 2022.63 | 2538.07 |
| | 释水量 /（g·m$^{-2}$·d$^{-1}$） | 1154.74 | 1731.46 | 1014.77 | 863.78 | 656.42 | 821.66 | 1040.47 |
| | 降温值 /℃ | 0.19 | 0.28 | 0.16 | 0.14 | 0.11 | 0.13 | 0.17 |
| 杏 | 吸热量 /（kJ·m$^{-2}$·d$^{-1}$） | 2801.56 | 3793.57 | 2771.87 | 2885.27 | 2387.15 | 2344.85 | 2830.71 |
| | 释水量 /（g·m$^{-2}$·d$^{-1}$） | 1150.85 | 1555.20 | 1140.48 | 1188.43 | 974.59 | 952.56 | 1160.35 |
| | 降温值 /℃ | 0.19 | 0.25 | 0.18 | 0.19 | 0.16 | 0.16 | 0.19 |
| 樱桃 | 吸热量 /（kJ·m$^{-2}$·d$^{-1}$） | 2251.03 | 2173.40 | 2442.71 | 1851.67 | 1584.02 | 2129.50 | 2072.06 |
| | 释水量 /（g·m$^{-2}$·d$^{-1}$） | 924.70 | 891.00 | 1005.05 | 762.70 | 646.70 | 865.08 | 849.21 |
| | 降温值 /℃ | 0.15 | 0.14 | 0.16 | 0.12 | 0.11 | 0.14 | 0.14 |
| 梨 | 吸热量 /（kJ·m$^{-2}$·d$^{-1}$） | 4557.27 | 5118.15 | 3360.89 | 3528.71 | 2095.10 | 1946.06 | 3434.36 |
| | 释水量 /（g·m$^{-2}$·d$^{-1}$） | 1872.07 | 2098.22 | 1382.83 | 1453.46 | 855.36 | 790.56 | 1408.75 |
| | 降温值 /℃ | 0.30 | 0.34 | 0.22 | 0.23 | 0.14 | 0.13 | 0.23 |
| 枣 | 吸热量 /（kJ·m$^{-2}$·d$^{-1}$） | 2419.82 | 4585.47 | 3052.20 | 3709.63 | 2458.57 | 1603.11 | 2971.47 |
| | 释水量 /（g·m$^{-2}$·d$^{-1}$） | 994.03 | 1879.85 | 1255.82 | 1527.98 | 1003.75 | 651.24 | 1218.78 |
| | 降温值 /℃ | 0.16 | 0.30 | 0.20 | 0.25 | 0.16 | 0.11 | 0.20 |
| 核桃 | 吸热量 /（kJ·m$^{-2}$·d$^{-1}$） | 1208.33 | 3256.14 | 1922.98 | 3336.78 | 1569.74 | 1665.32 | 2159.88 |
| | 释水量 /（g·m$^{-2}$·d$^{-1}$） | 496.37 | 1334.88 | 791.21 | 1374.41 | 640.87 | 676.51 | 885.71 |
| | 降温值 /℃ | 0.08 | 0.22 | 0.13 | 0.22 | 0.10 | 0.11 | 0.14 |

## 2.2.4　讨论

森林植被具有良好的降温增湿功能，可以降低城市温度，增加空气湿度，缓解热岛效应，且不同树种降温能力有明显差异，其降温能力主要受其生物学特性，如叶片形状、树冠、枝叶交角等影响，造成其对太阳辐射的吸收、反射和阻挡作用有很大差异（杜克勤 等，1997）。宋丽华等（2009）的研究表明，银川市几种绿化树种日降温值介于 0.29～4.81 ℃，降温能力最强的为云杉；韩庆典（2014）对 3 种藤本植物的降温研究结果显示，扶芳藤日降温度数为 0.35 ℃，金银花日降温度数为 0.37 ℃，爬山虎日降温度数为 0.18 ℃，这些研究结果均说明植物具有明显的降温作用。本研究结果显示，经济林同样具有明显的降温作用，且与前人对绿化树种研究所得结论相比，经济林树种的日均降温值略低（0.13～0.23 ℃），这是由于树种、地域及气候等差异造成的。但经济林的降温作用也不容小视，与冯程程（2015）研究发现的 15 种绿化植物中日降温度数最高的香樟每天可降温 0.22 ℃相比，其降温能力不弱。因此，建议在今后的园林绿化建设当中可以考虑适当引入部分经济林树种，在获取巨大降温生态效益的同时还可以得到额外的经济价值。

植物增湿作用主要是因为植物在与外界进行热量交换的同时，伴随着水汽的交换和扩散，通过蒸腾作用将水分蒸散到空气当中，达到增加空气湿度的目的。因为植物的增湿作用是伴随着植物蒸腾吸热降温发生的，其变化规律与降温规律完全一致，呈正相关关系（陆贵巧，2006）。这与本研究中得到经济林各树种的日蒸腾总量、日吸热量及日释水量均与各树种的降温能力大小一致的结论相似。此外，研究对比了各经济林树种不同月份的降温增湿能力，发现 6～8 月明显高于其他月份，其降温值在 0.12～0.34 ℃范围内，释水量介于 42.37～116.57 mol·m$^{-2}$·d$^{-1}$，这一结果与张艳丽等（2013）得到绿化树种降温增湿能力表现为夏季最高的结论相一致。这说明在炎热的夏季，经济林树种与绿化树种均可以发挥较大的降温增湿作用，可以成为城市游憩绿化区配置选择的对象。

### 2.2.5 小结

通过研究发现，不同经济林树种蒸腾速率日变化，整体表现出先增加后减少的变化趋势，在 11：00 或 13：00 左右出现一天当中的最大值，而后蒸腾速率逐渐降低。其日蒸腾总量在不同月的总体趋势表现为 6～8 月日蒸腾量较高，9 月、10 月日蒸腾量偏低，且各树种的大小排序为：梨＞枣＞杏＞桃＞核桃＞樱桃＞苹果。经济林降温增湿能力均表现为 9 月、10 月较弱，在 6 月、7 月日降温值出现明显升高，各树种日降温度数均值介于 0.13～0.23 ℃，日释水量均值介于 808.38～1408.75 g·m$^{-2}$·d$^{-1}$。由此可见，经济林的降温增湿作用不容忽视。因此，可以考虑在今后的园林绿化建设当中适当引入部分经济林树种，来获得经济和降温生态的双重效益。

## 2.3 水分利用效率研究

　　植物的生长受多个方面因素的影响，其中水势是最重要的因素之一，植物生长离不开水，研究植物生长对水分的利用特性，有利于提高植物适应水分胁迫的能力，提高植物的成活率，水分利用效率可以体现植物的生长及耐旱状况，植物的水分利用效率越高表明植物耗水量相对较小，生成供自身生长的有机物越多，释放的氧气越多。经济林作为植物的一类，其必然需要通过耗水来提供自身一系列的生理活动，其自身的光合、蒸腾、呼吸都需要水分来维持，在当今水资源日益稀缺的环境下，提高经济林树种的水分利用效率，在低耗水前提下提供更高的价值显得意义非凡。本章研究通过测定 7 种常见经济林树种的光合及蒸腾作用时间变化特征，探究不同经济林树种的水分利用效率差异。

### 2.3.1 水分利用效率日变化特征

　　如图 2-5 所示，各树种水分利用效率日变化趋势基本一致，从 7:00 ～ 17:00 表现为持续下降的变化趋势，水分利用效率在 7:00 ～ 9:00 最大，在 15:00 左右有轻微回升的趋势，随后又继续下降。一天之中，水分利用效率下降最多的为枣，其最高水分利用效率出现在 7:00（12.23 $\mu mol \cdot mmol^{-1}$），最低水分利用效率出现在 17:00 左右，其值为 2.61 $\mu mol \cdot mmol^{-1}$，下降幅度达到 9.62 $\mu mol \cdot mmol^{-1}$。

　　水分利用效率日变化幅度最小的为杏，其最高水分利用效率出现在 7:00（5.35 $\mu mol \cdot mmol^{-1}$），最低水分利用效率出现在 15:00（3.51 $\mu mol \cdot mmol^{-1}$），变化幅度仅为 1.84 $\mu mol \cdot mmol^{-1}$。可见，植物水分利用效率在上午时段较高，在下午时段明显降低。这与杨新兵（2007）、陈慧新等（2008）的研究结果是完全一致的。出现此现象的原因是，下午时段高温天气，导致植物部分气孔关闭，其光合速率较上午和早晨有所降低，而蒸腾作用却明显升高，导致水分利用效率持续降低。

　　在测定的 7 种经济林树种的水分利用效率日均值中，苹果最大，是最小值梨的 2.19 倍，其次是桃、枣和樱桃，分别为 6.64 $\mu mol \cdot mmol^{-1}$、6.61 $\mu mol \cdot mmol^{-1}$ 和 6.34 $\mu mol \cdot mmol^{-1}$，而其余树种的水分利用效率则明显低于前几种。由于植物在干旱条件下，节水能力随着水分利用效率的提高而增强，且生产力、抗旱性也更高（龚吉蕊 等，2005；张翠霞 等，2007），因此，根据不同经济林树种的日均水分利用效率可知，苹果、桃、枣等因其水分利用效率较高而具有较强的生产力，且在研究地的抗寒性、抗旱性也较强，相应的成活率也高于其他树种。

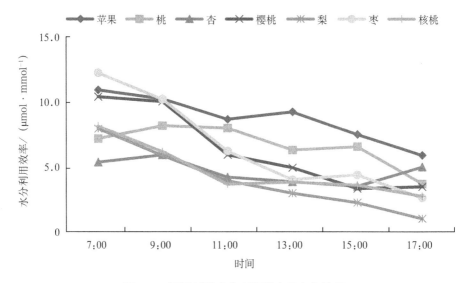

图 2-5　不同树种水分利用效率日变化特征

### 2.3.2　水分利用效率对比分析

不同树种日均水分利用效率如图 2-6 所示，日均水分利用效率大小排序为：苹果（8.73 μmol·mmol⁻¹）＞桃（6.64 μmol·mmol⁻¹）＞枣（6.61 μmol·mmol⁻¹）＞樱桃（6.34 μmol·mmol⁻¹）＞核桃（4.69 μmol·mmol⁻¹）＞杏（4.64 μmol·mmol⁻¹）＞梨（3.99 μmol·mmol⁻¹），苹果的水分利用效率是梨水分利用效率的 2.19 倍。有研究表明，在干旱条件下，植物节水能力随着水分利用效率的提高而增强，其干旱条件下生产力也更高（龚吉蕊 等，2005）。所以，在研究区域内，苹果、桃、枣等水分利用效率高的树种具有较高的生产力，而北京属于缺水地区，所以在该区域内水分利用效率高的树种抗旱性也强，成活率相应提高。张翠霞等（2007）的研究表明，植物水分利用效率高的树种，抗旱能力强，干旱背景下生产力相对较高；廖行等（2007）通过研究核桃水分利用效率发现，光合及蒸腾作用在土壤体积含水量约为 5% 时均会受到抑制，导致水分利用效率偏低，当土壤体积含水量上升到 15% 左右时，核桃的水分利用效率达到最高。综上所述，水分利用效率不仅受温度、湿度、光辐射强度等因素影响，还受土壤含水量的影响。土壤含水量通过影响蒸腾作用，进而影响水分利用效率。

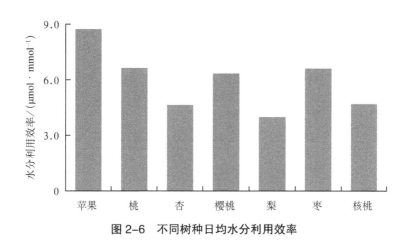

图 2-6　不同树种日均水分利用效率

### 2.3.3　讨论

水分利用效率是植物生存的关键因子，客观反映植物对水分利用的状况，同时，它也是反映植物生长中能量转化效率的重要指标（金华 等，2015；王根绪 等，1999）。了解植物的水分利用效率既可以掌握植物的生存适应对策，又可对有限水资源进行人为调控来达到高产（曹生奎 等，2009）。因此，植物的水分利用效率成为研究中的焦点。金华等（2015）对阿克苏 8 种常见树种叶片水分利用效率的研究显示，不同树种间的水分利用效率存在一定差异，核桃和苹果最高。而本研究中苹果和桃的水分利用效率最高，这主要是由于研究地域不同，其环境因子，如光照强度、气温及相对湿度等都存在明显差异，因此研究结果有所差异。研究中，各经济林树种的水分利用效率均表现为上午时段高于下午时段，这一结果与杨新兵（2007）的研究结果完全一致，产生这一现象是因为下午温度较高，植物叶片气孔关闭，其光合速率较上午和早晨有所降低，而蒸腾作用增强，最终导致水分利用效率出现持续降低的现象。此外，研究结果还显示出不同树种水分利用效率的日变化幅度不同，相比其他树种，枣树的变化幅度最大，由 7：00 的最高值（12.23 μmol·mmol$^{-1}$），下降到 17：00 的最低值（2.61 μmol·mmol$^{-1}$），下降幅度达到 78.66%。针对经济林水分利用效率的相关影响因素，在此尚未进行细致深入研究，今后有待进一步加强。

### 2.3.4　小结

通过测定对比 7 种常见经济林树种的水分利用效率，发现各树种的水分利用效率日变化均为上午时段高于下午时段。其中，变化幅度最大的树种为枣树，最小的为杏树；各树种间水分利用效率最大和最小树种分别为苹果和梨。

# 3 经济林树种固碳释氧功能研究

在全球碳循环中，对大气平衡影响最大的是全球生物碳循环和人类活动碳循环。森林固碳释氧功能作为其重要的生态功能之一，在自然界的物质循环及能量传递中起着重要的调节作用。经济林在全球森林组成中占有的比例虽然不高，但这并不能抹杀其在全球碳循环中的重要意义，其光合固碳释氧功能同样不容忽视。而目前研究多集中在园林绿化树种及城市绿地，较少涉及经济林固碳释氧功能。本章针对北京地区部分经济林的光合速率变化情况及其固碳释氧能力大小进行测定分析；利用森林评估指标体系，评估各经济林固碳释氧物质量及其价值量；通过测定光合速率和蒸腾速率日变化，分析光合与蒸腾日变化耦合特征关系。

## 3.1 经济林光合速率和固碳释氧效应

### 3.1.1 经济林净光合速率变化特征分析

净光合速率是衡量光合作用的一个重要指标。不同月份、不同时刻，"红富士"苹果净光合速率的日变化曲线如图3-1所示。可以看出，4月、5月、6月、9月、10月"红富士"苹果净光合速率的变化曲线均为双峰曲线，而7月、8月呈单峰曲线。4月"红富士"苹果的净光合速率在12：00达到第1个峰值，14：00出现低谷值，16：00达到第2个峰值；随着气温的回升，5月"红富士"苹果净光合速率的两个峰值分别出现在10：00与14：00，其低谷值出现在12：00；6月"红富士"苹果净光合速率的两个峰值分别出现在10：00和16：00，而在12：00达到低谷值；7月、8月"红富士"苹果的净光合速率峰值均出现在10：00；9月、10月"红富士"苹果的净光合速率的第1个峰值均出现在10：00，第2个峰值均出现在16：00，其中9月的低谷值出现在 12：00，而 10 月的低谷值出现在 14：00。"红富士"苹果的平均日净光合速率在 7 月最大（19.71 μmol·m$^{-2}$·s$^{-1}$）；而在 10 月最小（6.84 μmol·m$^{-2}$·s$^{-1}$）；最大值是最小值的 2.88 倍。

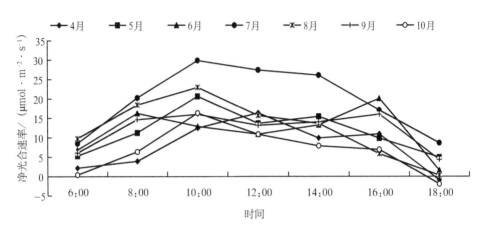

图 3-1　不同月份不同时刻测定的"红富士"苹果净光合速率的日变化曲线

不同月份、不同时刻，"晚蜜"桃净光合速率的日变化曲线如图 3-2 所示，4 月、5 月、7 月"晚蜜"桃净光合速率的变化曲线呈单峰曲线，6 月、8 月、9 月、10 月则呈双峰曲线。4 月其净光合速率峰值出现在 10：00；5 月的峰值则出现在 14：00；7 月其峰值出现在 12：00；6 月、8 月其第 1 个峰值均出现在 10：00，第 2 个高峰值均出现在 16：00，而其低谷值则分别出现

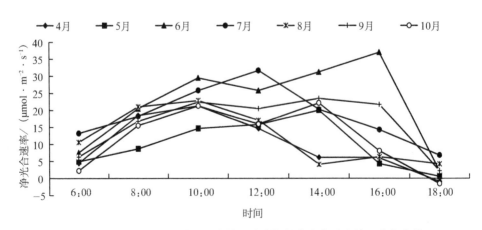

图 3-2　不同月份不同时刻测定的"晚蜜"桃净光合速率的日变化曲线

在 12：00、18：00；9 月、10 月其净光合速率都在 10：00 出现第 1 个峰值，到 12：00 出现低谷值，而 14：00 都出现了第 2 次峰值。"晚蜜"桃的平均日净光合速率最大值出现在 6 月（21.97 μmol · m$^{-2}$ · s$^{-1}$）；最小值出现在 5 月（9.86 μmol · m$^{-2}$ · s$^{-1}$），最大值是最小值的 2.23 倍。

不同月份、不同时刻，"XG 丰水"梨净光合速率的日变化曲线如图3-3所示。如图 3-3 可知，"XG 丰水"梨的净光合速率日变化曲线在 4 月呈单峰曲线，其峰值出现在 10：00；5 月、6 月、7 月、9 月、10 月均呈双峰曲线，其中 5 月、6 月、9 月这 3 个月第 1 个峰值均出现在 8：00，12：00 均出现低谷值，在 16：00 均达到第 2 个峰值；7 月、10 月"XG 丰水"梨净光合速率变化趋于一致，均在 10：00 达到第 1 个峰值，均在 12：00 达到低谷值，均在 14：00 达到第 2 个峰值；8 月净光合速率日变化曲线有所改变，在 10：00 左右达到第 1 个峰值，12：00 达到低谷值，14：00 达到第 2 个峰值，而在 16：00 又出现下降趋势直至第 2 个低谷值，随着时间的推移在 18：00 其净光合速率又有所回升。"XG 丰水"梨平均日净光合速率的最大值出现在 6 月（17.87 μmol · m$^{-2}$ · s$^{-1}$）；最小值出现在 4 月（7.40 μmol · m$^{-2}$ · s$^{-1}$）；最大值是最小值的 2.41 倍。

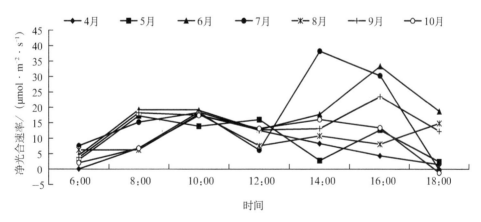

图 3-3　不同月份不同时刻测定的"XG 丰水"梨净光合速率的日变化曲线

不同月份、不同时刻，"串枝红"和"龙王帽"杏净光合速率日变化曲线分别如图 3-4 与图 3-5 所示，同一树种不同品种净光合速率不尽相同。

4 月、7 月、10 月"串枝红"和"龙王帽"杏净光合速率的变化趋势一致，均呈高峰值—低谷值—高峰值的双峰曲线。4 月两个品种净光合速率的高峰值—低谷值—高峰值均分别出现在8：00、12：00、14：00；7月均分别出现在12：00、14：00、16：00；10月均分别出现在10：00、12：00、14：00。

8月、9月两种杏的净光合速率的变化曲线也均为双峰曲线。不同的是，8月"串枝红"净光合速率的高峰值—低谷值—高峰值依次出现在8：00、10：00、12：00，而"龙王帽"分别出现在10：00、14：00、16：00；9月"串枝红"净光合速率的高峰值—低谷值—高峰值依次出现在10：00、14：00、16：00，而"龙王帽"分别出现在10：00、12：00和14：00。

5月两种杏的净光合速率变化曲线，"串枝红"呈单峰曲线，其峰值出现在10：00；而"龙王帽"呈双峰曲线，其高峰值—低谷值—高峰值依次出现在8：00、12：00、14：00。6月两种杏的净光合速率变化曲线，"串枝红"呈双峰曲线，其高峰值—低谷值—高峰值顺次出现在10：00、12：00、16：00；而"龙王帽"呈单峰曲线，其峰值出现在14：00。

"串枝红"的平均日净光合速率最大值出现在6月（16.00 μmol·m$^{-2}$·s$^{-1}$）；最小值出现在10月（5.12 μmol·m$^{-2}$·s$^{-1}$）；最大值是最小值的3.13倍。"龙王帽"平均日净光合速率的最大值出现在6月（18.25 μmol·m$^{-2}$·s$^{-1}$）；最小值出现在4月（5.06 μmol·m$^{-2}$·s$^{-1}$）；最大值是最小值的3.61倍。

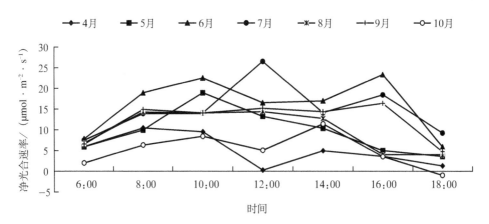

图3-4　不同月份不同时刻测定的"串枝红"杏净光合速率的日变化曲线

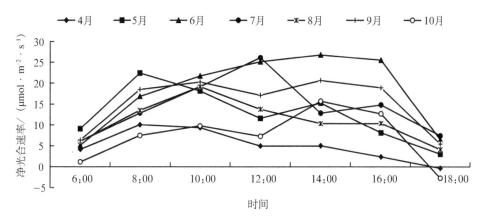

图 3-5　不同月份不同时刻测定的"龙王帽"杏净光合速率的日变化曲线

### 3.1.2　经济林单位叶面积固碳量

林木白天通过光合作用吸收空气中的 $CO_2$，从而改善其生长环境。不同月份、不同品种，经济林的单位叶面积平均日净固碳量如图 3-6 所示。5 个不同品种经济林的单位叶面积日净固碳量存在差异，其单位叶面积固碳量由多到少依次为："晚蜜"桃（24.45 g·d⁻¹）＞"龙王帽"杏（20.13 g·d⁻¹）＞"XG 丰水"梨（19.86 g·d⁻¹）＞"红富士"苹果（19.73 g·d⁻¹）＞"串枝红"杏（17.23 g·d⁻¹）。其中，单位叶面积固碳量最多的是"晚蜜"桃，为固碳量最少的"串枝红"杏的 1.42 倍。虽然 5 个品种单位叶面积固碳量存在差异，但在不同季节之间差异并不明显，日均表现为：夏季（24.84 g·d⁻¹）＞秋季（19.07 g·d⁻¹）＞春季（14.63 g·d⁻¹）。夏季，5 个品种单位叶面积平均日净固碳量的大小顺序为："晚蜜"桃（29.41 g·d⁻¹）＞"龙王帽"杏（24.24 g·d⁻¹）＞"XG 丰水"梨（24.18 g·d⁻¹）＞"红富士"苹果（23.98 g·d⁻¹）＞"串枝红"杏（22.42 g·d⁻¹）。秋季，其单位叶面积平均日净固碳量的大小顺序为："晚蜜"桃（24.40 g·d⁻¹）＞"XG 丰水"梨（20.26 g·d⁻¹）＞"龙王帽"杏（19.47 g·d⁻¹）＞"红富士"苹果（16.57 g·d⁻¹）＞"串枝红"杏（14.69 g·d⁻¹）。春季，其单位叶面积平均日净固碳量的大小顺序为："晚蜜"桃（17.06 g·d⁻¹）＞"红富士"苹果（16.51 g·d⁻¹）＞"龙王帽"杏（14.61 g·d⁻¹）＞"XG 丰水"梨（12.96 g·d⁻¹）＞"串枝红"杏（12.00 g·d⁻¹）。"红富士"苹果不同月份单位叶面积平均日净固碳量由大到小依次为 7 月＞8 月＞9 月＞5 月＞6 月＞

4月＞10月；"晚蜜"桃不同月份单位叶面积平均日净固碳量由大到小依次为：6月＞7月＞9月＞10月＞8月＞4月＞5月；"XG丰水"梨不同月份单位叶面积平均日净固碳量由大到小依次为：6月＞7月＞9月＞10月＞8月＞5月＞4月；"串枝红"杏不同月份单位叶面积平均日净固碳量由大到小依次为：6月＞7月＞9月＞8月＞5月＞10月＞4月；"龙王帽"杏不同月份单位叶面积平均日净固碳量由大到小依次为：6月＞7月＞9月＞5月＞8月＞10月＞4月。

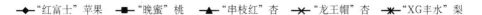

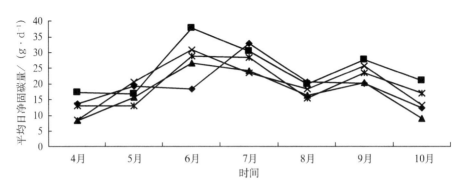

图3-6　不同月份测定的不同品种的单位叶面积平均日净固碳量

### 3.1.3　经济林单位叶面积释氧量

植物通过光合作用在吸收空气中的$CO_2$的同时也释放出$O_2$。5个不同品种经济林树种单位叶面积平均日释氧量如图3-7所示。由图3-7可知，其单位叶面积平均日释氧量之间存在差异，由多到少依次为："晚蜜"桃（22.23 g·$d^{-1}$）＞"龙王帽"杏（18.30 g·$d^{-1}$）＞"XG丰水"梨（18.05 g·$d^{-1}$）＞"红富士"苹果（17.93 g·$d^{-1}$）＞"串枝红"杏（15.67 g·$d^{-1}$）。其中，单位叶面积释氧量最多的"晚蜜"桃是释氧量最少的"串枝红"杏的1.42倍。与固碳量的变化规律一致，5个品种单位叶面积平均日释氧量之间也有差异，但在季节上的差异并不明显，不同季节的单位日均叶面积释氧量的大小顺序均表现为：夏季（22.58 g·$d^{-1}$）＞秋季（17.34 g·$d^{-1}$）＞春季（13.30 g·$d^{-1}$）。夏季单位叶面积平均日释氧量大小顺序为："晚蜜"桃（26.73 g·$d^{-1}$）＞"龙王帽"杏（22.04 g·$d^{-1}$）＞"XG丰水"梨（21.98 g·$d^{-1}$）＞"红富士"苹果（21.80 g·$d^{-1}$）＞"串枝红"杏（20.38 g·$d^{-1}$）。秋季单位叶面积平均日释氧

量大小顺序为："晚蜜"桃（22.18 g·d⁻¹）＞"XG 丰水"梨（18.42 g·d⁻¹）＞
"龙王帽"杏（17.70 g·d⁻¹）＞"红富士"苹果（15.07 g·d⁻¹）＞"串枝红"
杏（13.35 g·d⁻¹）。春季单位叶面积平均日释氧量大小顺序为："晚蜜"桃
（15.51 g·d⁻¹）＞"红富士"苹果（15.01 g·d⁻¹）＞"龙王帽"杏（13.28 g·d⁻¹）＞
"XG 丰水"梨（11.79 g·d⁻¹）＞"串枝红"杏（10.91 g·d⁻¹）。"红富士"苹
果不同月份单位叶面积平均日释氧量大小顺序为：7月＞8月＞9月＞5月＞
6月＞4月＞10月；"晚蜜"桃不同月份单位叶面积平均日释氧量大小顺序为：
6月＞7月＞9月＞10月＞8月＞4月＞5月；"XG 丰水"梨不同月份单位
叶面积平均日释氧量大小顺序为：6月＞7月＞9月＞10月＞8月＞5月＞4
月；"串枝红"杏不同月份单位叶面积平均日释氧量大小顺序为：6月＞7月＞
9月＞8月＞5月＞10月＞4月；"龙王帽"杏不同月份单位叶面积平均日释
氧量大小顺序为：6月＞7月＞9月＞5月＞8月＞10月＞4月。

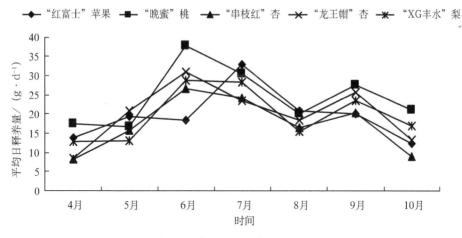

图 3-7　不同月份测定的不同品种的单位叶面积平均日释氧量

## 3.1.4　讨论

（1）经济林树种的净光合速率

林木通过光合作用固定 $CO_2$ 同时释放 $O_2$，净光合速率是衡量光合作用的
一个重要指标。5 个不同品种经济林树种净光合速率日变化曲线分别呈单、双
峰曲线，其中呈双峰曲线变化的经济林树种，与孙霞等（2010）研究的"红富
士"苹果净光合速率日变化呈双峰曲线的结果一致。然而，"串枝红"杏与"XG

丰水"梨同在8月的净光合速率变化曲线与其他月份的净光合速率变化曲线存在差异。这与观测当天的温度、太阳辐射有密切关系，出现低谷值是因为一天之中气温达到最高时，其气孔关闭，影响了光合作用。"XG丰水"梨在8月的净光合速率也出现反常现象，其原因可能是傍晚光照强度减弱，气温下降，林木叶片的气孔张开程度较大，同时与树种本身对光的敏感程度也有关系。"红富士"苹果在7月、8月，"晚蜜"桃在7月，其净光合速率均呈单峰曲线变化，其反常的原因可能是7月、8月的光照强度达到了一年之中的最大值，气温也达到了一年之中的最高值，经济林树种在上午达到最大净光合速率之后，随着太阳辐射的增强和气温的升高，经济林树种气孔张开程度逐渐减小，故影响了其光合作用。4月"晚蜜"桃净光合速率呈单峰曲线变化，其原因可能是，天气刚开始变暖，早晨太阳升起太阳辐射随之增强、温度开始升高，经济林树种的净光合速率达到最大值，随着时间的推移，太阳辐射减弱、温度开始下降，导致光合作用减弱，因此出现单峰现象。

日均净光合速率月变化最大的"红富士"苹果，其在7月的日均净光合速率高于其他月份，这与刘嘉君等（2011）研究的紫叶矮子樱在7月的平均净光合速率高于其他月份的结果一致。"晚蜜"桃、"XG丰水"梨、"串枝红"杏、"龙王帽"杏最高平均日净光合速率均出现在6月，这与王继和等（2000）研究的"毛里斯""金冠""新红星"苹果6月的平均日净光合速率高于其他月份的结果一致。从图3-8中可以看出，"晚蜜"桃单位面积日总同化量的最大值出现7月（1072.13 mmol · m$^{-2}$ · d$^{-1}$）。

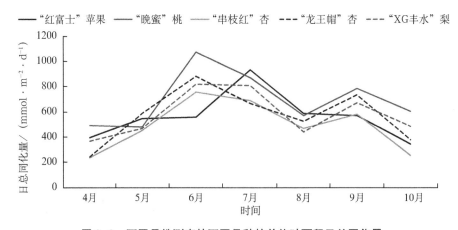

图3-8　不同月份测定的不同品种的单位叶面积日总同化量

（2）经济林树种的单位叶面积固碳释氧量

研究结果表明，5个不同品种经济林树种在同一月份的单位叶面积净光合速率和固碳释氧能力均存在一定的差异，不同树种在不同月份与同一树种在不同月份单位叶面积净光合速率和固碳释氧能力也同样存在着一定的变化规律。净光合速率直接影响测定日的总同化量，进而影响林木的固碳量和释氧量。

在整个试验期间，单位叶面积日均固碳释氧能力由强至弱的经济林树种品种依次为："晚蜜"桃＞"龙王帽"杏＞"XG丰水"梨＞"红富士"苹果＞"串枝红"杏。其原因有两个方面：一方面与经济林树种本身有着密切的关系；另一方面光合速率量有重要影响。5个不同品种经济林树种在不同季节的日均单位叶面积固碳释氧能力由强至弱依次为：夏季（24.84、22.58 g·d$^{-1}$）＞秋季（19.07、17.34 g·d$^{-1}$）＞春季（14.63、13.30 g·d$^{-1}$）。这与张一弓等（2012）研究的植物固碳释氧能力在季节上的变化规律一致。

"晚蜜"桃、"XG丰水"梨、"串枝红"杏、"龙王帽"杏在夏季不同月份的固碳释氧能力由强至弱依次为：6月＞7月＞8月。"红富士"苹果在夏季不同月份的固碳释氧能力由强至弱依次为：7月＞8月＞9月，出现这种情况可能与树种本身有关，还可能是由于天气状况造成的，8月"红富士"苹果气孔张开的时间比其在7月相对少些，其光合作用较弱。

本研究观测到5个不同品种经济林树种单位叶面积日平均固碳释氧量与刘嘉君等（2011）研究的12个彩叶树种固碳释氧能力结果不一致。12个彩叶树种固碳释氧量的最大值出现在8月，最小值出现在10月。其原因可能是，7月、8月气温高、光照强、闷热，导致净光合速率降低（李冬梅 等，2014），影响了经济林树种的固碳释氧能力。5个不同品种经济林树种在8月单位叶面积固碳释氧值比其在6月、7月、9月的要小。除了上述原因之外，还有可能是8月北京有冰雹出现，冰雹对叶片造成伤害，影响叶片的光合作用，导致其固碳释氧能力降低。

## 3.1.5　小结

5个品种经济林在不同月份日均净光合速率和单位叶面积日均固碳释氧量的变化曲线分别呈单峰、双峰曲线；同一树种不同品种经济林在不同月份其日均净光合速率的变化不尽相同，同一品种经济林在不同月份其净光合速率有差异，不同树种在同一月份其净光合速率也有差异；林木净光合速率的强弱直接影响着其固碳释氧量的大小。因此，同一品种经济林在不同月份单位叶面积固碳释氧量的日变化规律不同，不同树种在同一月份单位叶面积固碳释氧量的日变化规律不同，同一树种不同品种经济林单位叶面积固碳释氧量的日变化规律也不同；不同品种单位叶面积固碳释氧量由大到小依次为："晚蜜"桃＞"龙王帽"杏＞"XG丰水"梨＞"红富士"苹果＞"串枝红"杏；5个品种经济林在不同季节的固碳释氧量均表现为：夏季＞秋季＞春季。研究结果表明，"晚蜜"桃日均净光合速率、单位叶面积日净同化量、单位叶面积固然释氧量最大。这一结果可为经济林树种生态综合效益的研究提供参考依据。

## 3.2 经济林固碳释氧能力分析

### 3.2.1 单位叶面积日净同化量

苹果、桃、杏、樱桃、梨、枣和核桃7种经济林5～10月单位叶面积日净同化量如图3-9所示，枣日净同化量最大，其各月均值达到449.11 mmol·m$^{-2}$·d$^{-1}$，日净同化量最小的为樱桃，其值仅为枣的51%，其余树种日净同化量各月均值介于255.95～383.74 mmol·m$^{-2}$·d$^{-1}$。从各树种不同月份的日净同化量来看，苹果和樱桃均在7月日净同化量最高，分别为592.49 mmol·m$^{-2}$·d$^{-1}$和335.49 mmol·m$^{-2}$·d$^{-1}$；桃、杏和梨等其余5种则在5月、6月日净同化量较高，其值明显高于其他月份，而各树种的最小值基本出现于10月。由此可见，各树种在夏季生产力较高。因为树种固碳释氧能力随着日净同化量的增加而增强，所以在其他条件相同的情况下，由于枣和桃的日净同化量均值较大，可以考虑适当多种植枣和桃来提高经济林生态系统的净生产力。

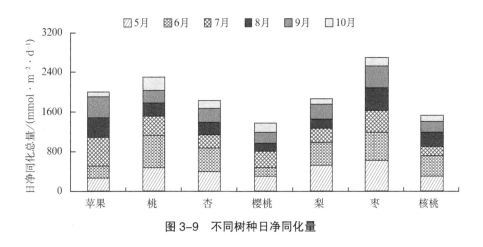

图 3-9　不同树种日净同化量

## 3.2.2　单位叶面积日固碳量

林木叶片能够通过光合作用吸收 $CO_2$，改善环境质量，但不同树种单位叶面积的日固碳量不同。图 3-10 为 7 种经济林在 5 ～ 10 月的单位叶面积日固碳量，发现苹果、桃、杏、樱桃、梨、枣和核桃 5 ～ 10 月单位叶面积日固碳量依次介于 4.66 ～ 26.07 g·m$^{-2}$·d$^{-1}$、10.83 ～ 28.25 g·m$^{-2}$·d$^{-1}$、6.79 ～ 20.97 g·m$^{-2}$·d$^{-1}$、6.31 ～ 14.77 g·m$^{-2}$·d$^{-1}$、5.00 ～ 22.90 g·m$^{-2}$·d$^{-1}$、7.39 ～ 27.50 g·m$^{-2}$·d$^{-1}$、5.96 ～ 17.91 g·m$^{-2}$·d$^{-1}$。其中，枣和桃的日固碳量最大，其最大值分别出现在 5 月（27.5 g·m$^{-2}$·d$^{-1}$）和 6 月（28.25 g·m$^{-2}$·d$^{-1}$），最小值分别出现在 10 月和 9 月，分别仅是最大值的 26.9% 和 38.3%；樱桃的日固碳量最小，其最大值与枣和桃分别相差 12.73 g·m$^{-2}$·d$^{-1}$ 和 13.48 g·m$^{-2}$·d$^{-1}$。

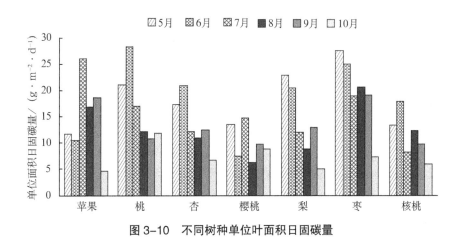

图 3-10　不同树种单位叶面积日固碳量

### 3.2.3 单位叶面积日释氧量

苹果、桃、杏、樱桃、梨、枣和核桃 7 种经济林在 5 ～ 10 月单位叶面积日释氧量如图 3-11 所示，5 ～ 10 月的日释氧量依次介于 3.39 ～ 18.96 g·m$^{-2}$·d$^{-1}$、7.88 ～ 20.55 g·m$^{-2}$·d$^{-1}$、4.94 ～ 15.25 g·m$^{-2}$·d$^{-1}$、4.59 ～ 10.75 g·m$^{-2}$·d$^{-1}$、3.64 ～ 16.65 g·m$^{-2}$·d$^{-1}$、5.38 ～ 20.00 g·m$^{-2}$·d$^{-1}$、4.33 ～ 13.02 g·m$^{-2}$·d$^{-1}$。各树种日释氧量与其日固碳量月变化规律一致，即除个别树种外，各树种日释氧量均在 5 月、6 月较高，10 月较低；各树种日释氧量大小排序与日固碳量也基本一致，即枣＞桃＞苹果＞梨＞杏＞核桃＞樱桃，且枣的年平均日释氧量是樱桃的 1.95 倍。

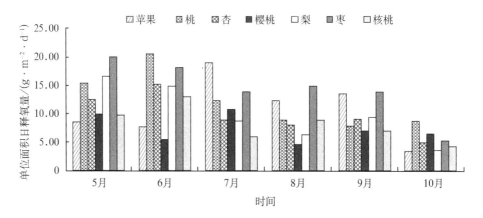

图 3-11　不同树种单位叶面积日释氧量

综合上述数据分析并结合表 3-1 可得：① 7 种经济林单位叶面积固碳量、释氧量在不同月份变化趋势一致，且各树种单位叶面积年固碳量与释氧量大小排序也完全相同；②全年平均日固碳量变化范围为 10.12 ～ 19.76 g·m$^{-2}$·d$^{-1}$，日释氧量介于 7.36 ～ 14.37 g·m$^{-2}$·d$^{-1}$，明显低于固碳量；③各树种的日固碳量、释氧量均在 5 月、6 月较高，进入 7 月、8 月后出现明显下降，进入 10 月后，随着环境的改变各树种自身生理特性弱化，其固碳释氧能力相应较弱。引起这种变化的原因是 5 月、6 月日照时间长，太阳辐射量较高，导致各树种的光合作用增强，其固碳量、释氧量相应较大；而 7 月、8 月虽然日照时间较长，但由于气温偏高，林木叶片出现"光合午休"现象，即部分叶片气孔关闭，其光合作用受到抑制。因此，7 月、8 月各树种的固碳释氧量呈大幅下降趋势。

表3-1 不同树种单位叶面积年固碳释氧量

单位：$t \cdot hm^{-2} \cdot a^{-1}$

| 树种 | 固碳量 | 排名 | 释氧量 | 排名 |
|---|---|---|---|---|
| 苹果 | 26.55 | 3 | 19.31 | 3 |
| 桃 | 30.39 | 2 | 22.10 | 2 |
| 杏 | 24.16 | 5 | 17.57 | 5 |
| 樱桃 | 18.22 | 7 | 13.25 | 7 |
| 梨 | 24.62 | 4 | 17.90 | 4 |
| 枣 | 35.57 | 1 | 25.87 | 1 |
| 核桃 | 20.27 | 6 | 14.74 | 6 |

## 3.2.4 单株固碳释氧量

由各经济林单位面积林地上的年固碳、释氧量可知，单位面积林地上7种供试经济林的年固碳量和释氧量大小排序大致相同，为桃＞枣＞苹果＞梨＞核桃＞杏＞樱桃，其中固碳、释氧量最大的桃树均约是樱桃的1.90倍以上。但单位面积年固碳、释氧量大小排序与其稍有不同，单株年固碳、释氧量最大的为桃树（46.62 $t \cdot hm^{-2} \cdot a^{-1}$ 和33.91 $t \cdot hm^{-2} \cdot a^{-1}$），单位面积果园内各树种的年固碳、释氧量最大的则为桃树（13.80 $t \cdot hm^{-2} \cdot a^{-1}$ 和10.04 $t \cdot hm^{-2} \cdot a^{-1}$）。由此可见，单位面积果园内林木的固碳、释氧量不仅与净光合速率有关，更与栽植密度、各树种的叶面积指数及人为修剪等因素密切相关（表3-2）。

表3-2 不同树种单株年固碳释氧量

| 树种 | 株/ $hm^2$ | 叶面积/ $m^2$ | 单株固碳量/（kg · $a^{-1}$） | 单位面积固碳量/（t · $hm^{-2}$ · $a^{-1}$） | 单株释氧量/（kg · $a^{-1}$） | 单位面积释氧量/(t · $hm^{-2}$ · $a^{-1}$) | 排名 |
|---|---|---|---|---|---|---|---|
| 桃 | 296 | 15.34 | 46.62 | 13.80 | 33.91 | 10.04 | 1 |
| 枣 | 299 | 12.16 | 43.25 | 12.93 | 31.46 | 9.41 | 2 |
| 苹果 | 285 | 14.56 | 38.66 | 11.02 | 28.11 | 8.01 | 3 |
| 梨 | 304 | 13.86 | 34.12 | 10.37 | 24.81 | 7.54 | 4 |
| 核桃 | 300 | 15.66 | 31.74 | 9.52 | 23.09 | 6.93 | 5 |
| 杏 | 267 | 14.35 | 34.68 | 9.26 | 25.22 | 6.73 | 6 |
| 樱桃 | 275 | 13.44 | 24.49 | 6.73 | 17.81 | 4.90 | 7 |

### 3.2.5 经济林固碳释氧价值量评估

由单株植物固碳释氧量推算得到每公顷植被固碳释氧量，参照文献（王兵等，2009）采用合理指标对各经济林树种固碳、释氧价值量进行评估，单位面积固碳价值的计算公式为：

$$U_碳 = C_碳 \cdot F_碳 。 \tag{3-1}$$

式中，$C_碳$ 为固碳价格（元·$t^{-1}$）；$F_碳$ 为单位面积森林的年固碳量（t·$hm^{-2}$）。

森林植被单位面积释氧价值的计算公式为：

$$U_氧 = C_氧 \cdot F_氧 。 \tag{3-2}$$

式中，$C_氧$ 为 $O_2$ 价格（元·$t^{-1}$）；$F_氧$ 为单位面积森林的年固碳量（t·$hm^{-2}$）。

由以上公式（3-1）、（3-2）分别可以得出各经济林单位面积固碳及释氧生态功能价值量，如表 3-3 所示。

表 3-3 不同经济林固碳、释氧功能价值量

| 树种 | 固碳 /（元·$hm^{-2}$·$a^{-1}$） | 释氧 /（元·$hm^{-2}$·$a^{-1}$） |
|---|---|---|
| 苹果 | 14 702.42 | 10 843.55 |
| 桃 | 18 415.64 | 13 582.18 |
| 杏 | 12 355.04 | 9112.28 |
| 樱桃 | 8988.35 | 6629.22 |
| 梨 | 13 841.81 | 10 208.81 |
| 枣 | 17 258.34 | 12 728.63 |
| 核桃 | 12 708.79 | 9373.17 |

对不同经济林固碳、释氧价值量进行大致估算后得出，各经济林树种单位面积固碳价值量介于 8988.35 ～ 18 415.64 元·$hm^{-2}$·$a^{-1}$，年固碳价值量最高的为桃，达到樱桃年固碳价值量的 2.05 倍；释氧价值量介于 6629.22 ～ 13 582.18 元·$hm^{-2}$·$a^{-1}$，价值量最高的同样为桃，最低的为樱桃。将本研究所得各经济林价值量与现存研究所得各生态林价值量进行对比后发现（王兵等，2009），经济林单位面积固碳、释氧年价值量高于园林绿化树种。可见，在固碳、释氧生态功能方面经济林比生态林更胜一筹，因此在条件允许的情况下，园林绿化中可以适当考虑引进经济林，这样有利于减少空气中碳排放，增

加大气含氧量，这对于城市生态建设具有重要意义。

### 3.2.6　讨论

不同树种因其生理特性不同，固碳释氧能力具有一定差异（李海梅 等，2007）。林欣等（2014）研究了 18 种常见灌木树种，发现其中的马缨丹、假连翘、黄叶榕和红桑日净固碳释氧能力最强，其固碳量、释氧量介于 $7 \sim 10\,\mathrm{g\cdot m^{-2}\cdot d^{-1}}$ 与 $5 \sim 7\,\mathrm{g\cdot m^{-2}\cdot d^{-1}}$；陆贵巧等（2006）在大连对主要行道绿化树种固碳释氧能力进行研究，结果显示，其日均固碳量、释氧量分别在 $6.48 \sim 13.61\,\mathrm{g\cdot m^{-2}\cdot d^{-1}}$ 和 $4.28 \sim 9.90\,\mathrm{g\cdot m^{-2}\cdot d^{-1}}$。与绿化树种相比，研究中 7 种不同经济林树种的固碳量（$10.12 \sim 19.76\,\mathrm{g\cdot m^{-2}\cdot d^{-1}}$）、释氧量（$7.36 \sim 14.37\,\mathrm{g\cdot m^{-2}\cdot d^{-1}}$）明显较高，这说明苹果、桃和杏等 7 种经济林树种固碳释氧能力高于大多数绿化树种，这主要是由于经济林树种的光合作用不仅需要维持自身的生理需求，还需要为其果实生长提供营养，因此其光合能力较强。此外，大量研究显示，绿化树种的固碳释氧量有明显的季节变化，通常为夏季＞秋季＞春季（张艳丽 等，2013；郭杨 等，2014）。而经济林树种固碳释氧量则在 7 月、8 月出现明显下降，产生此现象的原因是研究区域（北京）在 7 月、8 月温度偏高，各经济林树种受到高温胁迫影响，部分气孔关闭，导致其固碳释氧能力下降。

### 3.2.7　小结

通过测定对比 7 种常见经济林树种的水分利用效率和固碳释氧能力，发现各树种的水分利用效率日变化均为上午时段高于下午时段。其中，变化幅度最大的树种为枣树，最小的为杏树；各树种间水分利用效率最大和最小树种分别为苹果和梨。各树种的日固碳释氧量月变化趋势完全一致，即 5 月、6 月值最大，7 月、8 月有显著下降；各树种单位叶面积年固碳量、释氧量大小排序均为：枣＞桃＞苹果＞梨＞杏＞核桃＞樱桃，经济林树种的单位面积日均固碳量和释氧量分别为 $10.12 \sim 19.76\,\mathrm{g\cdot m^{-2}\cdot d^{-1}}$、$7.36 \sim 14.37\,\mathrm{g\cdot m^{-2}\cdot d^{-1}}$，而每公顷果园内各树种年固碳量、释氧量大小排序均为：桃＞枣＞苹果＞梨＞核桃＞杏＞樱桃。这些结果说明经济林树种不仅具有较大的经济价值，其水分利用和固碳释氧能力同样具有不可忽视的重要意义，为未来经济林发展提供理论基础，有利于发挥经济林的生态功能。

## 3.3 经济林杏叶片光合、蒸腾日变化及其影响因子分析

### 3.3.1 净光合速率、蒸腾速率日变化

"串枝红"杏、"龙王帽"杏的净光合速率日变化均呈双峰曲线，蒸腾速率（$E$）日变化均呈单峰曲线（图 3-12）。净光合速率（$P_n$）在 12：00 左右达到第一个高峰值，分别为 26.51 $\mu mol \cdot m^{-2} \cdot s^{-1}$、26.14 $\mu mol \cdot m^{-2} \cdot s^{-1}$；在 14：00 左右达到低谷值，分别为 14.13 $\mu mol \cdot m^{-2} \cdot s^{-1}$、12.87 $\mu mol \cdot m^{-2} \cdot s^{-1}$；在 16：00 左右达到第二个峰值，分别为 18.42 $\mu mol \cdot m^{-2} \cdot s^{-1}$、14.84 $\mu mol \cdot m^{-2} \cdot s^{-1}$。"串枝红"杏、"龙王帽"杏的蒸腾速率均在 12：00 左右达到最大值，分别为 2.56 $mmol \cdot m^{-2} \cdot s^{-1}$、2.34 $mmol \cdot m^{-2} \cdot s^{-1}$。

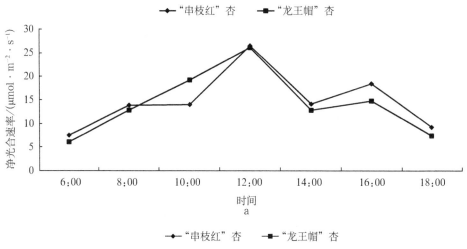

a

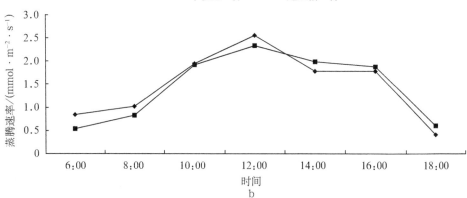

b

图 3-12　不同品种杏净光合速率和蒸腾速率日变化

### 3.3.2 *PAR*、*T*、*G_s* 日变化

光合有效辐射( Photosynthetically Active Radiation , PAR )、叶片表面温度( *T* )
与气孔导度（ *G_s* ）和植物的光合作用有密切的关系，光合有效辐射和叶片表面
温度受太阳辐射的影响很大。"龙王帽"杏的 *G_s* 日变化均呈双峰曲线，"串枝红"
杏、"龙王帽"杏的 *PAR*、*T* 和"串枝红"杏的 *G_s* 日变化呈单峰曲线（图3–13）。"龙
王帽"杏 *G_s* 的第一个峰值出现在 12：00 左右（ 0.050 mol · m$^{-2}$ · s$^{-1}$ ），谷值
出现在 14：00 左右（ 0.031 mol · m$^{-2}$ · s$^{-1}$ ），第二个峰值出现在 16：00 左右
（ 0.048 mol · m$^{-2}$ · s$^{-1}$ ）；"串枝红"杏和"龙王帽"杏 *PAR* 的峰值均出现在
14：00 左右（分别为 1590.50 μmol · m$^{-2}$ · s$^{-1}$、1471.10 μmol · m$^{-2}$ · s$^{-1}$ ）；"串
枝红"杏 *T* 的峰值出现在 12：00 左右（ 39.60 ℃ ），"龙王帽"杏 *T* 的峰值
出现在 14：00 左右（ 38.68 ℃ ）；"串枝红"杏 *G_s* 的峰值为 0.064 mol · m$^{-2}$ · s$^{-1}$。

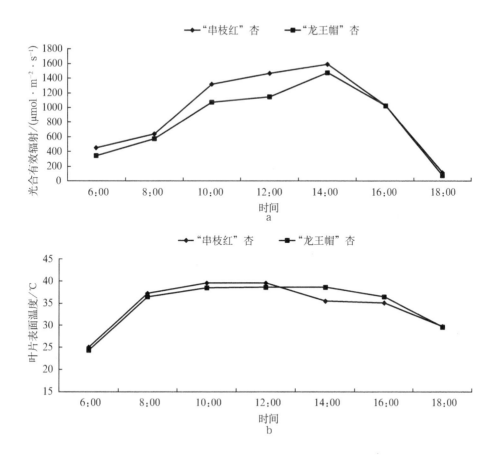

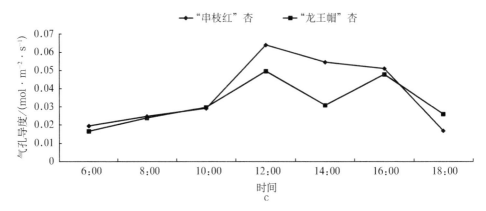

图 3-13　不同品种杏 $PAR$、$T$、$G_s$ 的日变化

"串枝红"杏 $PAR$—$T$、$PAR$—$G_s$、$G_s$—$T$ 3 个因子之间均存在明显的正相关关系，相关系数分别为 0.72、0.83、0.57；"龙王帽"杏 3 个因子之间同样存在着正相关关系，相关系数分别为 0.81、0.58、0.63。

### 3.3.3　$P_n$—$E$ 日变化特征关系

如图 3-14 所示，"串枝红"杏和"龙王帽"杏的 $P_n$—$E$ 的线性回归方程的斜率分别为 7.26、7.72，均表现为正相关关系，相关系数分别为 0.86（$P < 0.01$）、0.85（$P < 0.01$）。表明不同品种杏的 $P_n$—$E$ 的耦合关系为线性关系。"龙王帽"杏比"串枝红"杏的 $P_n$—$E$ 斜率稍微偏大，说明"龙王帽"杏的水分利用效率较高。这与赵风华等（2011）研究小麦和玉米叶片得出的结果一致。

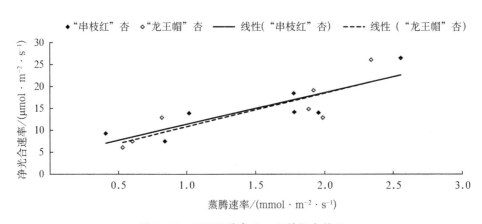

图 3-14　不同品种杏 $P_n$—$E$ 的耦合关系

### 3.3.4 $P_n$、$E$、$PAR$、$T$、$G_s$ 日变化特征关系

不同品种杏的 $PAR$—$P_n$ 与 $PAR$—$E$、$T$—$P_n$ 与 $T$—$E$、$G_s$—$P_n$ 与 $G_s$—$E$ 均存在正相关的线性关系（图 3-15），且都达到显著水平（表 3-4）。

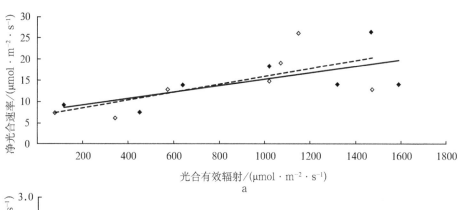

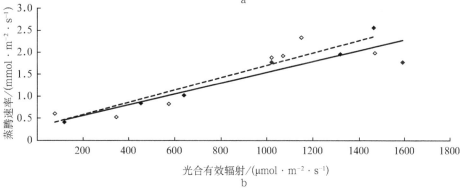

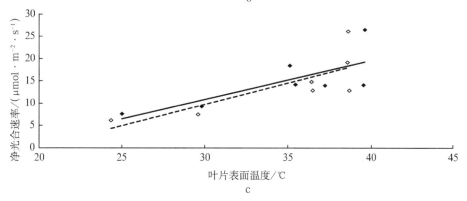

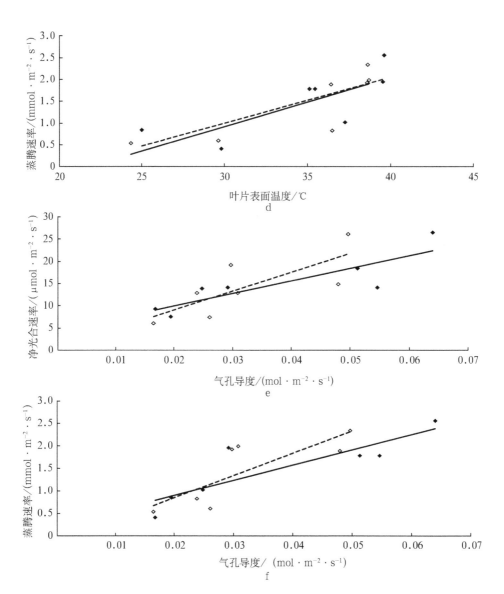

图3-15 不同品种杏 *PAR*、*T*、*G$_s$* 与 *P$_n$*、*E* 的相关关系

  *PAR*、*T*、*G$_s$* 3 个因子与 *P$_n$* 和 *E* 的线性回归关系中，*R$^2$* 的差异决定了该因子影响作用的大小。"串枝红"杏中 *R$^2$* 最大的分别是 *G$_s$—P$_n$* 和 *PAR—E*；"龙王帽"杏在 *PAR*、*T*、*G$_s$* 3 个因子与 *P$_n$* 和 *E* 的线性回归关系中，*R$^2$* 最大的分别是 *T—E*、*PAR—E*。

表 3-4　$PAR—P_n$、$PAR—E$、$T—P_n$、$T—E$、$G_s—P_n$、$G_s—E$ 线性拟合方程

| 树种 | | $PAR$ | | $T$ | | $G_s$ | |
|---|---|---|---|---|---|---|---|
| "串枝红"杏 | $P_n$ | $y=0.0076x+7.64$ | $R^2=0.46$ | $y=0.8728x-15.31$ | $R^2=0.56$ | $y=282.12x+4.35$ | $R^2=0.73$ |
| | $E$ | $y=0.0012x+0.31$ | $R^2=0.85$ | $y=0.1052x-2.15$ | $R^2=0.57$ | $y=33.74x+0.23$ | $R^2=0.74$ |
| "龙王帽"杏 | $P_n$ | $y=0.0093x+6.64$ | $R^2=0.45$ | $y=0.9588x-19.04$ | $R^2=0.60$ | $y=424.41x+0.59$ | $R^2=0.58$ |
| | $E$ | $y=0.0014x+0.30$ | $R^2=0.84$ | $y=0.1125x-2.46$ | $R^2=0.68$ | $y=49.563x-0.15$ | $R^2=0.65$ |

注：* 代表显著水平 $P < 0.05$，** 代表显著水平 $P < 0.01$。

### 3.3.5　讨论

（1）光合作用日变化的影响因子

植物进行光合作用是通过气孔来完成的，气孔导度大小直接影响光合速率的大小（汪本福 等，2014），光合作用还受到光照强度（吴雁雯 等，2014）及一定界定值范围内温度的影响（刘玉梅 等，2007）。如表 3-4、图 3-15 所示，"串枝红"杏在 $PAR$、$T$、$G_s$ 3 个因子与 $P_n$ 的线性回归关系中，$R^2$ 最大的是 $G_s—P_n$，表明气孔导度是影响"串枝红"杏净光合速率的最主要因子；"龙王帽"杏的回归系数 $R^2$ 最大的是 $T—P_n$，表明叶片表面温度是影响"龙王帽"杏净光合速率的最主要因子。$PAR—T$、$PAR—G_s$、$G_s—T$ 为正相关关系。结果表明，气孔导度也是影响光合作用的一个因子。

（2）蒸腾作用日变化的影响因子

于贵瑞（2010）在研究植物蒸腾作用基础上发现植物蒸腾速率受气孔导度和水汽压亏缺的共同影响，且均呈正相关关系，水汽压亏缺同时又受到温度的影响，$PAR—T$、$PAR—G_s$ 呈正相关关系，所以叶片表面温度的高低受光合有效辐射的影响。$PAR$、$T$、$G_s$ 3 个因子与 $E$ 的线性回归关系中，回归系数 $R^2$ 最大的均是 $PAR—E$，表明光合有效辐射是影响"串枝红"杏、"龙王帽"杏蒸腾速率的主要因子。$PAR—T$、$PAR—G_s$、$G_s—T$ 呈正相关关系。因此，气孔导度和叶片表面温度对蒸腾作用具有一定的调控作用。

（3）光合—蒸腾日变化耦合特征关系分析

光合有效辐射、叶片表面温度和气孔导度 3 个因子均受太阳辐射的影响，当太阳辐射随着时间的推移变大时，光合有效辐射、叶片表面温度会上升，同时气孔变大气孔导度增大。当 $G_s$ 增大时"串枝红"杏净光合速率会随之而变大，反之，则减小；当 $T$ 增大时"龙王帽"杏净光合速率会随之而变大，反之，则

减小；当 $PAR$ 增大时，"串枝红"杏的蒸腾速率和"龙王帽"杏的蒸腾速率会增大，反之，则减小。由于"串枝红"杏的 $G_s$—$E$ 呈正相关关系，所以其光合—蒸腾具有正相关的耦合关系。$PAR$—$P_n$ 与 $PAR$—$E$、$T$—$P_n$ 与 $T$—$E$、$G_s$—$P_n$ 与 $G_s$—$E$ 均存在正相关关系，表明 $P_n$—$E$ 的日变化耦合特征受到光合有效辐射、叶片表面温度和气孔导度综合影响。

### 3.3.6  小结

通过研究不同品种杏发现，"串枝红"杏、"龙王帽"杏的 $P_n$—$E$ 在日变化中均呈正相关关系。但是，不同品种杏的 $P_n$—$E$ 的耦合性存在差异，"龙王帽"杏要比"串枝红"杏的耦合特征更明显，水分利用效率更高；$PAR$、$T$、$G_s$ 是影响光合—蒸腾耦合作用的因子，$PAR$—$P_n$ 与 $PAR$—$E$、$T$—$P_n$ 与 $T$—$E$、$G_s$—$P_n$ 与 $G_s$—$E$ 均存在正相关关系，确保了 $P_n$—$E$ 稳定的耦合关系。

# 4 经济林树种吸滞 PM2.5 功能研究

随着社会的进步和发展，大气颗粒物污染程度日益严重，采取有效措施治理大气污染已经刻不容缓。森林植被可以通过降低风速、阻挡和吸滞等作用将颗粒物有效滞留在叶片表面，从而降低大气颗粒物浓度，达到净化大气环境的目的。而经济林作为森林植被的重要组成部分，同样具有较强的吸滞大气颗粒物的能力。因此，本章针对北京市 7 种不同经济林树种叶片吸滞大气颗粒物作用进行相关研究，分析叶表面形态特征对其吸滞能力的影响。

## 4.1 经济林吸滞 PM2.5 特征及其价值评估

### 4.1.1 不同树种叶片吸滞 PM2.5 时间变化特征

图 4-1 和图 4-2 显示了不同经济林树种 5 ～ 10 月单位叶面积 PM2.5 吸滞量变化特征，从中可以看出，不同树种吸滞 PM2.5 能力存在明显差异。各经济林树种吸滞能力大致可分为 3 个等级，最强的为苹果和桃，二者各月平均吸滞量分别为 0.258 µg·cm$^{-2}$ 和 0.190 µg·cm$^{-2}$；枣、梨、核桃三者吸滞能力较为接近，平均吸滞量分别为 0.144 µg·cm$^{-2}$、0.140 µg·cm$^{-2}$、0.121 µg·cm$^{-2}$；吸滞能力最差的为杏和樱桃，平均吸滞量分别为 0.096 µg·cm$^{-2}$ 和 0.089 µg·cm$^{-2}$。其中，苹果单位叶面积 PM2.5 吸滞量分别可以达到杏和樱桃吸滞量的 2.7 倍和 2.9 倍。可见，苹果具有较强的吸滞 PM2.5 能力。

在不同月份，各树种 PM2.5 吸滞量大小排序略有差异，但总体趋势基本一致。其中 5 月、6 月各树种之间 PM2.5 吸滞量差异不明显，由于各树种进入生长季不久，各项生理功能并未完善，且 PM2.5 累积时间较短，未造成各树种 PM2.5 吸滞量有显著差异；7 ～ 10 月各树种 PM2.5 吸滞量差异显著，各月份中吸滞 PM2.5 能力最强的均为苹果，吸滞量分别为 0.391µg·cm$^{-2}$、

0.398μg·cm⁻²、0.178μg·cm⁻²、0.287 μg·cm⁻²；5 ～ 9 月梨的吸滞量在各树
种当中位于中等偏上，而进入 10 月其吸滞量则明显偏低，比杏的吸滞量略高，
这可能是由于梨的衰落期相比其他树种较早，其生理功能的衰退导致其 10 月
PM2.5 吸滞量明显偏低。不同树种各月吸滞量均值排序为：苹果＞桃＞枣＞梨＞
核桃＞杏＞樱桃。

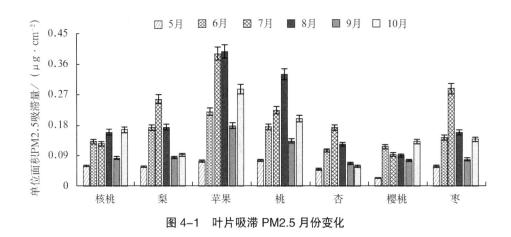

图 4-1　叶片吸滞 PM2.5 月份变化

目前，关于林木吸滞细颗粒物的研究主要集中在园林绿化树种，刘斌等
针对北京大兴南海子公园内 6 种常见绿化树种吸滞 PM2.5 能力研究发现，针
叶树种吸滞 PM2.5 能力高于阔叶乔木树种（刘斌 等，2016），5 月各树种吸
滞量介于 0.010 ～ 0.067 μg·cm⁻²；孔令伟对于园林绿化树种吸滞 PM2.5 能力
的研究表明，21 个园林绿化树种 PM2.5 吸滞量介于 0.016 ～ 0.241 μg·cm⁻²
（孔令伟，2015）；而杨佳等研究指出，北京植物园 9 个绿化树种吸滞 PM2.5
量介于 0.04 ～ 0.15 μg·cm⁻²（杨佳 等，2015）。本研究中，各经济林树种
PM2.5 吸滞量介于 0.089 ～ 0.258 μg·cm⁻²，上述研究中所得出的各园林绿化
树种单位面积 PM2.5 吸滞能力与本研究中经济林对于 PM2.5 的吸滞能力差距
并不明显，说明经济林对颗粒物的吸滞能力不弱于生态林树种，赵海珍等研究
也证实了果树对于大气颗粒物有一定的吸滞作用，可以净化大气环境（赵海珍
等，2013）。

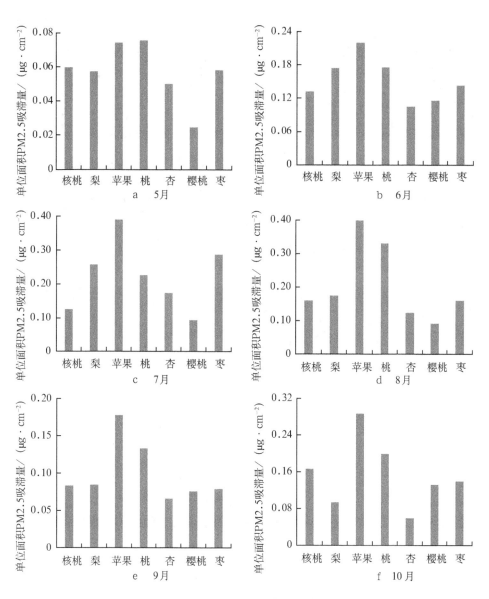

图 4-2　各月份不同树种叶片 PM2.5 吸滞量

## 4.1.2　叶表面形态特征对叶片吸滞 PM2.5 能力的影响

各经济林树种叶片在不同放大倍数扫描电镜下的图像如图 4-3 所示。苹果叶表面存在大量条带状突起，并存在大量细密沟壑（a1），叶表面看不到气孔，凹凸不平，颗粒物被滞纳在沟槽中（a2）；桃叶表面存在清晰可见的绒毛，表

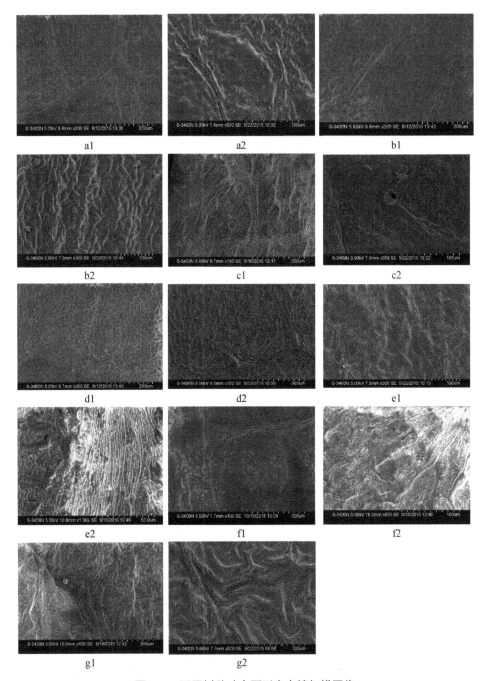

图 4-3 不同树种叶表面形态电镜扫描图像

注：图中 a ～ g 分别代表苹果、桃、核桃、枣、梨、杏、樱桃，1 和 2 为同一树种在不同放大倍数下的扫描图像。

面纹理细密（b1），细胞排列呈鳞片状，颗粒物被卡在细胞之间（b2）；核桃叶表面存在许多条状纹理，整体看不到绒毛存在（c1），经放大后可以看到少量气孔的存在，呈圆形，气孔附近存在细颗粒物（c2）；枣叶表面细胞排列呈网格状，整体无明显起伏（d1），经放大后可见绒毛存在，表面呈坑状，细颗粒物被滞纳其中（d2）；梨叶表面存在间距较大的凹凸带，整体看不到气孔和绒毛（e1），表面纹理特征较为光滑，有少量颗粒物存在（e2）；杏叶表面无明显起伏特征，可看到一条叶脉（f1），叶表面较为光滑，无气孔和绒毛存在（f2）；樱桃叶表面细胞排列紧密，无明显沟壑存在，可观察到少量颗粒物（g1），经放大后可以看到纹理较为细密，沟壑间距极窄，不利于颗粒物存在其中（g2）。除上述明显特征外，各经济林树种叶片表面无其他特征，也并未发现有特殊分泌物及蜡质的存在。

植被吸滞大气颗粒物的主要载体是叶片，因此叶表面特征差异是植物吸滞大气颗粒物能力的重要影响因素（陈雪华，2011）。叶片吸滞大气细颗粒物分为滞留、附着和黏附3种方式（赵勇 等，2002），其中滞留是指空气尘土随机降落在叶表面，滞留方式不牢固，易随风形成二次扬尘；附着是由于叶表面部分粗糙结构的存在，可以吸附一定量颗粒物，比较稳定；黏附是由于植物分泌某些油脂、黏性物质，造成颗粒物黏附在叶表面，这种方式最稳定。本研究主要针对附着方式，即叶表面形态特征对滞尘能力的影响进行研究分析，而叶表面气孔密度、绒毛的有无及其分布、纹理结构、粗糙程度等都密切影响颗粒物在叶表面的滞留（刘璐 等，2013）。

Davidson 等（1990）研究指出，不同叶片吸滞大气颗粒物的能力有显著差异，小叶或叶面粗糙的植物较之大叶或叶面光滑的植物对于颗粒物具有更大的截留效益；王蕾等对6种针叶树种吸滞颗粒物的研究表明，叶表面微形态特征与颗粒物附着密度有密切的相关性，即叶表面微形态特征越密集，粗糙程度越大，颗粒物附着密度越高（王蕾 等，2007）；还有研究表明，叶表面具有沟状组织或密集纤毛的树种滞尘能力较强，其微形态结构越密集、深浅差别越大，越有利于滞留大气颗粒物，叶表面平滑的树种滞尘能力较弱（李海梅 等，2008）。以上研究结果均是针对园林树种，但是本研究中的经济林树种研究所得结论与以上结果是一致的。

本研究中，滞尘能力强的苹果和桃，叶表面凹凸不平，存在大量细密沟壑组织，增加表面粗糙度，有利于颗粒物滞留其中，难以被风和雨水带走；而滞尘能力居中的核桃、枣、梨树种叶表面虽无大量细密沟壑和突起存在，但其表面或存在绒毛，或存在气孔，这些结构均有利于空气细颗粒物滞留在叶片表面，吸滞 PM2.5 能力居中；而吸滞细颗粒物能力最差的杏和樱桃，叶表面无明显微形态结构，整体较为光滑，存在的少量沟壑由于间距限制也难以滞留大量细颗粒物。

植物叶片对大气颗粒物吸滞是一个相对复杂的动态过程，受到许多因素的共同影响，叶表面形态特征的不同会直接影响植物叶片的滞尘能力，叶片表面结构质地不同的树种，其叶片的显微形态差别也较大。树木滞尘后对其生长有一定反作用，而降尘也会通过改变土壤组成影响植物生长，从而改变叶片微结构，造成其滞尘能力的改变（关欣 等，2000）。所以，对于叶表面结构与吸滞颗粒物之间的定量化研究仍需进一步加强。

### 4.1.3 经济林吸滞 PM2.5 物质量及价值量评估

根据单位叶面积吸滞 PM2.5 量及各树种单株叶面积，推算出单株吸滞量，进而得到 $1\ hm^2$ 经济林 PM2.5 年吸滞量。在计算过程中，考虑到天气因素（大风、降雨等）的影响，会导致叶片上颗粒物的减少，甚至清零。因此，年吸滞颗粒物量计算采用各月实验平均值乘以系数 15（代表全年按 15 次清零进行计算）。利用文献（王兵 等，2009）中对于经济林生态系统服务功能评估的方法对各经济林吸滞大气细颗粒物功能进行评估，PM2.5 治理费用采用《退耕还林工程生态效益监测国家报告 2014》（国家林业局，2014）中数据，其值为 81.5 元·$kg^{-1}$。森林植被年阻滞细颗粒物价值量（$U_{滞尘}$，元·$hm^{-2}$）公式如下：

$$U_{滞尘} = K_{滞尘} \cdot Q_{滞尘}。 \tag{4-1}$$

式中，$K_{滞尘}$ 为降尘清理费用（元·$kg^{-1}$）；$Q_{滞尘}$ 为单位面积森林的年滞尘量（$kg \cdot hm^{-2}$）。

由以上公式可以大致得出各经济林吸滞大气颗粒物的生态功能价值量（表4-1）。

表 4-1  不同经济林吸滞 PM2.5 功能

| 树种 | 物质量 /（$kg \cdot hm^{-2} \cdot a^{-1}$） | 价值量 /（元·$hm^{-2} \cdot a^{-1}$） |
|---|---|---|
| 核桃 | 0.54 | 43.94 |
| 梨 | 0.52 | 42.08 |

续表

| 树种 | 物质量 / ( kg · hm$^{-2}$ · a$^{-1}$ ) | 价值量 / ( 元 · hm$^{-2}$ · a$^{-1}$ ) |
| --- | --- | --- |
| 苹果 | 0.83 | 67.47 |
| 桃 | 0.48 | 39.04 |
| 杏 | 0.34 | 27.40 |
| 樱桃 | 0.37 | 30.43 |
| 枣 | 0.32 | 25.77 |

可以看出，不同经济林树种单位面积吸滞颗粒物年价值量有很大差距，其中苹果年价值量明显高于其他树种，达到 67.47 元·hm$^{-2}$·a$^{-1}$；最低的为枣，其价值量为 25.77 元·hm$^{-2}$·a$^{-1}$，仅为苹果价值量的 38.19%。因此，在考虑经济林生态功能时，可以适当推广种植苹果、核桃和梨等树种，在提供经济价值的同时，还能额外提供更多的吸滞大气颗粒物生态价值。

### 4.1.4　讨论

（1）不同树种吸滞 PM2.5 能力分析

夏季由于林木郁闭度高，更容易使颗粒物聚集，造成林内 PM2.5 浓度高于春季（王成 等，2014）；刘斌等的研究表明，绿化树种吸滞 PM2.5 能力为 6 月＞5 月＞4 月（刘斌 等，2016）。可见，夏季高温和林木郁闭度增加，林内颗粒物聚集，造成叶片吸滞 PM2.5 量同步增加，致使 7 月、8 月吸滞 PM2.5 量剧增；而 9 月、10 月林木郁闭度逐渐降低，气温下降，空气流通性加强，导致林内颗粒物浓度降低，叶片吸滞 PM2.5 量随之下降，说明叶片吸滞 PM2.5 受大气中颗粒物浓度的影响较为显著。

北京 21 个园林树种吸滞 PM2.5 量介于 0.016 ～ 0.241 μg·cm$^{-2}$（孔令伟，2015）；房瑶瑶等指出，关中地区主要造林树种吸滞 PM2.5 量介于 0.11 ～ 3.71 μg·cm$^{-2}$（房瑶瑶 等，2015）；本研究中，各树种吸滞 PM2.5 量介于 0.089 ～ 0.258 μg·cm$^{-2}$。可见，经济林作为行道树或园林绿化树种时，具有不弱于甚至高于现有园林树种吸滞颗粒物的能力。所以，将经济林树种作为绿化树种看待，大力挖掘其潜在生态价值，在当今大气污染严重的背景下显得意义非凡。

（2）叶片形态特征与其吸滞 PM2.5 的关系

叶表面形态特征的不同是造成叶片吸滞大气颗粒物能力差异的重要因素（刘璐 等，2013）。大量针对园林绿化树种的研究表明，叶表面存在凸起、凹陷、绒毛等，或具有细密沟壑，可以增强叶片吸滞颗粒物能力（Terzaghi et al.，2013；房瑶瑶 等，2015；王蕾 等，2006），气孔及其密度对滞尘能力影响也十分显著（王兵 等，2015；刘璐 等，2013；贾彦 等，2012）。

本研究发现，滞尘能力强的苹果和桃，叶表面凹凸不平，存在大量细密沟壑组织，有利于颗粒物滞留其中，且难以被风和雨水带走；而滞尘能力居中的核桃、枣、梨叶表面虽无大量细密沟壑和突起存在，但其表面或存在绒毛，或存在气孔，这些结构均有利于细颗粒物滞留在叶片表面，使其吸滞 PM2.5 能力居中；最差的杏和樱桃，叶表面无明显微形态结构，较为光滑，存在的少量沟壑由于间距限制难以滞留大量细颗粒物，导致其吸滞能力最差。

由此可见，叶片吸滞颗粒物能力不仅受外界环境的影响，还受到自身叶片形态特征的制约。因此，在利用林木吸滞大气颗粒物时，相同前提下应选取叶片结构复杂，气孔较多，叶表面粗糙度较大的树种，这有利于增加林木净化大气环境的效率。

（3）经济林吸滞 PM2.5 价值量评估

关于经济林，人们往往只关注其提供果品、药材等的价值，极少关注其生态价值。王兵等的评估结果表明，全国经济林年净化大气价值量达到 $4.58 \times 10^{10}$ 元，其单位面积价值量约为 $2.24 \times 10^{4}$ 元·$hm^{-2}$·$a^{-1}$（王兵 等，2011），说明经济林对净化大气环境具有巨大贡献。吸滞 PM2.5 作为净化大气环境的重要部分，其价值量不容忽视。

本研究中，各经济林吸滞 PM2.5 价值量介于 $25.77 \sim 67.47$ 元·$hm^{-2}$·$a^{-1}$，与其果品带来的直接经济价值相比可能略显微薄，但随着大气环境污染日益加重，任何有利于净化大气环境的方式都显得意义重大。而且，经济林是在提供果品、香料等直接经济价值的基础上，额外附加吸滞大气颗粒物的重要生态服务价值。所以，经济林发展前景应考虑在不摒弃其重要经济价值的前提下，挖掘其潜在生态价值，使经济林不仅停留在食用、药用等价值上。未来的研究方向可以集中在开发生态型经济林。

### 4.1.5 小结

本研究选取 7 种经济林，各树种吸滞 PM2.5 量差异较为明显，排序为：苹果＞桃＞枣＞梨＞核桃＞杏＞樱桃。吸滞 PM2.5 量不仅受大气污染程度影响较为明显，在 7 月、8 月较高，5 月明显偏低，还与叶表面形态特征有关，存在沟壑、突起或有气孔、绒毛等结构的叶片，吸滞 PM2.5 能力较强；反之则弱。吸滞 PM2.5 年价值量最高的为苹果，约为 67.47 元·hm$^{-2}$·a$^{-1}$。

可见，经济林吸滞大气颗粒物功能不容忽视，当其作为行道树、园林绿化树种时，同样发挥出巨大的生态作用。经济林生态服务价值与其经济价值相比可能略显微薄，但作为一种附带价值就显得分外突出。因此，在当今环境污染严重的大背景下，大力开发生态型经济林具有广阔前景。

## 4.2 经济林不同品种杏吸滞颗粒物能力研究

### 4.2.1 不同品种杏叶片颗粒物附着密度

本研究采用颗粒物附着密度（μg·cm$^{-2}$），即单位叶面积颗粒物吸滞量，表示叶片吸滞大气颗粒物的能力。从图 4-4 可以看出，"串枝红"单位叶面积吸滞 TSP、PM10、PM2.5、PM1.0 量分别为（11.27 ± 1.39）μg·cm$^{-2}$、（7.09 ± 1.23）μg·cm$^{-2}$、（2.54 ± 0.71）μg·cm$^{-2}$ 和（1.07 ± 0.31）μg·cm$^{-2}$；"龙王帽"单位叶面积吸滞 TSP、PM10、PM2.5、PM1.0 量分别为（4.43 ± 0.84）

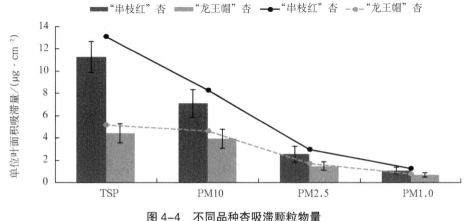

图 4-4　不同品种杏吸滞颗粒物量

$\mu g \cdot cm^{-2}$、（$3.94 \pm 0.84$）$\mu g \cdot cm^{-2}$、（$1.48 \pm 0.40$）$\mu g \cdot cm^{-2}$ 和（$0.68 \pm 0.20$）$\mu g \cdot cm^{-2}$。单位叶面积吸滞各级颗粒物能力较强的均为"串枝红"杏。因此，在相同条件下，考虑其生态效益时可选择大面积种植"串枝红"。

### 4.2.2 不同品种杏叶片吸滞颗粒物特征

（1）TSP 吸滞量时间变化

同一品种杏在不同时段内，单位叶面积吸滞颗粒物能力有明显差异。如图 4-5 所示，5～10月"串枝红"吸滞 TSP 能力均强于"龙王帽"。

不同月份，"串枝红"单位叶面积吸滞 TSP 量表现为：10月＞6月＞8月＞9月＞7月＞5月，"龙王帽"吸滞 TSP 量月份变化特征与"串枝红"略有不同，表现为：10月＞6月＞8月＞9月＞5月＞7月。二者月份变化整体表现基本一致，均表现为10月最高。

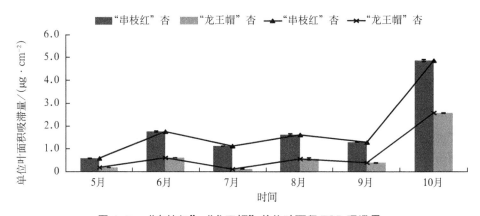

图 4-5 "串枝红""龙王帽"单位叶面积 TSP 吸滞量

（2）PM10 吸滞量时间变化

5～10月，"串枝红"与"龙王帽"PM10 吸滞量变化趋势基本一致，且各月份"串枝红"吸滞量均高于"龙王帽"（图 4-6）。5～10月，"龙王帽"单位叶面积 PM10 吸滞量分别为"串枝红"的 35.76%、46.83%、17.45%、73.23%、41.72%、64.53%。从不同月份看，"串枝红"单位叶面积 PM10 吸滞量表现为：10月＞6月＞9月＞8月＞7月＞5月，而"龙王帽"则表现为：10月＞6月＞8月＞9月＞5月＞7月。

大气环境 PM10 浓度值为：10 月（128.46 μg · cm⁻²）> 6 月（107.05 μg · cm⁻²）> 8 月（101.04 μg · cm⁻²）> 9 月（97.68 μg · cm⁻²）> 7 月（95.71 μg · cm⁻²）> 5 月（80.88 μg · cm⁻²）。可见，当大气环境中颗粒物浓度较高时，叶片对颗粒物吸滞量也随之增加，二者之间存在一定正相关。

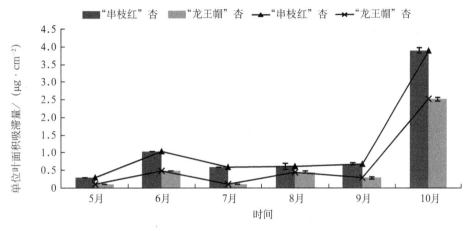

图 4-6　"串枝红""龙王帽"单位叶面积 PM10 吸滞量

（3）PM2.5 吸滞量时间变化

5～10 月，两种杏叶片 PM2.5 吸滞量与其 TSP、PM10 吸滞量时间变化较为一致（图 4-7）。8 月，"串枝红"吸滞 PM2.5 量略低于"龙王帽"，二者仅相差 0.03 μg · cm⁻²，而其余 5 个月则表现为"龙王帽"PM2.5 吸滞量低于"串枝红"，前者吸滞量分别为后者的 46.24%、90.11%、14.99%、35.48%、56.52%。"串枝红"单位叶面积吸滞 PM2.5 量为：10 月 > 8 月 > 7 月 > 9 月 > 6 月 > 5 月，而"龙王帽"则为：10 月 > 8 月 > 6 月 > 7 月 > 9 月 > 5 月。

大气环境中，PM2.5 质量浓度为：10 月（107.05 μg · cm⁻²）> 6 月（89.96 μg · cm⁻²）> 8 月（84.2 μg · cm⁻²）> 9 月（81.39 μg · cm⁻²）> 7 月（75.76 μg · cm⁻²）> 5 月（67.4 μg · cm⁻²）。两个品种杏叶片吸滞 PM2.5 量与大气中 PM2.5 浓度大致呈正相关关系。可见，大气中颗粒物浓度是影响叶片吸滞颗粒物量的主要因素之一。

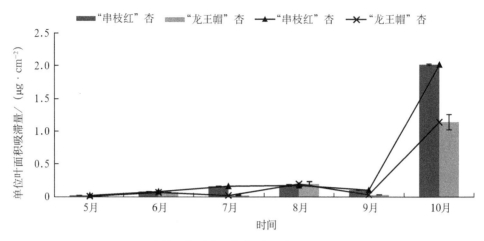

图 4-7 "串枝红""龙王帽"单位叶面积吸滞 PM2.5 量

（4）PM1.0 吸滞量时间变化

图 4-8 为不同品种杏 PM1.0 吸滞量时间变化特征。5～9 月，二者吸滞 PM1.0 量差距并不明显，均表现为"串枝红"略高于"龙王帽"；进入 10 月，"串枝红"吸滞量则显著高于"龙王帽"，二者相差 0.31 µg·cm$^{-2}$。从不同月份看，"串枝红"表现为：10 月＞ 7 月＞ 8 月＞ 6 月＞ 9 月＞ 5 月，而"龙王帽"则为：10 月＞ 8 月＞ 6 月＞ 7 月＞ 9 月＞ 5 月。

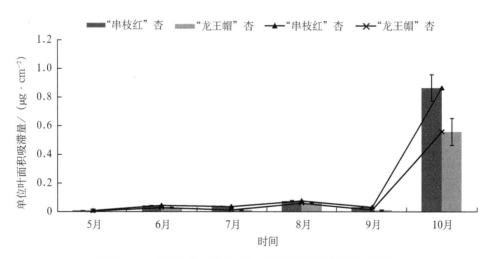

图 4-8 "串枝红""龙王帽"单位叶面积吸滞 PM1.0 量

### 4.2.3 不同品种杏单位叶面积吸滞颗粒物质量相关性分析

如图 4-9 至图 4-11 所示，"串枝红""龙王帽"单位叶面积吸滞 PM10和 TSP、PM2.5 和 PM10、PM1.0 和 PM2.5 之间均呈显著线性相关，"串枝红"$R^2$拟合值分别为 0.9782、0.9698、0.9983；"龙王帽"$R^2$ 拟合值分别为 0.9988、0.9846、0.9953。可以看出，不同品种杏吸滞变化趋势相似。

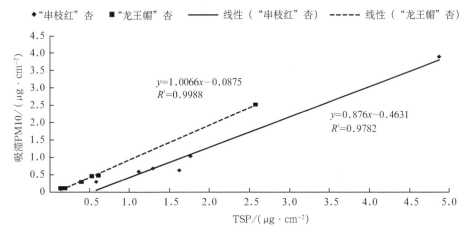

图 4-9　不同品种杏吸滞 PM10 与 TSP 的相关性

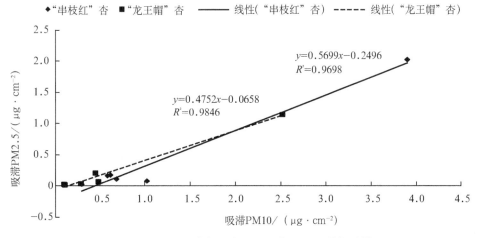

图 4-10　不同品种杏吸滞 PM2.5 与 PM10 的相关性

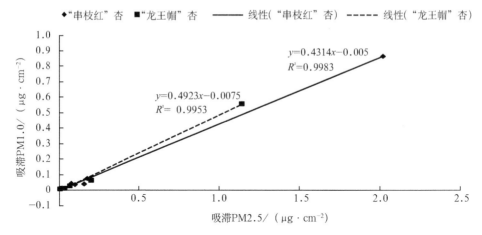

图 4-11　不同品种杏吸滞 PM1.0 与 PM2.5 的相关性

### 4.2.4　讨论

（1）不同品种杏叶片颗粒物附着密度

研究对象为经济林树种，叶片表面的粗糙度直接影响其吸滞颗粒物质量，叶片表面粗糙度越大，叶片吸滞颗粒物质量越多，吸滞颗粒物的能力就越强（王蕾 等，2006；王会霞 等，2010；齐飞艳 等，2009）。谢滨泽等人针对不同树种叶片吸滞颗粒物的研究发现，叶片表面沟槽是滞纳颗粒物的主要部位，叶片表面沟槽越深越密集，其吸滞颗粒物能力越强（谢滨泽 等，2014）。此外，叶片滞纳颗粒物的量与大气环境密切相关，大气中颗粒物浓度高，林木吸滞颗粒物量则相对增加。本研究发现，"串枝红"和"龙王帽"均表现为吸滞 TSP能力最强，其次为 PM10 和 PM2.5，吸滞 PM1.0 的量最小，这与大气环境中各粒径颗粒物的浓度大小是完全一致的。

（2）不同品种杏叶片对不同粒级颗粒物附着能力

林木单位叶面积悬浮物滞留能力不能决定不同粒径颗粒物的滞留能力（杨佳 等，2015）。因此，在同一月份不同树种之间其吸滞颗粒物的能力不同，不同月份由于天气因素的影响及树种自身因素的影响，经济林单位面积吸滞颗粒物的能力也不尽相同。

"串枝红"单位叶面积吸滞 TSP 和 PM1.0，以及"龙王帽"吸滞 TSP、PM10、PM1.0 变化趋势均表现为：升高（6 月）—降低（7 月）—升高（8 月）—

降低（9 月）—升高（10 月）；"串枝红"吸滞 PM10 表现为：升高（6 月）—降低（7 月）—升高（8 月）—升高（9 月）—升高（10 月），但 8 月、9 月其吸滞能力相差不大；"串枝红"吸滞 PM2.5 的能力与吸滞其他颗粒物有差别，变化趋势为：升高（6 月）—升高（7 月）—升高（8 月）—降低（9 月）—升高（10 月），6 月、7 月吸滞量无明显差别。

郭二果等（2013）通过研究北方地区典型天气对城市大气颗粒物的影响发现，降雨导致大气颗粒物浓度减少；夏季高温、少风且闷热的天气条件下，PM2.5 浓度是连续晴天的 2.53 倍。雨后的风能使大气颗粒物在一定程度上降低浓度，"串枝红"和"龙王帽"均在 5 月和 7 月吸滞颗粒物能力最弱，这是由于 5 月春风吹来，空气流动大，造成大气颗粒物的含量降低；此外，2014年"7 月"为北京一年中降水最多的时段，雨水频繁冲刷叶片表面，导致叶表面颗粒物附着量减少。而 10 月，空气湿度显著升高，少风且降水稀少，不利于大气中颗粒物的扩散，导致叶表面颗粒物吸滞量最大。

（3）不同品种杏单位叶面积吸滞颗粒物质量相关性分析

颗粒物之间的相关性分析，说明彼此之间的相对稳定性。二者相关性越高，表明单位叶面积吸滞颗粒物的质量变化趋势越接近，进而可以由叶片吸滞一种颗粒物的趋势推算其吸滞另一种颗粒物的变化（黄丽坤 等，2014）。由"串枝红"和"龙王帽"单位叶面积吸滞不同粒径颗粒物之间的拟合系数发现，PM10 和 TSP、PM2.5 和 PM10、PM1.0 和 PM2.5 之间存在着明显的相关关系。"串枝红"和"龙王帽"在不同月份吸滞大气颗粒物变化特征基本一致，可根据其中一种颗粒物的变化趋势，推算出其他颗粒物的变化趋势。

### 4.2.5　小结

不同品种杏单位叶面积吸滞 TSP、PM10、PM2.5、PM1.0 能力有一定差异，但基本表现为"串枝红"吸滞 TSP、PM10 和 PM1.0 能力强于"龙王帽"，吸滞 PM2.5 能力则略低于"龙王帽"。二者单位叶面积吸滞 PM10 和 TSP、PM2.5 和 PM10、PM1.0 和 PM2.5 之间均呈显著线性相关，可以由其中一种颗粒物的吸滞量推算其他颗粒物的变化趋势。在外界条件波动不大的生长环境中，考虑到生态效益，可以适当扩大"串枝红"种植面积。

# 5 经济林树种吸滞金属元素及污染物净化功能研究

植物叶片长期生存在一定浓度的污染范围内，会对此污染环境具有一定的抵抗能力，可以有效富集污染物、金属元素等，是极好的空气净化器和过滤器。叶片滞留的颗粒物、金属元素等污染物可以通过气孔进入叶片内部，富集在植物体内。因此，森林植被对金属元素污染的防治具有积极的意义（王成 等，2007；曹秀春 等，2007）。目前的相关研究多集中在园林绿化树种对金属元素污染物的吸滞作用（王丹丹 等，2012；鲁绍伟 等，2014；胡星明 等，2009），而较少涉及经济林树种吸滞金属元素。本研究选取北京地区 7 种常见经济林树种对其叶片吸滞金属元素功能进行相关研究，为进一步完善植物净化金属元素污染，合理配置经济林建设，挖掘经济林深层次的生态功能价值提供基础。

## 5.1 经济林树种叶片对金属元素的吸滞作用

（1）叶片中大量元素与微量元素分析

各经济林林木中均存在多种大量元素及微量元素（图 5-1），其中大量元素包括 Ca、Mg、K、Na 等，Ca 和 K 的含量相较其他元素明显偏高；微量元素主要包括 Se、Mo、Co、Th 等，其含量均在 0.5 mg·kg$^{-1}$ 以下，含量较大量元素显得极其稀少。大量元素及微量元素对经济林生长均有不可忽视的作用，K、Ca、Na 等更是植物生长所必不可少的大量元素，与植物的生理作用息息相关。

（2）叶片中各金属元素含量对比分析

由于枣树叶片落叶较早，本实验冬季中未采集到枣树叶片，故枣树叶片无冬季数据。对不同经济林树种同一林木叶片中各金属元素对比后发现（图

5-2），核桃、梨、苹果、桃、杏、樱桃、枣叶片中，各重金属元素含量分别介于 0.07 ~ 20.08 mg·kg$^{-1}$、0.10 ~ 14.99 mg·kg$^{-1}$、0.07 ~ 16.74 mg·kg$^{-1}$、0.08 ~ 17.98 mg·kg$^{-1}$、0.07 ~ 12.57 mg·kg$^{-1}$、0.05 ~ 23.80 mg·kg$^{-1}$、0.03 ~ 23.90 mg·kg$^{-1}$。

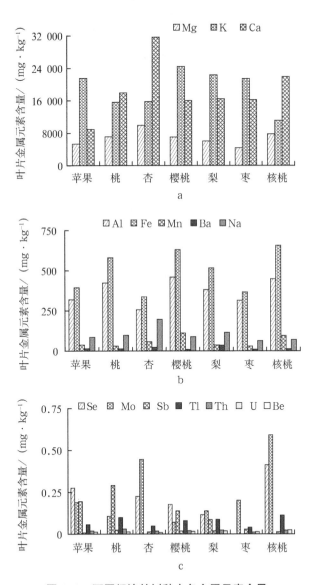

图 5-1　不同经济林树种中各金属元素含量

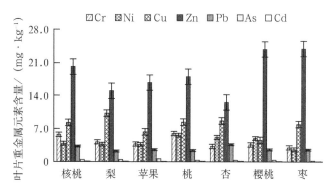

图 5-2　不同经济林树种中各重金属元素含量

7 种经济林树种叶片中金属元素含量最大的均为 Zn，其值依次为 20.08 mg·kg$^{-1}$、14.99 mg·kg$^{-1}$、16.74 mg·kg$^{-1}$、17.98 mg·kg$^{-1}$、12.57 mg·kg$^{-1}$、23.80 mg·kg$^{-1}$ 和 23.90 mg·kg$^{-1}$；含量最小的均为 Cd，其值依次为 0.07 mg·kg$^{-1}$、0.10 mg·kg$^{-1}$、0.07 mg·kg$^{-1}$、0.08 mg·kg$^{-1}$、0.07 mg·kg$^{-1}$、0.05 mg·kg$^{-1}$、0.03 mg·kg$^{-1}$。核桃、梨、苹果、桃、枣叶片中各金属元素含量大小依次为：Cu、Cr、Ni、Pb、As、Cd；杏叶片中各金属元素含量大小依次为：Cu、Ni、Pb、Cr、As、Cd；樱桃叶片中各元素含量依次为：Ni、Cu、Cr、Pb、As、Cd。

其中，核桃、梨、苹果、桃和枣叶片中各金属元素含量大小排序完全一致，均表现为 Zn 和 Cu 元素含量明显较高，Cr、Ni 和 Pb 三者差距不大，处于中间位置，而 As 和 Cd 含量则明显较低，均不足 Zn 和 Cu 含量的 1%。

（3）不同季节叶片中金属元素含量变化特征

各经济林树种叶片中 7 种金属元素含量季节变化如图 5-3 所示，下面将对不同元素含量变化特征进行逐一分析。

1）吸滞 Zn 季节变化

不同经济林树种叶片 Zn 含量季节变化趋势不同，其中核桃、梨和樱桃呈先减少后增加的变化趋势，即在夏、秋两季叶片 Zn 含量较低，核桃和樱桃 Zn 含量最大值出现在春季，分别为 22.71 mg·kg$^{-1}$ 和 32.73 mg·kg$^{-1}$，而梨的 Zn 含量最大值（17.02 mg·kg$^{-1}$）则出现在冬季；桃、杏和枣则随着季节的推移呈现出递减的变化趋势，春季含量分别为 26.66 mg·kg$^{-1}$、17.73 mg·kg$^{-1}$、27.29 mg·kg$^{-1}$；而苹果随着时间的推移，叶片中 Zn 含量则持续上升，在冬季出现最大值 20.39 mg·kg$^{-1}$。

2）吸滞 Cu 季节变化

在夏、秋两季，梨和枣叶片 Cu 含量较高，呈先增加而后减少的趋势，最大值均出现在夏季，分别为 10.81 mg·kg$^{-1}$ 和 9.14 mg·kg$^{-1}$；而核桃、苹果、桃、杏和樱桃随季节变化则呈现出先减少而后增加的变化趋势，即在夏、秋两季叶片 Cu 含量较低，叶片 Cu 含量最大值均出现在春季，分别为 11.00 mg·kg$^{-1}$、6.89 mg·kg$^{-1}$、10.13 mg·kg$^{-1}$、11.38 mg·kg$^{-1}$ 和 6.33 mg·kg$^{-1}$。

3）吸滞 Cr 季节变化

各经济林树种叶片 Cr 含量，随时间的推移整体变化大致相同，呈先减少而后增加的变化趋势。其中，苹果和桃叶片 Cr 含量年最大值出现在冬季、秋季，其值分别为 4.41 mg·kg$^{-1}$ 和 6.41 mg·kg$^{-1}$，而其他树种最大值均出现在春季，分别为核桃（10.22 mg·kg$^{-1}$）、梨（7.10 mg·kg$^{-1}$）、杏（4.12 mg·kg$^{-1}$）、樱桃（5.75 mg·kg$^{-1}$）、枣（4.30 mg·kg$^{-1}$）。

4）吸滞 Ni 季节变化

各经济林树种叶片中 Ni 元素含量变化差异较为明显，其中核桃、苹果和枣叶片 Ni 元素含量在春季出现最大值，其含量分别为 7.10 mg·kg$^{-1}$、4.41 mg·kg$^{-1}$ 和 3.70 mg·kg$^{-1}$；梨和杏在夏季出现最大值，其含量分别为 6.63 mg·kg$^{-1}$ 和 8.77 mg·kg$^{-1}$；而桃和樱桃叶片 Ni 含量最大值则出现在冬季，其含量分别为 7.11 mg·kg$^{-1}$ 和 7.17 mg·kg$^{-1}$。其中，苹果叶片 Ni 含量年变化起伏较小，其他树种在不同季节含量均有明显变化。尽管各树种 Ni 元素含量最大值出现季节有较大差异，但梨、苹果、杏、樱桃、枣的最小值均出现在秋季，这是由于进入秋季秋高气爽、晴朗多风，空气环境较为良好，空气金属元素污染物浓度较低，致使各树种在秋季吸滞 Ni 元素含量均较低。

5）吸滞 Pb 季节变化

Pb 元素在各经济林树种叶片中含量季节变化趋势较为一致，整体上呈现持续上升的季节变化趋势。各树种叶片 Pb 元素含量在春季明显较低，而后随着时间的推移，叶片中富集量逐渐增加，在冬季达到最大值。除桃外，各经济林树种叶片 Pb 元素含量均在冬季达最大值，其含量分别为核桃（4.41 mg·kg$^{-1}$）、梨（4.41 mg·kg$^{-1}$）、苹果（4.25 mg·kg$^{-1}$）、杏（4.83 mg·kg$^{-1}$）、樱桃（5.32 mg·kg$^{-1}$）。春季，各树种处于生长期，生理功能尚未健全，对于有极大危害的 Pb 元素吸滞能力较差，随着各经济林树种逐渐成熟，进入生长旺季，其功能逐渐完善，

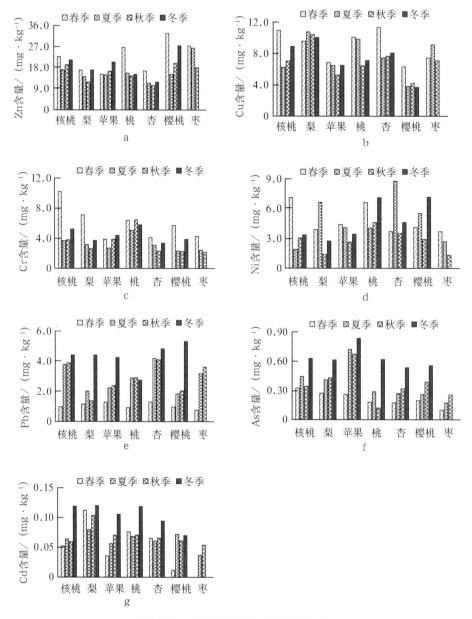

图 5-3  不同季节叶片金属元素含量

对 Pb 元素有了一定的抗性，吸滞 Pb 能力逐渐增强。此外，进入冬季，汽车尾气排放量的增加在无形之中增加了空气中 Pb 的含量，导致大气中污染源浓度增加，致使植物体内 Pb 含量急剧增加。

6）吸滞 As 季节变化

As 元素含量季节变化与 Pb 元素基本一致，同样表现为随时间的推移，植物叶片内 As 含量逐渐递增，至冬季达到最大值。其中，大部分树种在春、夏、秋 3 个季节含量变化趋势较为平缓，而进入冬季后其含量则急剧上升。冬季各树种叶片中 As 元素含量分别为核桃（0.63 mg·kg$^{-1}$）、梨（0.61 mg·kg$^{-1}$）、苹果（0.84 mg·kg$^{-1}$）、桃（0.62 mg·kg$^{-1}$）、杏（0.54 mg·kg$^{-1}$）、樱桃（0.56 mg·kg$^{-1}$）。

7）吸滞 Cd 季节变化

Cd 元素含量季节变化较为明显，除樱桃在夏、秋、冬 3 个季节中含量变化不明显，而春季明显偏低外，核桃、梨、苹果、桃、杏、樱桃等树种叶片中 Cd 含量均在冬季明显升高。核桃、梨、苹果、桃、杏在前 3 个季节当中叶片中 Cd 含量上升趋势并不明显，而进入冬季后叶片中 Cd 含量则显著提高，其含量分别为 0.12 mg·kg$^{-1}$、0.12 mg·kg$^{-1}$、0.11 mg·kg$^{-1}$、0.12 mg·kg$^{-1}$ 和 0.09 mg·kg$^{-1}$。其含量在冬季明显上升的变化趋势与 Pb、As 等完全一致，可见，冬季环境中污染物浓度的增加会导致经济林叶片中金属元素含量的增加。

（4）不同树种叶片吸滞金属元素能力差异分析

1）吸滞 Zn 能力分析

叶片 Zn 含量年平均值大小排序为：枣（23.90 mg·kg$^{-1}$）＞樱桃（23.80 mg·kg$^{-1}$）＞核桃（20.08 mg·kg$^{-1}$）＞桃（17.98 mg·kg$^{-1}$）＞苹果（16.74 mg·kg$^{-1}$）＞梨（14.99 mg·kg$^{-1}$）＞杏（12.57 mg·kg$^{-1}$）；其中，枣和樱桃含量极为接近，其含量处于较高范围，均达到吸滞能力最差的杏的 1.89 倍（图 5-4）。

2）吸滞 Cu 能力分析

叶片 Cu 含量年平均值大小排序为：梨（10.25 mg·kg$^{-1}$）＞杏（8.66 mg·kg$^{-1}$）＞桃（8.40 mg·kg$^{-1}$）＞核桃（8.30 mg·kg$^{-1}$）＞枣（7.90 mg·kg$^{-1}$）＞苹果（6.29 mg·kg$^{-1}$）＞樱桃（4.52 mg·kg$^{-1}$）；各树种叶片 Cu 含量变化幅度较为平缓，梨与樱桃叶片中 Cu 含量的差值为 5.73 mg·kg$^{-1}$。

3）吸滞 Cr 能力分析

叶片 Cr 含量年平均值大小排序为：桃（5.94 mg·kg$^{-1}$）＞核桃（5.74 mg·kg$^{-1}$）＞梨（4.16 mg·kg$^{-1}$）＞苹果（3.73 mg·kg$^{-1}$）＞樱桃（3.57 mg·kg$^{-1}$）＞杏（3.24 mg·kg$^{-1}$）＞枣（2.97 mg·kg$^{-1}$），桃和核桃吸滞 Cr 能力较其他树种略强，苹果、樱桃和杏三者吸滞 Cr 能力极为接近。

4）吸滞 Ni 能力分析

叶片 Ni 含量年平均值大小排序为：桃（5.60 mg·kg$^{-1}$）>杏（5.15 mg·kg$^{-1}$）>樱桃（4.93 mg·kg$^{-1}$）>核桃（3.86 mg·kg$^{-1}$）>梨（3.68 mg·kg$^{-1}$）>苹果（3.65 mg·kg$^{-1}$）>枣（2.57 mg·kg$^{-1}$）；吸滞 Ni 能力最强的为桃，其吸滞量达到枣的 2.18 倍，核桃、梨和苹果三者吸滞能力较为接近，其吸滞量最大差值仅为 0.21 mg·kg$^{-1}$。

5）吸滞 Pb 能力分析

叶片 Pb 含量年平均值大小排序为：杏（3.60 mg·kg$^{-1}$）>核桃（3.26 mg·kg$^{-1}$）>樱桃（2.54 mg·kg$^{-1}$）=苹果（2.54 mg·kg$^{-1}$）>枣（2.53 mg·kg$^{-1}$）>桃（2.37 mg·kg$^{-1}$）>梨（2.24 mg·kg$^{-1}$）；Pb 元素在各经济林树种叶片中含量差距并不十分明显，其中杏和核桃叶片中 Pb 含量略高，而其他经济林树种叶片 Pb 元素含量则极为接近，说明各经济林树种对 Pb 的吸滞能力无显著差异。

6）吸滞 As 能力分析

叶片 As 含量年平均值大小排序为：苹果（0.62 mg·kg$^{-1}$）>核桃（0.44 mg·kg$^{-1}$）>梨（0.43 mg·kg$^{-1}$）>樱桃（0.35 mg·kg$^{-1}$）>杏（0.32 mg·kg$^{-1}$）>桃（0.30 mg·kg$^{-1}$）>枣（0.17 mg·kg$^{-1}$）；As 在各树种叶片中含量均较低，苹果叶片对 As 的吸滞能力显著高于其余树种，其吸滞量达到吸滞量最小的枣的 3.65 倍，核桃和梨吸滞量基本一致，而樱桃、杏和桃三者吸滞能力较为接近。

7）吸滞 Cd 能力分析

叶片 Cd 含量年平均值大小排序为：梨（0.10 mg·kg$^{-1}$）>桃（0.08 mg·kg$^{-1}$）>核桃（0.07 mg·kg$^{-1}$）=杏（0.07 mg·kg$^{-1}$）=苹果（0.07 mg·kg$^{-1}$）>樱桃（0.05 mg·kg$^{-1}$）>枣（0.03 mg·kg$^{-1}$）；Cd 在各经济林树种叶片中含量均极少，除樱桃和枣叶片中 Cd 含量显著偏低外，其余各树种叶片中 Cd 含量差异极其微小，其中核桃、杏和苹果三者吸滞量则完全一致，说明三者对 Cd 的吸滞能力基本一致。

由此可见，各树种吸滞金属元素能力差异较为显著，不同树种吸滞金属元素能力各有千秋，但总体来说枣对大部分金属元素吸滞能力均较差。本研究中，各经济林树种对不同金属元素的吸滞量与相关园林绿化树种吸滞量研究（毕波 等，2012；刘玲 等，2013；刘冰，2014；李少宁 等，2014）所得结论相比均较为接近，经济林对部分金属元素的吸滞能力甚至高于园林绿化树种。可见，经济林树种对金属元素具有较强的吸滞作用，在污染区进行园林绿化建设时，可以适当考虑搭配经济林树种。

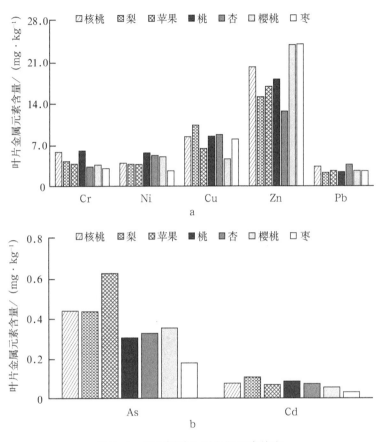

图 5-4　不同树种吸附金属元素能力

## 5.2　经济林树种叶片对 Cl 元素的吸滞作用

林木不仅对金属元素具有显著的吸滞作用，同时对 $Cl_2$、$SO_2$ 等污染物具有较强的吸滞作用。图 5-5 为各经济林树种叶片中 Cl 元素含量的季节变化特征，叶片中 Cl 元素含量季节变化较为平缓，在春、夏、秋三季叶片中 Cl 元素含量无明显差距，进入冬季后，叶片中 Cl 元素含量均出现小幅上升。

不同树种对 Cl 元素的吸滞能力差异较为显著，年均吸滞量介于 206.19 ～ 3285.35 mg · kg$^{-1}$。其中，枣和核桃吸滞能力显著高于其他树种，大小排序为：枣（3285.35 mg·kg$^{-1}$）＞核桃（1820.97 mg·kg$^{-1}$）＞樱桃（552.95 mg·kg$^{-1}$）＞梨（434.67 mg·kg$^{-1}$）＞桃（432.01 mg·kg$^{-1}$）＞苹果（306.56 mg·kg$^{-1}$）＞杏（206.19 mg·kg$^{-1}$）；枣对 Cl 元素的吸滞能力分别达到樱桃、梨、桃、苹果和杏的 5.94、7.56、7.60、10.72 和 15.93 倍。

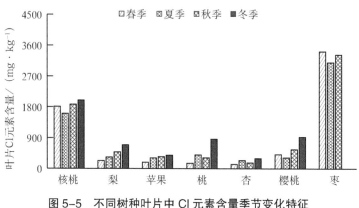

图 5-5　不同树种叶片中 Cl 元素含量季节变化特征

## 5.3　土壤中重金属与叶片重金属相关性

所测叶片中重金属含量与土壤重金属含量的相关性分析如表 5-1 所示，土壤中部分元素间存在一定相关性，如 Cd 与 Zn、Ni 和 As 均具有显著相关性（$P < 0.05$）。Pb、Cu 与 Zn 呈显著负相关；Cr 与 Pb 呈显著负相关；Ni 与 As 则具极显著正相关（$P < 0.01$）。而土壤中各元素含量与叶片中各元素含量，只有林木 Cr 与土壤 Ni、As 和 Cd 及林木 Zn 与土壤 Pb、Cu 显著正相关或极显著正相关，林木 Cd 与土壤 Zn 呈显著负相关，林木叶片元素与土壤中元素含量均明显相关。由此可推测，测试的 7 种经济林叶片中重金属元素来自土壤的可能性较小，其来源主要来自大气污染。

表5-1　经济林叶片与土壤中重金属含量相关分析

| 种类 | 项目名称 | 林木Cr | 土壤Cr | 林木Zn | 土壤Zn | 林木Pb | 土壤Pb | 林木Ni | 土壤Ni | 林木Cu | 土壤Cu | 林木As | 土壤As | 林木Cd | 土壤Cd |
|---|---|---|---|---|---|---|---|---|---|---|---|---|---|---|---|
| 林木Cr | Pearson | 1 | -0.255 | 0.524 | -0.501 | -0.344 | 0.191 | 0.273 | 0.838* | -0.081 | 0.594 | 0.530 | 0.807* | 0.563 | 0.883** |
|  | 显著性 |  | 0.582 | 0.227 | 0.252 | 0.450 | 0.681 | 0.553 | 0.019 | 0.863 | 0.160 | 0.221 | 0.028 | 0.188 | 0.008 |
| 土壤Cr | Pearson |  | 1 | -0.719 | -0.058 | -0.048 | -0.809* | 0.374 | -0.230 | 0.270 | -0.375 | 0.173 | -0.399 | 0.494 | -0.447 |
|  | 显著性 |  |  | 0.069 | 0.901 | 0.919 | 0.027 | 0.408 | 0.620 | 0.559 | 0.407 | 0.711 | 0.376 | 0.260 | 0.315 |
| 林木Zn | Pearson |  |  | 1 | -0.383 | -0.240 | 0.846* | -0.109 | 0.446 | 0.134 | 0.770* | -0.120 | 0.642 | 0.001 | 0.659 |
|  | 显著性 |  |  |  | 0.396 | 0.604 | 0.016 | 0.816 | 0.316 | 0.775 | 0.043 | 0.798 | 0.120 | 0.998 | 0.107 |
| 土壤Zn | Pearson |  |  |  | 1 | -0.321 | 0.155 | -0.331 | -0.245 | -0.577 | -0.299 | -0.386 | -0.244 | -0.755* | -0.609 |
|  | 显著性 |  |  |  |  | 0.482 | 0.740 | 0.468 | 0.597 | 0.175 | 0.515 | 0.393 | 0.598 | 0.050 | 0.147 |
| 林木Pb | Pearson |  |  |  |  | 1 | -0.385 | 0.215 | -0.303 | 0.087 | -0.508 | -0.033 | -0.346 | -0.098 | -0.074 |
|  | 显著性 |  |  |  |  |  | 0.394 | 0.643 | 0.509 | 0.852 | 0.245 | 0.944 | 0.447 | 0.834 | 0.874 |
| 土壤Pb | Pearson |  |  |  |  |  | 1 | -0.370 | 0.241 | -0.143 | 0.640 | -0.368 | 0.470 | -0.469 | 0.315 |
|  | 显著性 |  |  |  |  |  |  | 0.414 | 0.602 | 0.760 | 0.122 | 0.417 | 0.287 | 0.289 | 0.492 |
| 林木Ni | Pearson |  |  |  |  |  |  | 1 | 0.583 | -0.129 | -0.084 | -0.030 | 0.434 | 0.349 | 0.189 |
|  | 显著性 |  |  |  |  |  |  |  | 0.169 | 0.783 | 0.858 | 0.949 | 0.331 | 0.443 | 0.685 |
| 土壤Ni | Pearson |  |  |  |  |  |  |  | 1 | -0.439 | 0.554 | 0.280 | 0.962** | 0.251 | 0.757* |
|  | 显著性 |  |  |  |  |  |  |  |  | 0.325 | 0.197 | 0.543 | 0.001 | 0.588 | 0.049 |
| 林木Cu | Pearson |  |  |  |  |  |  |  |  | 1 | -0.108 | -0.150 | -0.418 | 0.573 | -0.145 |
|  | 显著性 |  |  |  |  |  |  |  |  |  | 0.818 | 0.748 | 0.350 | 0.179 | 0.756 |

续表

| 种类 | 项目名称 | 林木 Cr | 土壤 Cr | 林木 Zn | 土壤 Zn | 林木 Pb | 土壤 Pb | 林木 Ni | 土壤 Ni | 林木 Cu | 土壤 Cu | 林木 As | 土壤 As | 林木 Cd | 土壤 Cd |
|---|---|---|---|---|---|---|---|---|---|---|---|---|---|---|---|
| 土壤 Cu | Pearson | | | | | | | | | | 1 | 0.318 | 0.728 | 0.123 | 0.729 |
| | 显著性 | | | | | | | | | | | 0.487 | 0.064 | 0.794 | 0.063 |
| 林木 As | Pearson | | | | | | | | | | | 1 | 0.216 | 0.515 | 0.580 |
| | 显著性 | | | | | | | | | | | | 0.641 | 0.237 | 0.172 |
| 土壤 As | Pearson | | | | | | | | | | | | 1 | 0.130 | 0.808* |
| | 显著性 | | | | | | | | | | | | | 0.782 | 0.028 |
| 林木 Cd | Pearson | | | | | | | | | | | | | 1 | 0.377 |
| | 显著性 | | | | | | | | | | | | | | 0.404 |
| 土壤 Cd | Pearson | | | | | | | | | | | | | | 1 |
| | 显著性 | | | | | | | | | | | | | | |

注：*，在 0.05 水平（双侧）上显著相关；**，在 0.01 水平（双侧）上显著相关。

## 5.4 讨论

（1）树种吸滞重金属元素差异

环境重金属污染危害性大，不仅破坏生态平衡，还对人类生存健康产生极大威胁，且关于大气重金属污染的治理难度较大、成本较高，而林木由于其对大气重金属污染物具有一定的吸收积累作用成为国内外学者争相研究的热点。林治庆等人在木本植物对 Hg 耐性的研究中发现，加拿大杨等木本植物对土壤中的 Hg 具有较强的吸收累积作用和较高的耐性（林治庆 等，1989）。陈荣华等的研究显示，热带、亚热带海岸木本植物红树林对重金属有一定的净化作用（陈荣华 等，1989）。以上研究结果充分说明林木对重金属污染具有一定的吸收能力，这与本研究中得到经济林树种能够吸收积累一定量重金属元素的结果一致。且研究中不同经济林树种对重金属的吸收积累量存在显著差异的结果与鲁敏等人在绿化树种对大气重金属污染物吸收净化能力的研究中表明不同绿化树种对大气污染物 Pb、Cd 具有一定的吸收能力，且因树种不同而具有明显差异的结果也相同（鲁敏 等，2006），这充分说明树木对重金属的吸收受自身形态结构、树种特性、生长季节、树龄等多个方面因素影响，且植物叶表面结构、粗糙度和分泌物影响重金属颗粒物的附着吸收（张翠萍 等，2005；方颖 等，2007；庄树宏 等，2000）。此外，研究还对经济林树种吸滞重金属的季节变化特征进行了分析，发现不同季节经济林树种叶片吸滞不同重金属能力差异显著。供试的经济林叶片吸滞 Zn、Cu、Ni、Cr 季节变化趋势存在明显差异，部分树种在冬季吸滞能力较强，部分树种则在夏季最强；对 Pb、As 和 Cd 的吸滞能力均在冬季较强，吸滞量范围分别在 3.63 ～ 5.32 mg·kg$^{-1}$、0.25 ～ 0.84 mg·kg$^{-1}$ 和 0.09 ～ 0.12 mg·kg$^{-1}$。这一结果与魏丽婧提到的植物在春季和秋季吸收污染物的能力较强（魏丽婧，2013）的说法有所不同，这可能是由于不同地域在相同季节时段的光照等其他气候条件不同，导致植物吸收重金属的季节特征具有差异性，造成本研究结果与前人研究结果存在差异。因此，在不同地域结合树种的季节净化重金属能力特征来选取合适树种有利于提高树种吸滞重金属能力，也是开展重金属污染防治的关键环节。

（2）叶片重金属含量与土壤中重金属含量关系

林木叶片具有吸收累积大气环境中重金属的能力，可被用作重金属污染监测（Uzu et al.，2010；Gonz á lez–Miqueo et al.，2010；Bermudez et al.，2009）。

目前，国内外许多专家均验证应用绿化树种可对大气重金属污染进行监测和评价，尽管其对环境污染的监测敏感度低于地衣和苔藓，但仍为一种经济且环保的监测手段，受到人类的高度关注（Tayel et al.，2002）。如 Tomašević 等（2004）发现七叶树和椴树叶片可以较好地指示贝尔格莱德城市大气重金属污染状况。林木叶片中的重金属一部分来自根系蒸腾拉力作用下水分矿质营养的输送；另一部分来自对大气颗粒物的吸收（刘维涛 等，2008）。王焕校研究显示，叶片对重金属的迁移吸收能力较弱，植物通过根系吸收的土壤重金属主要滞留在根部（王焕校，2002）；王爱霞等则发现树叶中重金属浓度与大气中相应元素浓度有很强的相关性（王爱霞 等，2010）。这些结果均与本研究中叶片重金属来自土壤重金属含量的概率较小，其来源为大气的概率相对较大的结论极为接近。这充分说明叶片中重金属主要来源极有可能是大气污染（如颗粒物浓度等）。此外，前人多为对绿化树种叶片吸滞重金属的研究，而本研究针对经济林树种的净化重金属作用，定量分析了经济林净化重金属污染的能力，展现出经济林树种除直接的经济价值外，还具有巨大生态价值，明确经济林在维持和促进社会经济可持续发展及其在环境保护中不可忽视的巨大作用，为今后经济林生态价值的评估提供了科学合理的参考依据。

（3）叶片 Cl 元素含量分析

经济林树种叶片吸滞 Cl 元素的能力差异不明显，且季节变化趋势大致相同，均在冬季有小幅上升。这是由于随着季节的推移，Cl 元素在体内逐渐累积，导致其含量在全年都呈现略微上升的趋势。

## 5.5　小结

研究选取北京市 7 种常见经济林树种，在生长季内对其进行吸滞重金属功能的研究，发现不同经济林树种吸滞不同重金属元素的能力差异显著。从不同元素来看，核桃、梨、苹果、桃和枣的叶片中各金属元素含量大小排序完全一致，均表现为 Zn > Cu > Cr > Ni > Pb > As > Cd，且各树种叶片中 Zn 与 Cu 的含量远大于其他元素；从树种的吸滞能力来看，枣对大部分重金属元素吸滞能力均较差，桃吸滞 Cr、Ni 能力较强，梨和樱桃分别吸滞 Cu 和 Zn 的能力最强；从季节变化来看，各树种叶片吸滞 Pb、As 和 Cd 的规律完全一致，均在冬季吸滞量较高，吸滞 Zn、Cu、Ni、Cr 季节变化趋势各不相同，部分树种在冬季吸滞量最高，而部分树种则在夏季最高。

各树种叶片中 Cl 元素含量随季节变化无剧烈波动，只在冬季小幅上升。其中，吸滞 Cl 元素能力最强的为枣，明显高于其他树种。

上述结果表明，经济林树种与绿化树种一样，可以对净化环境重金属污染起到一定作用，未来在进行园林绿化配置时，可以适当增加经济林树种。同时，也为经济林生态功能的精确评估提供了科学的基础数据。

# 6  经济林树种提供空气负离子功能研究

森林植被不仅具有改善环境质量，调节小气候，为人类提供优良休憩环境的功能，还可以提供空气负离子，达到降尘、杀菌的目的，有益于人体健康（赵雄伟 等，2007）。随着生态旅游业的兴起，以及人们保健意识的逐渐增强，人类对于森林空气负离子研究的重视程度逐渐加深。因此，本研究针对不同经济林树种提供空气负离子能力进行相关研究，分析温度、湿度对林内空气负离子变化特征的影响，并对各经济林提供空气负离子价值量进行科学评估。

## 6.1  经济林树种提供负离子特征

### 6.1.1  空气负离子浓度日变化特征

各月空气负离子浓度日变化特征大致相同（图6-1），均在9：00～11：00和17：00左右出现一天当中的两个峰值，其中6月和10月变化趋势较为平缓，负离子浓度全天波动范围不大；其他月份整体表现为先增加而后减少，随后继续上升的变化趋势。各树种在不同月份出现峰值的时间略有不同，如5月核桃（968个·$cm^{-3}$）、樱桃（1153个·$cm^{-3}$）和枣（959个·$cm^{-3}$）的峰值出现在7：00，梨（1339个·$cm^{-3}$）、苹果（1353个·$cm^{-3}$）的峰值出现在9：00，而桃（1017个·$cm^{-3}$）和杏（993个·$cm^{-3}$）的峰值则出现在17：00左右；6月梨（1541个·$m^{-3}$）和樱桃（1328个·$cm^{-3}$）的峰值出现在7：00，苹果（1766个·$cm^{-3}$）的峰值出现在9：00，桃（1168个·$cm^{-3}$）和杏（1120个·$cm^{-3}$）的峰值出现时间与5月一致，在17：00左右。

而进入9月后，核桃（1824个·$cm^{-3}$）、梨（2449个·$cm^{-3}$）、枣（1637个·$cm^{-3}$）和苹果（1817个·$cm^{-3}$）的峰值出现时间为11：00前后，而桃（2294个·$cm^{-3}$）、杏（2128个·$cm^{-3}$）和樱桃（2444个·$cm^{-3}$）的峰值则出现在

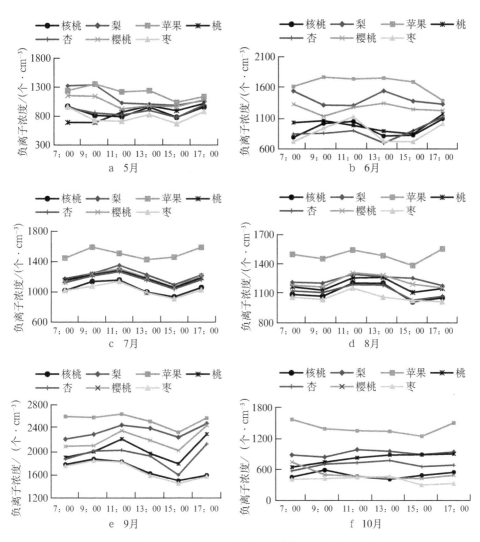

图 6-1　不同经济林树种各月提供空气负离子浓度日变化

17：00。尽管各树种出现峰值的时间略有不同，但大多数峰值均出现在 7：00～
11：00 及 17：00 前后，在此时段内空气湿度相对较高，且上午时段内植物生
理作用较为旺盛，均有利于植物释放空气负离子，导致此时段前后空气负离子
浓度出现一天当中的最高值。

关于森林植被释放空气负离子的研究目前已经得到一些成果，褚德裕等
（2009）关于 2 种植物群落空气负离子研究表明，负离子浓度在 11：00 至
16：00 处于较低值，9：00 及 17：00 负离子浓度较高；而杨书运等研究 3 种

城市森林群落空气负离子的产生能力后发现，森林空气负离子浓度日最大值出现在 11：00 前后（杨书运 等，2014），这与本研究所得结论基本一致，而与吴际友等人的研究结果相比则略有不同（吴际友 等，2003），这可能是由于地域、气候等因素不同造成的差异。空气负离子浓度受温度、湿度等气象因素的影响较大，并且与植被自身特性有一定关系，所以空气负离子浓度的变化趋势并没有在各地和各树种上出现完全一致的变化趋势，本研究针对温度、湿度对空气负离子浓度的影响做出了相关解释。

### 6.1.2　空气负离子浓度月动态特征

由图 6-2 可知，7 种经济林内 9 月的空气负离子浓度均明显较高，范围介于 1697 ～ 2537 个·cm⁻³，而 10 月最低（398 ～ 1400 个·cm⁻³），6 ～ 8 月即夏季时段，空气负离子浓度变化较为平缓，最大差距不超过 200 个·cm⁻³。5 ～ 10 月整体动态变化趋势呈逐渐上升后急剧下降的趋势，各月空气负离子浓度大小为：9 月＞ 8 月＞ 7 月＞ 6 月＞ 5 月＞ 10 月。

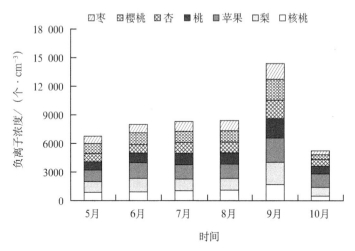

图 6-2　不同经济林树种各月份提供空气负离子浓度

李少宁等（2010）关于北京典型园林植被区空气负离子研究表明，在一年当中空气负离子浓度呈单峰变化趋势，浓度最高值出现在 9 月，这与本研究结果完全一致，这是由于北京地区秋季空气清新，各方面环境因素均适合空气负离子的产生，因此造成 9 月负离子浓度显著高于其余月份。而进入 10 月后，经济林生长进入衰退期，林分郁闭度下降，且气象因素也不利于空气负离子的产生，使 10 月各经济林内空气负离子浓度急剧下降；而在 5 月，各经济林由于刚刚步入生长期，制造负离子功能尚未健全，使当月负离子浓度偏低。可见，温度、湿度、风等环境因素对空气负离子浓度有很大的影响。

### 6.1.3　不同经济林内负离子浓度对比分析

对比不同经济林内空气负离子浓度后发现，各树种提供空气负离子能力明显不同（图 6-3），结合 7 种经济林内空气负离子浓度进行方差分析（表 6-1）。可知，7 种经济林内全年各月平均负离子浓度介于 969 ~ 1631 个·cm$^{-3}$，且不同经济林内空气负离子浓度差异显著（$P < 0.001$）。其中，苹果的负离子浓度最高（1631 个·cm$^{-3}$），是最小浓度枣的 1.68 倍，其次是梨，与苹果相差 258 个·cm$^{-3}$，之后分别为樱桃（1235 个·cm$^{-3}$）、桃（1175 个·cm$^{-3}$）、杏（1109 个·cm$^{-3}$）、核桃（1025 个·cm$^{-3}$）和枣（969 个·cm$^{-3}$）。可见，苹果相较于其他经济林具有较高的提供空气负离子的能力。因此，在城区内可以考虑适当增加苹果林的种植，为大气环境提供更多空气负离子，从而净化空气环境，有利于人类生存环境的清洁。

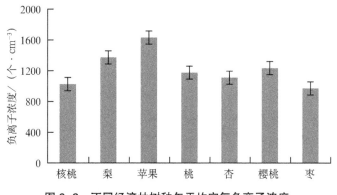

**图 6-3　不同经济林树种年平均空气负离子浓度**

表 6-1　各月（5 ~ 10 月）7 种经济林内空气负离子浓度方差分析

| 项目名称 | $df$ | 均方 | $F$ | $P$ |
|---|---|---|---|---|
| 组间 | 6 | 363 952.639 | 469.827 | 0.000 |
| 组内 | 42 | 774.653 | | |

孙明珠等关于北京不同功能区空气负离子差异性研究表明，各地负离子浓度介于 $600 \sim 933$ 个·$cm^{-3}$（孙明珠 等，2010）；而冯鹏飞等研究北京地区不同植被区空气负离子的结果则表明，不同林地空气负离子浓度差异巨大，其浓度范围介于 $300 \sim 1800$ 个·$cm^{-3}$（冯鹏飞 等，2015）。本研究中，各经济林树种提供负离子浓度与以上研究结果相比不低，甚至显著高于孙明珠等的研究结果，可见经济林树种提供空气负离子的能力不弱于各园林绿化树种，其提供负离子生态功能不容忽视。

### 6.1.4　空气负离子浓度与环境因子的关系

相关研究均表明，环境因子是空气负离子浓度的重要影响因素（濮阳雪华等，2014；司婷婷 等，2014），环境因子包括生物因素和非生物因素。而温度和湿度是非生物因素当中最具代表性的两类，因此本研究针对温度、湿度对空气负离子浓度的影响做出如下分析。

（1）温度对空气负离子浓度的影响

选取 7 月的杏树林为研究对象，在白天对其进行连续 3 天观测，其林内温度及空气负离子浓度的变化趋势如图 6-4 所示，可以看出，温度与空气负离子浓度整体上呈现出相反的变化趋势，当温度为最低 7.1 ℃时，空气负离子浓度呈次高值，其浓度为 1568 个·$cm^{-3}$，而当空气温度升至最高 34.2 ℃时，空气负离子浓度则呈现较低值（1427 个·$cm^{-3}$）。

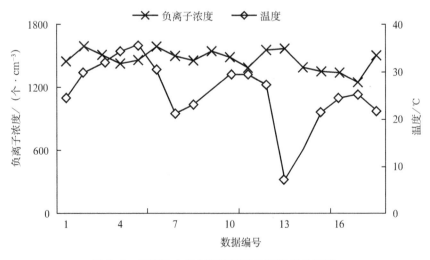

图 6-4　经济林内空气负离子浓度与温度的关系

有研究得出，空气负离子浓度与温度呈负相关，即空气负离子浓度随着温度的升高而逐渐下降（吴楚材 等，2001；张翔，2004）；但也有观点持反对意见，认为二者呈正相关（邵海荣 等，2000）。本研究所得结论与前者是一致的，另外的一些研究也表明，在不同天气条件下，温度与空气负离子浓度的关系呈不确定性。出现此种差异的原因是由于环境因素对空气负离子浓度作用机制较为复杂，且不同林地由于立地条件、树种自身差异、郁闭度、试验方法等不同，均会造成试验结果出现较大差异，导致最终结果的不确定性。

（2）湿度对空气负离子浓度的影响

选取 7 月的杏树林为研究对象，在白天对其进行连续 3 天观测，其林内湿度及空气负离子浓度的对应关系如图 6-5 所示，二者变化趋势无明显规律性。杨建松等关于不同群落空气负离子研究表明，湿度与空气负离子浓度呈显著负相关（杨建松 等，2006）；而周斌等研究同样表明，湿度对空气负离子浓度影响较大（周斌 等，2011）。本研究中所得结论与以上研究结果有所不同，这可能是由于地域、气候条件、实验方法、植物自身特性等因素的差异造成研究结果之间无明显相关性。关于湿度等环境因素对于空气负离子的影响较为复杂，因此还有待进一步深入研究。

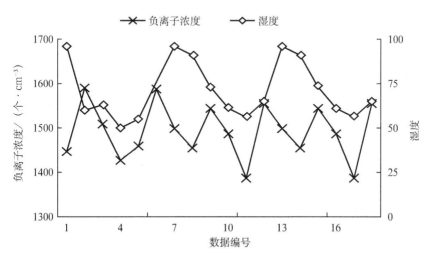

图 6-5　经济林内空气负离子浓度与湿度的关系

## 6.1.5　讨论

经济林内空气负离子浓度季节变化较为明显，其在 6 ～ 8 月无明显变化，但进入 9 月后，气候、温度等各方面因素均达到有利于空气负离子形成的条件，使其浓度急剧上升。进入 10 月后，由于各树种叶片凋落，生理功能减弱，导致各经济林内空气负离子浓度骤然下降。可见，气候条件及自身因素对空气负离子浓度影响较为显著。

空气负离子的含量及分布作为衡量一个地区空气清洁程度与生态环境的重要指标之一，现已成为人们关注的焦点。因此，有关森林植被的空气负离子研究越来越多。储德裕等发现，柏木和杨梅 2 种植物群落内空气负离子浓度在 9：00 和 17：00 前出现 2 个波峰，而在 11：00 ～ 16：00 处于较低水平（储德裕 等，2009）；谢雪宇等在寨场山森林公园中的研究显示，一天当中空气负离子浓度上午开始下降，14：00 ～ 16：00 最低，随后回升（谢雪宇 等，2014）；而刘欣欣等对森林群落空气负离子浓度的研究表明，在夏季，6 种群落内负离子浓度峰值均为 9：00 （刘欣欣 等，2012）。这些研究结果与本试验结果所得基本一致。这些结果一致的研究，与吴际友等（2003）的结果略有不同，这可能是地域及气象因素的不同所导致。空气负离子浓度受温度、湿度等气象因素的影响较大，并且与植被自身特性有一定关系，所以空气负离子浓度变化趋势并没有在各地和各树种上出现完全一致的变化趋势。且就目前研究结果来看，空气负离子浓度与气象各因子之间的关系报道并不一致，需要今后在此方面多进行对比研究。

空气负离子浓度日变化均呈双峰曲线，峰值出现在 9：00 ～ 11：00 和 17：00 左右。从不同月份看，6 ～ 8 月无明显差异，整体呈小幅上升，而 9 月空气负离子浓度急剧上升，10 月后骤然下降。空气负离子浓度随温度的升高而下降，相关性明显。

不同森林植被全年空气负离子浓度存在明显差异。有研究表明，一年当中，空气负离子浓度夏、秋高于冬、春，且夏季最高，冬季最低（邵海荣 等，2005；吴际友 等，2003；吴楚材 等，2001）。本研究结果与此结论相似，但其 9 月 7 种经济林内空气负离子浓度明显最高，而这与李少宁等（2010）关于北京典型园林植被区空气负离子研究结果相一致，与陶宝先等（2012）在南京地区对其主要森林类型空气负离子月变化研究结果并不相同，产生这种差异的原因可能与试验选取的研究地点及当地气候有关。这也从侧面说明气象因子（紫外线强度、温度、湿度等）是影响森林空气负离子浓度的重要因素之一，但具体哪种气象因子占据主导地位，还须进一步进行验证。此外，前人对森林空气负离子浓度时空变化的研究均发现其变化规律呈单峰趋势，这又与研究中得到7种经济林内空气负离子月变化相同。但相比冯鹏飞等（2015）对北京地区不同植被区空气负离子浓度的研究，得到其浓度范围介于 $300 \sim 1800$ 个·cm$^{-3}$，以及孙明珠等（2010）关于北京不同功能区空气负离子差异性研究得到各地负离子浓度介于 $600 \sim 933$ 个·cm$^{-3}$，本研究中 7 种经济林树种提供负离子浓度不低（$969 \sim 1631$ 个·cm$^{-3}$），甚至显著高于孙明珠等的研究结果，可见经济林树种提供空气负离子的能力并不弱于园林绿化树种。

### 6.1.6　小结

本研究中，空气负离子浓度日变化趋势整体表现为先增加再减少，随后又上升呈"N"型。两峰值分别在 9：00 ～ 11：00 和 17：00 左右出现，15：00 左右浓度降为最低；各树种在不同月份出现峰值的时间略有不同，但所处时间范围大致相同。7 种经济林月变化差异显著（$P < 0.05$），特征整体表现为：9 月＞ 8 月＞ 7 月＞ 6 月＞ 5 月＞ 10 月。不同经济林提供空气负离子能力差异显著（$P < 0.05$），其大小排序为：苹果（1631 个·cm$^{-3}$）＞梨（1373 个·cm$^{-3}$）＞樱桃（1235 个·cm$^{-3}$）＞桃（1175 个·cm$^{-3}$）＞杏（1109个·cm$^{-3}$）＞核桃（1025 个·cm$^{-3}$）＞枣（969 个·cm$^{-3}$）。各经济林中空气负离子浓度均与空气温度、湿度具有一定的相关性，但不同林分之间其空气负离子浓度与空气温度、湿度的相关性又有所差异。例如，杏林中空气负离子浓度与空气温度呈正相关性，与空气湿度呈负相关性，在所测湿度范围其负离子浓度变化呈单峰变化趋势，且在相对湿度为 40% ～ 60% 附近时达到峰值。不同经济林提供空气负离子能力差异显著，林内空气质量也大不相同，对人体健康作用不同。

## 6.2　经济林提供空气负离子评价

### 6.2.1　不同经济林内空气负离子等级评价

采用石强等关于森林空气负离子评价分级方法（石强 等，2004），对 7 种不同经济林内空气负离子进行相关评价（表 6-2）。可以看出，苹果林内空气负离子浓度较高，其评价等级为Ⅲ级，而核桃、梨、桃、杏和樱桃林内均为Ⅳ级，只有枣林内空气负离子浓度明显偏低，其质量评价仅为Ⅴ级，提供空气负离子能力最差。世界卫生组织相关规定要求清新空气中负离子浓度不能低于 1000～1500 个·cm⁻³。宗美娟指出，当空气负离子浓度≤ 600 个·cm⁻³ 时不利于人体健康，空气负离子浓度介于 1200～1500 个·cm⁻³ 时有利于人体健康，1500～1800 个·cm⁻³ 时对人体相当有利（宗美娟 等，2004）。本研究结果显示，苹果林内空气负离子浓度对人体相当有利，而核桃、桃、杏和梨对人体影响不大，属于正常范围内。

空气负离子浓度处于一定范围内，对人体是极其有利的，可以杀菌、增强免疫力、减少疾病传播，它与森林、水、空气等自然资源一样重要，虽然看不见、摸不着，但是它对人体的作用不弱于其他资源。因此，加强空气负离子资源的开发、利用，对于净化空气环境质量，促进人体健康具有重要意义。经济林不仅具有巨大的经济价值，其生态功能价值同样不容忽视。

表 6-2　不同树种经济林空气负离子等级、物质量和价值量

| 树种 | 负离子浓度 / （个·cm⁻³） | 评价等级 | 排序 | 物质量 / （10¹⁸ 个·hm⁻²·a⁻¹） | 排序 | 价值量 / （元·hm⁻²·a⁻¹） | 排序 |
|---|---|---|---|---|---|---|---|
| 核桃 | 1025 | Ⅳ | 6 | 3.13 | 1 | 12.77 | 3 |
| 梨 | 1373 | Ⅳ | 2 | 2.60 | 3 | 14.42 | 2 |
| 苹果 | 1631 | Ⅲ | 1 | 2.92 | 2 | 18.17 | 1 |
| 桃 | 1175 | Ⅳ | 4 | 2.29 | 5 | 11.02 | 5 |
| 杏 | 1109 | Ⅳ | 5 | 2.10 | 6 | 9.50 | 6 |
| 樱桃 | 1235 | Ⅳ | 3 | 2.47 | 4 | 12.50 | 4 |
| 枣 | 969 | Ⅴ | 7 | 2.09 | 7 | 7.84 | 7 |

## 6.2.2　不同经济林提供空气负离子物质量和价值量评估

采用王兵（2009）、常艳（2010）的评估方法，对 7 种经济林提供空气负离子物质量及价值量进行评估。单位面积年空气负离子物质量计算公式如下：

$$G_{负离子} = 5.26 \times 10^{15} \times Q_{负离子} \times H/L。 \tag{6-1}$$

式中，$G_{负离子}$ 为单位面积年负离子量（个·m⁻²·a⁻¹）；$Q_{负离子}$ 为林内负离子浓度（个·cm⁻³）；$H$ 为林分高度（m）；$L$ 为负离子存活时间（min）。

单位面积年价值量的计算公式为：

$$U_{负离子} = 5.26 \times 10^{15} \times K_{负离子} \times H(Q_{负离子} - 600)/L。 \tag{6-2}$$

式中，$U_{负离子}$为单位面积年负离子价值量（元·$m^{-2}$·$a^{-1}$）；$Q_{负离子}$为林内负离子浓度（个·$cm^{-3}$）；$K_{负离子}$为负离子生产费用（元·个$^{-1}$）；$H$为林分高度（m）；$L$为负离子存活时间（min）。

由公式（6-1）、（6-2）可以计算得出各经济林单位面积每年提供负离子量及其价值量。由表6-2可知，不同经济林单位面积年负离子物质量范围为$2.09 \times 10^{18} \sim 3.13 \times 10^{18}$个·$hm^{-2}$，其物质量大小排序为：核桃＞苹果＞梨＞樱桃＞桃＞杏＞枣。其中，物质量最大的核桃提供负离子能力比位于第二位的苹果高出$0.21 \times 10^{18}$个·$hm^{-2}$·$a^{-1}$，而物质量最小的枣提供负离子能力仅为苹果的71.57%。由此可见，核桃林提供负离子最终物质量明显高于其他几个参试经济林树种。

## 6.2.3　讨论

空气负离子具有降尘、杀菌等作用，享有"空气维生素"的美誉，而森林植被提供大量空气负离子。本研究针对经济林内空气负离子物质量、价值量进行对比分析，发现各经济林年提供空气负离子物质量介于$2.09 \times 10^{18} \sim 3.13 \times 10^{18}$个·$hm^{-2}$，不弱于灌木林（$1.65 \times 10^{18}$个·$hm^{-2}$·$a^{-1}$）、生态林（$7.15 \times 10^{18}$个·$hm^{-2}$·$a^{-1}$）（靳芳，2005）。对7种经济林内空气质量等级的评价结果则表明，大部分经济林内空气都对人体健康有益，其中苹果林内空气负离子浓度已经超出了世界卫生组织规定的清新空气范围（$1000 \sim 1500$个·$cm^{-3}$），对人体健康极为有利。

相比物质量，7种经济林年价值量介于$7.84 \sim 18.17$元·$hm^{-2}$，大小排序与物质量略有不同。这是由于参试经济林林分高度存在显著的不同，而在计算物质量和价值量时，负离子浓度和林分高度均为其主要部分。根据经济林物质量和价值量的计算结果发现，经济林每年每公顷提供负离子量相当可观，在其巨大的经济价值外，提供负离子的生态价值也不弱。

## 6.2.4　小结

根据以上研究分析可知：7种经济林内全年各月负离子浓度大小排序为苹果（1631个·$cm^{-3}$）＞梨（1373个·$cm^{-3}$）＞樱桃（1235个·$cm^{-3}$）＞桃（1175个·$cm^{-3}$）＞杏（1109个·$cm^{-3}$）＞核桃（1025个·$cm^{-3}$）＞枣（969个·$cm^{-3}$）；苹果的负离子浓度最高，是最小浓度枣的1.68倍，其次是梨，与苹果相差

258 个·cm$^{-3}$。不同经济林树种提供空气负离子的能力明显不同，苹果比其他经济林具有较高的提供空气负离子的能力。各经济林物质量为 $2.09 \times 10^{18} \sim 3.13 \times 10^{18}$ 个·hm$^{-2}$·a$^{-1}$，价值量为 $7.84 \sim 18.17$ 元·hm$^{-2}$·a$^{-1}$。7 种参试经济林中苹果的评价等级较高，属于Ⅲ级，而枣林内空气负离子浓度最低，属于Ⅴ级，其余树种均介于前两者之间（Ⅳ级）。可见，经济林树种提供空气负离子的生态功能价值不容忽视。

下篇

北京市经济林生态系统服务功能研究

# 特别提示

1. 依据中华人民共和国国家标准《森林生态系统服务功能评估规范》（GB/T 38582—2020），针对北京市各行政区（范围包括丰台区、石景山区、海淀区、门头沟区、房山区、通州区、顺义区、昌平区、大兴区、怀柔区、平谷区、密云区、延庆区）经济林树种开展北京市经济林生态系统服务评估。

2. 评估指标包含：涵养水源、保育土壤、固碳释氧、林木积累营养物质、净化大气环境、生物多样性保护和游憩共 7 类 21 项指标。

3. 本研究所采用的数据源包括以下几个方面。①北京市经济林生态监测数据集：来源于北京燕山森林生态系统国家定位观测研究站长期对经济林生态功能的观测数据；②经济林资源数据集：2015 年北京市森林资源二类调查数据；③社会公共数据集：国家权威部门及北京市公布的社会公共数据，根据贴现率将非评估年份价格参数转换为 2015 年现价。

4. 在价值量评估过程中，由物质量转价值量时，部分价格参数并非评估年价格参数，因此引入贴现率将非评估年价格参数换算为评估年价格参数，以计算各项功能价值量的现价。

凡不符合上述条件的其他研究结果，均不宜与本研究结果简单类比。

# 7 北京市经济林生态系统连续观测与评估方法

北京市经济林生态系统服务功能评估基于北京市经济林生态系统连续观测，依托北京燕山森林生态系统国家定位观测研究站（简称"北京燕山森林生态站"）所属的北京市其他经济林生态监测点，采用长期定位观测技术和分布式测算方法，定期对北京市经济林生态系统服务进行连续观测，并与北京市森林资源二类调查数据相耦合，评估一定时期和范围内的北京市经济林生态系统服务功能，探讨北京市经济林生态系统服务的动态变化。

## 7.1 北京市经济林生态系统服务功能监测

野外观测是获取北京市经济林生态系统服务功能评估数据的基础。为了做好这一基础工作，需要在北京市布设经济林长期监测样地，对北京市不同经济林树种涵养水源、保育土壤、固碳释氧、林木积累营养物质、净化大气环境和生物多样性保护及游憩功能进行长期监测，获取对应指标的生态监测数据。为此，本研究以北京燕山森林生态系统国家定位观测研究站为依托，在北京市林业果树科学研究院资源圃及其所属经济林基地等地设置了长期固定监测样地。

## 7.2 测算评估指标体系

依据中华人民共和国国家标准《森林生态系统服务功能评估规范》（GB/T 38582—2020），结合北京市经济林生态系统实际情况，在满足代表性、全面性、简明性、可操作性及适用性等原则的基础上，通过总结近年的工作及研究经验，本次评估选取了 7 类 19 项指标（图 7-1）。其中，降低噪声、吸收重金属等指标的测算方法尚未成熟。因此，本研究未涉及该功能评估。

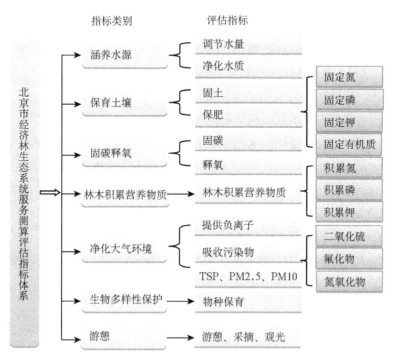

图 7-1　北京市经济林生态系统服务测算评估指标体系

## 7.3　数据来源与集成

北京市经济林生态系统服务功能评估分为物质量和价值量两大部分。物质量评估所需数据来源于北京燕山森林生态系统国家定位观测研究站对北京市林业果树科学研究院、顺义经济林基地等地的经济林生态系统服务功能长期监测数据和 2015 年北京市森林资源二类调查数据；价值量评估所需数据除以上来源外，还包括社会公共数据集（附表），其主要来源于我国权威机构所公布的社会公共数据。

主要的数据来源包括以下 3 个部分：

1. 北京市经济林生态监测数据集

北京市经济林生态监测数据主要来源于北京燕山森林生态系统国家定位观测研究站对经济生态功能的长期监测数据，依据中华人民共和国国家标准《森林生态系统服务功能评估规范》（GB/T 38582—2020）和中华人民共和国国家标准《森林生态系统长期定位观测方法》（GB/T 33027—2016）等进行观测，获得北京市经济林生态监测数据。

2. 北京市经济林资源数据集

来源于 2015 年森林资源二类调查数据。

3. 社会公共数据集

社会公共数据来源于我国权威机构所公布的社会公共数据，包括《中国水利年鉴》、《中华人民共和国水利部水利建筑工程预算定额》、中国农业信息网（http：//www.agri.cn/）、中华人民共和国国家卫生健康委员会网站（http：//www.nhc.gov.cn/）、中华人民共和国国家发展和改革委员会第四部委 2003 年第 31 号令《排污费征收标准及计算方法》、北京市发展和改革委员会官网（http：//fgw.beijing.gov.cn）等相关部门统计公告（附表）。

将上述 3 类数据源有机地耦合集成，应用于评估公式中，最终获得北京市经济林生态系统服务功能评估结果。

# 8 北京市自然经济概况

## 8.1 自然概况

详见上篇。

## 8.2 社会经济概况

### 8.2.1 行政区划、人口、交通

中华人民共和国成立后，北京行政区划范围经过多次调整，截至 2020 年，北京市共辖 16 个市辖区，分别是东城区、西城区、朝阳区、丰台区、石景山区、海淀区、顺义区、通州区、大兴区、房山区、门头沟区、昌平区、平谷区、密云区、怀柔区、延庆区。

截至 2019 年年末，北京市常住人口 2153.6 万人。其中，城镇人口 1865 万人，占常住人口的比重为 86.6%；常住外来人口 745.6 万人，占常住人口的比重为 34.62%。常住人口出生率为 8.12‰，死亡率为 5.49‰，自然增长率为 2.63‰。常住人口密度为每平方千米 1312 人。

北京是中国北方的交通枢纽中心、最大的铁路枢纽。交通路网发达，"环路+放射线"的城市道路骨架基本形成。2018 年年末，全市公路里程 22 255.8 km，高速公路里程 1114.6 km，城市道路里程 6394.8 km。北京市轨道交通路网运营线路达 23 条、总里程 699.3 km、车站 405 座（包括换乘站 62 座）。京九、京广、京沪、京哈等中国主要铁路干线都汇集于北京，多条干线经环线和联络线联结，向外放射线路和环线组成的铁路网络。北京铁路到发的旅客列车达 172 对，通往 88 个城市、4 个国家，货物发送量达 4110.7 万 t，旅客发送量达 5322 万人次。北京是我国主要的航空运输中心，民航运输能力处于领先位置。境内共有

2座大型机场，6座军用机场。北京首都国际机场是全球规模最大的机场之一，旅客吞吐量在2012年达到8192.9万人次。北京大兴国际机场位于北京市大兴区和河北省廊坊市的交界处。2019年，北京大兴国际机场共完成旅客吞吐量313.51万人次，货邮吞吐量7362.3 t。

### 8.2.2　经济发展情况

2019年，全年实现地区生产总值35 371.3亿元。第一产业增加值113.7亿元，下降2.5%；第二产业增加值5715.1亿元，增长4.5%；第三产业增加值29 542.5亿元，增长6.4%。三次产业构成由上年的0.4∶16.5∶83.1，变化为0.3∶16.2∶83.5。按常住人口计算，全市人均地区生产总值为16.4万元。

2019年，全市完成一般公共预算收入5817.1亿元，比上年增长0.5%。其中，增值税1820.9亿元，增长1.6%；企业所得税和个人所得税分别为1228.5亿元和544.2亿元，分别下降4.6%和25.3%。

2019年年末，全市金融机构（含外资）本外币存款余额171 062.3亿元，全市金融机构（含外资）本外币贷款余额76 875.6亿元。证券交易额946 426亿元，基金交易额25 041亿元。原保险保费收入2076.5亿元，各类保险赔付支出719亿元。全年实现市场总消费额27 318.9亿元，社会消费品零售总额12 270.1亿元。限额以上批发和零售业企业实现网上零售额3366.3亿元；限额以上批发和零售业企业实现的日用品类、家用电器和音像器材类、文化办公用品类零售额分别增长25.7%、21.5%和6.4%。

2019年，全年北京地区进出口总值28 663.5亿元，出口5167.8亿元，进口23 495.7亿元。全年吸收合同外资259.7亿美元，实际利用外资142.1亿美元。全年境外投资中方实际投资额72.6亿美元，对外承包工程完成营业额42.2亿美元，对外劳务合作人员实际收入6.6亿美元。

## 8.3　旅游资源

北京是全球拥有世界遗产（7处）最多的城市，是全球首个拥有世界地质公园的首都城市。北京对外开放的旅游景点达200多处，有世界上最大的皇宫紫禁城、祭天神庙天坛、皇家园林北海公园、颐和园和圆明园，还有八达岭长城、慕田峪长城及世界上最大的四合院恭王府等名胜古迹。北京市共有文物古迹 7309 项，99 处全国重点文物保护单位（含长城和京杭大运河的北京段）、326 处市级文物保护单位、5 处国家地质公园、15 处国家森林公园。

北京是四大古都之一，有许多极具地方特色的民风习俗，如北京小吃、京剧、京韵大鼓等。北京是"博物馆之都"，注册博物馆多达 151 座，位列世界第二，主要包括首都博物馆、中华世纪坛、北京天文馆等。北京还是现代文化的聚集地，如 798 艺术区、北京国际音乐节、SOHO 等。北京的人文景点众多，包括故宫、长城、周口店北京人遗址、天坛、颐和园、明十三陵等。北京的寺、庙、堂、观是宗教界和信教群众的宗教活动场所，其中最著名的有：天主教东堂、天主教南堂、缸瓦市基督教堂、崇文门基督教堂、广化寺和雍和宫等。北京是唯一入选世界十五大购物之都的内地城市，拥有百余家大中型购物商场。

2019 年，全年接待旅游总人数 3.22 亿人次，比上年增长 3.6%；实现旅游总收入 6224.6 亿元，增长 5.1%。接待国内游客 3.18 亿人次，增长 3.7%，国内旅游总收入 5866.2 亿元。接待入境游客 376.9 万人次，其中外国游客 320.7 万人次，港、澳、台游客 56.2 万人次。国际旅游收入 51.9 亿美元，全年经旅行社组织的出境游人数 484.5 万人次。

## 8.4　经济林资源概况

### 8.4.1　经济林用地面积

2015 年年末，北京市共有经济林 135 889.76 hm$^2$（表 8-1），其中板栗的面积最大（40 556.59 hm$^2$）；其次是桃，为 20 858.2 hm$^2$；其他干果的面积最小（218.67 hm$^2$）。总体表现为鲜果面积大于干果面积。鲜果面积最多的是平谷区，其次是昌平区、密云区、房山区和大兴区。干果面积最大的是密云区，其次是怀柔区、平谷区、昌平区。不同经济林树种在不同区域的分配和种植极不相同，这是由不同区域的地理特性、气候特征和立地条件决定的。

表 8-1 截至 2015 年年底北京市各行政区经济林面积统计

单位：hm²

| 区 | 合计 | 桃 | 苹果 | 梨 | 鲜杏 | 仁用杏 | 枣 | 樱桃 | 葡萄 | 李子 | 柿子 | 山楂 | 其他鲜果 | 板栗 | 核桃 | 其他干果 |
|---|---|---|---|---|---|---|---|---|---|---|---|---|---|---|---|---|
| 丰台 | 532.47 | 51.47 | 27.80 | 28.93 | 70.47 | 0.00 | 166.60 | 37.33 | 1.60 | 1.13 | 83.60 | 14.67 | 0.80 | 0.00 | 48.07 | 0.00 |
| 石景山 | 34.39 | 1.13 | 2.60 | 0.20 | 16.40 | 0.00 | 0.07 | 7.33 | 0.00 | 0.00 | 1.40 | 1.60 | 0.00 | 0.00 | 2.93 | 0.73 |
| 海淀 | 2702.12 | 586.60 | 121.53 | 69.47 | 473.13 | 19.33 | 169.00 | 1006.93 | 25.33 | 57.60 | 2.40 | 13.07 | 56.27 | 23.93 | 43.73 | 33.80 |
| 门头沟 | 5321.10 | 54.47 | 482.80 | 248.42 | 671.73 | 1904.67 | 421.40 | 214.14 | 46.07 | 23.40 | 130.40 | 12.00 | 77.07 | 0.00 | 1002.73 | 31.80 |
| 房山 | 10951.18 | 712.27 | 352.67 | 840.60 | 1062.87 | 816.80 | 546.73 | 176.13 | 521.69 | 111.47 | 3080.95 | 69.40 | 21.13 | 296.27 | 2335.40 | 6.80 |
| 通州 | 3798.61 | 1340.87 | 311.20 | 345.33 | 167.93 | 1.67 | 190.33 | 764.55 | 175.93 | 92.07 | 6.20 | 20.60 | 47.80 | 0.00 | 322.60 | 11.53 |
| 顺义 | 4044.45 | 725.13 | 1078.73 | 634.93 | 383.40 | 8.33 | 132.47 | 468.73 | 197.40 | 66.93 | 48.60 | 9.93 | 66.27 | 8.00 | 214.67 | 0.93 |
| 昌平 | 13131.14 | 1001.00 | 1676.07 | 303.67 | 794.33 | 853.60 | 1468.27 | 614.95 | 133.20 | 172.47 | 1794.25 | 58.80 | 82.33 | 2760.87 | 1414.93 | 2.40 |
| 大兴 | 6831.95 | 2461.20 | 152.40 | 2076.07 | 467.27 | 1.47 | 306.07 | 138.87 | 471.93 | 128.40 | 0.00 | 2.00 | 483.60 | 0.00 | 79.87 | 62.80 |
| 怀柔 | 20869.42 | 405.80 | 466.53 | 481.00 | 1119.53 | 912.60 | 1036.93 | 144.73 | 35.80 | 139.53 | 159.87 | 236.53 | 61.80 | 14622.04 | 1046.73 | 0.00 |
| 平谷 | 26086.01 | 13188.47 | 630.67 | 1048.87 | 467.40 | 0.00 | 237.67 | 164.93 | 26.40 | 103.80 | 3395.57 | 566.40 | 26.27 | 1763.87 | 4457.66 | 8.07 |
| 密云 | 30417.78 | 234.73 | 1513.00 | 1415.27 | 726.13 | 765.47 | 157.53 | 262.07 | 477.90 | 633.87 | 178.87 | 762.00 | 1326.40 | 1924.28 | 2670.33 | 51.93 |
| 延庆 | 11168.68 | 95.07 | 1592.87 | 96.40 | 773.80 | 4584.00 | 129.00 | 9.13 | 838.35 | 171.47 | 0.33 | 489.93 | 122.80 | 1839.33 | 418.33 | 7.87 |
| 全市 | 135889.00 | 20858.21 | 8408.87 | 7589.16 | 7194.39 | 9867.94 | 4962.07 | 4009.82 | 2951.60 | 1702.14 | 8882.44 | 2256.93 | 2372.54 | 40556.59 | 14057.99 | 218.67 |

## 8.4.2 按树种划分

北京市经济林中，有果树林 133 298.56 hm², 其他经济林 2591.2 hm²。果树林面积中，鲜果面积为 71 188.18 m², 干果面积 64 701.60 hm²。果树面积最大的是板栗（29.85%），板栗、桃与核桃种植面积之和占全市经济林总面积的 55.55%（表 8-2、图 8-1）。经济林规模化经营极大地促进了农村经济的发展。

表 8-2 北京市经济林干鲜果面积和比例

| 干鲜果 | 经济林树种 | 面积 /hm² | 百分比 |
|---|---|---|---|
| 鲜果 | 桃 | 20 858.20 | 15.35% |
| | 苹果 | 8408.87 | 6.19% |
| | 梨 | 7589.15 | 5.58% |
| | 鲜杏 | 7194.40 | 5.29% |
| | 枣 | 4962.07 | 3.65% |
| | 樱桃 | 4009.84 | 2.95% |
| | 葡萄 | 2951.61 | 2.17% |
| | 李子 | 1702.13 | 1.25% |
| | 柿子 | 8882.45 | 6.54% |
| | 山楂 | 2256.93 | 1.66% |
| | 其他鲜果 | 2372.53 | 1.75% |
| 干果 | 板栗 | 40 556.59 | 29.85% |
| | 核桃 | 14 057.99 | 10.35% |
| | 仁用杏 | 9868.33 | 7.26% |
| | 其他干果 | 218.67 | 0.16% |

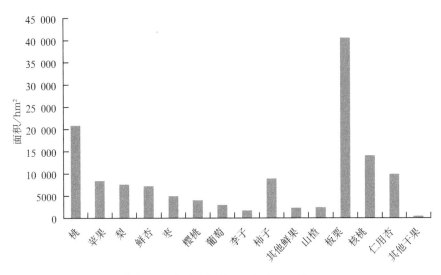

图 8-1　北京市经济林树种面积对比

## 8.5　北京市经济林生产现状和产业发展

### 8.5.1　北京市经济林生产现状

随着北京市经济建设、生态文明建设、产业化结构调整进程的推进，近几年来在全市范围内推进了高效现代化果园改造提升工程，各级政府部门重视结构调整和广泛推广有机化综合管理，优化了果品产业结构，致力于将北京市经济林果业生产提升到高标准、高效率、高产量的生产模式。

北京山地的类型多样，其中以低山面积最大，其背风向阳、温度较高、降水适宜、土层较厚、土壤通透性好、一般坡度较缓、有利于经济林生长，是北京市主要的经济林果品分布区，形成了著名的山前果树带；河谷、盆地地势平坦、土层较厚，是山区果树生产的宝地。北京市的自然条件适宜落叶经济林品种的生长，决定了北京远郊中、低山区以干、鲜果为主，平原和近郊区以鲜果为主的格局。

此外，"十二五"期间，北京经济林结构与运作方式发生变化，推动经济林产业优化升级，效果显著。经济林生产面积由"十二五"初期的 231 万亩缩减为"十二五"末期的 204 万亩，下调了 11.7%。其中，鲜果林面积由 126 万亩减至 107 万亩，减少了 15.1%；干果林面积由 105 万亩减至 97 万亩，下调了 7.6%。经济林果品年均产量为 9.2 亿 kg。全市经济林产业区域化布局初步

形成，如平谷大桃产业、大兴梨产业、怀柔、密云板栗产业、昌平苹果标准化
基地、房山柿子生产基地。在经济林果品产业结构不断优化调整的基础上，经
济林产业化初具规模，并逐步显现区域特色。北京市郊区已建成苹果、桃、梨、
柿子、葡萄、核桃、板栗、仁用杏等八大果品基地。

## 8.5.2　北京市经济林发展趋势

根据农业资源优化和经济林生产合理布局的标准，依照"宜林则林、宜果
则果、适地适树、规模发展"的原则，结合果品市场需求及北京市自然环境和
社会经济发展现状，适当控制苹果、梨、桃等大众水果的栽培面积，大力开发
并发展北京市名特优新经济林果品，根据市场预测及北京市经济林果业的定位，
更新主要经济林树种和品种。截至 2015 年，北京市各行政区经济林总面积占
林地总面积的 111.25%（表 8-3）。由于经济林面积大幅减少，"十二五"期
间北京市经济林果品年均产量为 9.2 亿 kg，比"十一五"期间果品年均产量（10.1
亿 kg）减少了 8.91%（表 8-4）。"十二五"期间，果品最高年产是 2011 年，
达到 9.99 亿 kg，2014 年产量最低（8.3 亿 kg）。

表 8-3　"十二五"末期各行政区县果树面积占林地总面积的统计情况

| 区 | 果树面积 / 亩 | 林地面积 / 亩 | 果树占林地 |
|---|---|---|---|
| 大兴 | 84 000.00 | 450 000.00 | 18.67% |
| 通州 | — | — | — |
| 顺义 | 75 600.00 | 321 880.00 | 23.00% |
| 朝阳 | 3331.20 | 153 706.20 | 2.20% |
| 海淀 | 29 402.59 | 106 726.57 | 27.55% |
| 丰台 | — | — | — |
| 门头沟 | 23 727.94 | 939 995.29 | 2.52% |
| 房山 | 160 497.95 | 1 741 010.14 | 9.22% |
| 平谷 | 415 628.00 | 1 056 246.00 | 39.35% |
| 怀柔 | — | — | — |
| 密云 | 455 699.40 | 2 077 326.60 | 21.94% |
| 昌平 | 220 581.60 | 2 015 310.00 | 10.95% |
| 延庆 | 189 508.55 | 2 320 000.00 | 8.17% |
| 全市合计 | 1 657 977.23 | 11 182 200.80 | — |

表 8-4  "十一五" 末期与 "十二五" 末期果树产量、收入对比

| 年度 | 产量 / 万 kg | | | | | | 收入 / 万元 | | | | | |
|---|---|---|---|---|---|---|---|---|---|---|---|---|
| | 总计 | 比上年增加百分比 | 其中:鲜果 | 比上年增加百分比 | 干果 | 比上年增加百分比 | 总计 | 比上年增加百分比 | 其中:鲜果 | 比上年增加百分比 | 干果 | 比上年增加百分比 |
| 2009 | 97 746.0 | — | 92 031.0 | — | 5715.0 | — | 280 416.0 | — | 225 041.0 | — | 55 375.0 | — |
| 2010 | 90 792.0 | -7.12% | 85 010.0 | -7.63% | 5782.0 | 1.17% | 366 464.0 | 14.71% | 295 124.0 | 31.14% | 71 340.0 | 28.83% |
| "十一五" 末期 | 100 575.3 | — | 94 596.6 | — | 5978.7 | — | 333 780.4 | — | 279 768.9 | — | 54 011.5 | — |
| 2011 | 99 875.0 | -0.70% | 93 684.0 | -0.96% | 6191.0 | 3.55% | 427 364.0 | 28.04% | 355 287.0 | 26.99% | 72 077.0 | 33.45% |
| 2012 | 93 558.0 | -6.32% | 87 692.0 | -6.40% | 5866.0 | -5.25% | 440 588.0 | 3.09% | 364 578.0 | 2.62% | 76 010.0 | 5.46% |
| 2013 | 90 696.6 | -3.06% | 83 751.0 | -4.49% | 6945.6 | 18.40% | 439 478.0 | -0.25% | 364 998.0 | 0.12% | 74 480.0 | -2.01% |
| 2014 | 82 833.0 | -8.67% | 79 398.0 | -5.20% | 3435.0 | -50.54% | 433 900.0 | -1.27% | 385 179.0 | 5.53% | 48 721.0 | -34.59% |
| 2011—2014 平均 | 91 740.7 | — | 86 131.3 | — | 5609.4 | — | 435 332.5 | — | 367 510.5 | — | 67 822.0 | — |
| "十二五" 末期 | 91 740.7 | — | 86 131.3 | — | 5609.4 | — | 435 325.5 | — | 367 510.5 | — | 67 822.0 | — |

北京市每年靠现代冷库贮藏的果品总量仅有 3156 万 kg，占果品总量的3%；农民库窖贮藏量 1137 万 kg，占果品总量的4%，而发达国家靠现代冷库贮藏果品量占果品总量的 80% 以上。

随着北京市经济林果品产业化进程的推进，其果品加工方面也在逐步提升，因此果品加工率也将相应提高。根据北京市果品产业发展规划，通过引进国外先进的商品化处理技术，着力于国内自主研发的处理技术，以完善经济林果品的市场销售体系，降低损失。此外，政府方面应采取扶持政策，以吸引企业或企业联合体加入到干果加工行业中来，使北京市干果加工率得以提升。

北京果品加工业主要围绕葡萄红酒、板栗等开展，加工企业、加工树种品种还比较缺乏，这是由于鲜果和干果市场的供不应求导致的。截至"十二五"末期，北京市各行政区果品加工量合计 2528.6 万 kg，加工企业共计 20 家，其中怀柔区北京御食园食品有限公司加工量最大，加工果品数量占总产量的 100%（表 8-5）。

表 8-5　"十二五"末期区县果品加工业情况统计

| 区 | 企业名称、所属地区 | 加工品产量 / kg | 加工企业个数 / 家 | 加工能力 /（kg/ 年） | 消耗本地果品量 / kg | 占比 |
|---|---|---|---|---|---|---|
| 大兴 | 安定 | 1 500 000 | 2 | 3 000 000 | 1 500 000 | 5.78% |
| 通州 | — | — | — | — | — | |
| 顺义 | — | — | — | — | — | |
| 朝阳 | — | — | — | — | — | |
| 海淀 | — | — | — | — | — | |
| 丰台 | — | — | — | — | — | |
| 门头沟 | — | — | — | — | — | |
| 房山 | 南窖乡、周口店、窦店、城关、青龙湖 | 1 209 000 | 6 | 3 840 000 | 1 145 000 | 4.66% |
| 平谷 | 大华山 | — | 1 | | 7 940 000 | |
| 怀柔 | 北京御食园食品有限公司 | 9 280 000 | 1 | 9 280 000 | 9 280 000 | 35.78% |
| | 北京富亿农板栗有限公司 | 3 250 000 | 1 | 3 250 000 | 2 950 000 | 12.53% |
| | 北京秋之山栗食品有限公司 | 2 000 000 | 1 | 2 000 000 | 2 000 000 | 7.71% |

续表

| 区 | 企业名称、所属地区 | 加工品产量 / kg | 加工企业个数 / 家 | 加工能力 /（kg/ 年） | 消耗本地果品量 / kg | 占比 |
|---|---|---|---|---|---|---|
| 怀柔 | 北京红螺食品有限公司 | 8 000 000 | 1 | 8 000 000 | 4 800 000 | 30.85% |
| | 宝山镇 | 7000 | 1 | 2000 | 5000 | 0.03% |
| 密云 | 东邵渠镇 | 200 000 | 2 | 300 000 | 300 000 | 0.77% |
| | 巨各庄镇 | 450 000 | 2 | 1 100 000 | 450 000 | 1.74% |
| 昌平 | 十三陵镇 | | 1 | 500 000 | 500 000 | |
| 延庆 | 珍珠泉乡 | 40 000 | 1 | 50 000 | 400 000 | 0.15% |
| 全市合计 | — | 25 936 000 | 20 | 31 322 000 | 31 270 000 | |

　　平谷区、大兴区、昌平区、怀柔区果品销售的抽样调查显示，北京果品的主要销售方式有 4 种：一是果农自主地头零售形式占到 20%，价格在 4 ～ 10 元 / kg。二是本地或外地客商为主的产地市场销售占到 35%，价格在 3 ～ 10 元 / kg，其中规模化树种产地市场销售比例达 48%。例如，平谷区有 50% 的果品是通过区内外主要水果批发市场销向全国各地，这成为平谷区果品销售的主流。平谷区在大华山镇桃主产区建有一个占地近千亩的大型桃批发市场，设有 13 个分市场，分布在 11 个果品主产区；另外平谷区已在全国 19 个省市水果批发市场设立了平谷大桃专卖区（表 8-6）。三是观光采摘销售果品。不同树种不同成熟期不同产地差异较大，采摘主要以鲜果为主，春、夏、秋季成熟果品采摘比例较高，如温室栽植的桃、桑葚、樱桃、梨等，露地樱桃、桑葚、鲜杏等，70% 以上被市民采摘；葡萄、梨、部分晚熟桃、苹果等秋季成熟的果品越来越受到市民们郊游采摘的青睐，有 20% ～ 70% 被采摘销售。很多特色观光园，如通州的葡萄大观园，昌平、顺义的香味葡萄园采摘比例都在 30% 以上。昌平的苹果经过 12 年的宣传打造，被广大市民认知并接受，2013 年 2000 万 kg 苹果开园仅 3 周时间就有 70% 被采摘，采摘价为 30 ～ 40 元 / kg。这两年随着社会集团购买力的限制，趋势放缓。四是通过农民合作组织实现农超对接。有 11% 的优质果品通过种植大户、农民合作社与超市建立的直通道直接进入超市。平谷大桃 35% 通过超市直销。平谷各销售合作组织已与全国各地 67 家大型连锁商超对接，形成稳固的客源关系，在各大知名商超 900 余个分店都有平谷大桃销售，同时也带动其他果品销售。

表8-6　2015年北京市各行政区果品销售情况统计

单位：万kg

| 销售方式 | 区 | 鲜果 | | | | | | | | | | | | 干果 | | | | |
|---|---|---|---|---|---|---|---|---|---|---|---|---|---|---|---|---|---|---|
| | | 小计 | 苹果 | 梨 | 桃 | 葡萄 | 鲜杏 | 柿子 | 李子 | 红果 | 枣 | 樱桃 | 其他 | 小计 | 核桃 | 板栗 | 仁用杏 | 其他 |
| 团购 | 顺义 | 706.11 | 210.65 | 282.66 | 74.10 | 80.50 | 25.06 | — | 17.35 | — | 3.40 | 9.69 | 2.70 | — | — | — | — | — |
| | 海淀 | 91.73 | 18.00 | 4.00 | 19.00 | — | 19.50 | — | 2.00 | — | — | 27.23 | 2.00 | — | — | — | — | — |
| | 通州 | 86.10 | — | 5.00 | 30.10 | 50.50 | — | — | — | — | — | 0.50 | — | — | — | — | — | — |
| | 房山 | 33.94 | — | 30.00 | — | 2.50 | — | — | — | — | 0.90 | 0.54 | — | — | — | — | — | — |
| | 丰台 | 50.70 | 36.00 | 0.80 | 2.40 | 1.00 | 4.00 | 1.20 | 1.00 | 0.30 | 4.00 | — | — | 0.60 | 0.60 | — | — | — |
| | 大兴 | 415.00 | — | 300.00 | 115.00 | — | — | — | — | — | — | — | — | — | — | — | — | — |
| | 小计 | 1383.58 | 264.65 | 622.46 | 240.60 | 134.50 | 48.56 | 1.20 | 20.35 | 0.30 | 8.30 | 37.96 | 4.70 | 0.60 | 0.60 | 0 | 0 | 0 |
| 超市 | 顺义 | 141.18 | 42.10 | 56.53 | 14.82 | 16.10 | 5.01 | — | 3.47 | 0 | 0.68 | 1.93 | 0.54 | 0 | 0 | 0 | 0 | 0 |
| | 通州 | 34.88 | — | 5.20 | 11.00 | 18.00 | — | — | — | — | 0.68 | — | — | — | — | — | — | — |
| | 房山 | 35.60 | 0.60 | 35.00 | — | — | — | — | — | — | — | — | — | — | — | — | — | — |
| | 大兴 | 651.00 | — | 550.00 | 100.00 | — | — | — | — | — | — | 1.00 | — | — | — | — | — | — |
| | 小计 | 862.66 | 42.70 | 646.73 | 125.82 | 34.10 | 5.01 | — | 3.47 | — | 1.36 | 2.93 | 0.54 | — | — | — | — | — |
| 观光采摘 | 顺义 | 706.11 | 210.65 | 282.66 | 74.10 | 80.50 | 25.06 | — | 17.35 | — | 3.40 | 9.69 | 2.70 | — | — | — | — | — |
| | 密云 | 118.00 | 20.00 | 10.00 | 3.00 | 40.00 | 5.00 | — | 5.00 | — | — | 35.00 | — | — | — | — | — | — |
| | 昌平 | 500.00 | 380.00 | 10.00 | 31.00 | 11.00 | 3.00 | 1.00 | 2.00 | — | 20.00 | 42.00 | 2.70 | — | — | — | — | — |
| | 海淀 | 136.53 | 11.63 | 6.00 | 24.13 | 4.95 | 30.04 | — | 5.79 | 15.45 | 1.20 | 28.70 | 8.64 | — | — | — | — | — |

续表

| 销售方式 | 区 | 鲜果 | | | | | | | | | | | | 干果 | | | | |
|---|---|---|---|---|---|---|---|---|---|---|---|---|---|---|---|---|---|---|
| | | 小计 | 苹果 | 梨 | 桃 | 葡萄 | 鲜杏 | 柿子 | 李子 | 红果 | 枣 | 樱桃 | 其他 | 小计 | 核桃 | 板栗 | 仁用杏 | 其他 |
| 观光采摘 | 通州 | 737.65 | 31.98 | 33.70 | 219.80 | 338.77 | 7.40 | — | 3.10 | — | 28.50 | 74.40 | — | — | — | — | — | — |
| | 朝阳 | 44.00 | 3.00 | 8.00 | 15.00 | 3.00 | 2.00 | — | 2.00 | — | 8.00 | 3.00 | — | — | — | — | — | — |
| | 房山 | 545.32 | 13.27 | 459.32 | 12.00 | 8.50 | 12.55 | 17.50 | 2.11 | 0.62 | 7.75 | 10.60 | 1.10 | 5.46 | 5.00 | 0.32 | 0.14 | — |
| | 平谷 | 5579.00 | 150.00 | 30.00 | 5346.00 | 2.00 | 10.00 | 10.00 | 13.00 | — | 10.00 | 8.00 | — | — | — | — | — | — |
| | 怀柔 | 83.95 | 9.00 | 2.20 | 28.50 | 7.50 | 4.00 | — | 20.00 | — | 5.00 | 7.75 | — | — | — | — | — | — |
| | 丰台 | 7.50 | 6.00 | — | — | 0.30 | 0.10 | — | 0.10 | — | — | 1.00 | — | — | — | — | — | — |
| | 大兴 | 628.00 | — | 300.00 | 87.00 | 200.00 | 2.00 | — | — | — | 1.00 | 8.00 | 30.00 | — | — | — | — | — |
| | 小计 | 9086.06 | 835.53 | 1141.88 | 5840.53 | 696.52 | 101.15 | 28.50 | 70.45 | 16.07 | 84.85 | 228.14 | 42.44 | 5.46 | 5.00 | 0.32 | 0.14 | — |
| 外埠 | 房山 | 3.00 | — | 3.00 | — | — | — | — | — | — | — | — | — | — | — | — | — | — |
| 京内批发 | 顺义 | 382.90 | 105.30 | 141.30 | 37.05 | 40.25 | 12.53 | 30.00 | 8.67 | 0 | 1.70 | 4.80 | 1.30 | 18.90 | 18.90 | 0 | 0 | 0 |
| | 昌平 | 690.58 | — | 32.17 | 123.31 | — | 136.99 | 295.91 | 85.24 | 5.00 | — | 11.96 | — | 464.50 | 160.00 | 304.50 | — | — |
| | 延庆 | 1230.11 | 766.29 | — | — | 176.12 | 287.70 | — | — | — | — | — | — | 76.20 | 25.65 | 50.55 | — | — |
| | 海淀 | 142.80 | 7.00 | 1.00 | 116.10 | 0.70 | 13.00 | — | 4.00 | — | — | 1.00 | — | — | — | — | — | — |
| | 通州 | 2213.12 | 133.79 | 516.42 | 1225.23 | 161.35 | 7.09 | — | 6.19 | — | 89.46 | 73.59 | — | 44.40 | 44.40 | — | — | — |
| | 房山 | 801.03 | 6.63 | 368.90 | 355.50 | 61.50 | 2.00 | — | 6.50 | — | — | — | — | — | — | — | — | — |
| | 怀柔 | 193.60 | 13.10 | 13.00 | 23.00 | 3.00 | 40.50 | — | 30.00 | 40.00 | 31.00 | — | 188.00 | — | 7.00 | 9.50 | 25.00 | — |
| | 大兴 | 2886.00 | 206.00 | 2000.00 | 2000.00 | 300.00 | 108.00 | — | 65.00 | 6.00 | 13.00 | — | — | 1000000.0 | 160.00 | — | — | — |
| | 小计 | 9302.03 | 1238.11 | 3072.79 | 3880.19 | 742.92 | 607.81 | 325.91 | 205.60 | 51.00 | 135.16 | 91.35 | 189.30 | 1006110.0 | 255.95 | 364.55 | 25.00 | 25.00 |

续表

| 销售方式 | 区 | 鲜果 | | | | | | | | | | | | 干果 | | | | |
|---|---|---|---|---|---|---|---|---|---|---|---|---|---|---|---|---|---|---|
| | | 小计 | 苹果 | 梨 | 桃 | 葡萄 | 鲜杏 | 柿子 | 李子 | 红果 | 枣 | 樱桃 | 其他 | 小计 | 核桃 | 板栗 | 仁用杏 | 其他 |
| 坐地销售 | 顺义 | 4449.10 | 1327.00 | 1780.00 | 466.80 | 507.00 | 157.80 | 1.30 | 109.30 | — | 21.60 | 61.10 | 17.20 | — | — | — | — | — |
| | 密云 | 5389.00 | 1100.00 | 1800.00 | 305.00 | 275.00 | 470.00 | 360.00 | 420.00 | 475.00 | 146.00 | 38.00 | — | 1595.00 | 317.00 | 1100.00 | 178.00 | — |
| | 昌平 | 1474.93 | 935.00 | 45.00 | 168.00 | 26.10 | 85.00 | 28.00 | 56.00 | 9.00 | 110.73 | 10.60 | 1.50 | 363.18 | 258.65 | 29.53 | 71.20 | 3.80 |
| | 延庆 | 938.60 | 273.68 | 114.60 | 104.20 | 62.90 | 76.72 | — | 43.10 | 139.20 | 64.50 | — | 59.70 | 266.52 | 6.84 | 13.48 | 246.20 | — |
| | 海淀 | 108.78 | 14.50 | 12.30 | 18.67 | 7.75 | 19.51 | — | 10.30 | — | 3.56 | 21.13 | 1.06 | 3.10 | 2.10 | — | 1.00 | — |
| | 通州 | 3839.75 | 1034.96 | 632.95 | 1397.33 | 499.25 | 96.29 | 62.03 | 4.16 | — | 87.08 | 25.70 | — | — | — | — | — | — |
| | 朝阳 | 75.00 | 8.00 | 20.00 | 20.00 | 8.00 | 5.00 | — | 4.00 | — | 7.00 | 3.00 | — | — | — | — | — | — |
| | 房山 | 2171.50 | 239.50 | 704.70 | 402.10 | 103.05 | 99.10 | 494.80 | 33.20 | 7.30 | 53.25 | 32.20 | 2.30 | 107.82 | 77.47 | 9.10 | 21.25 | — |
| | 怀柔 | 933.79 | 127.50 | 205.30 | 227.30 | 17.38 | 118.35 | 65.39 | 29.10 | 69.29 | 69.18 | 3.00 | 2.00 | 84.49 | 54.79 | 5.70 | 12.00 | 12.00 |
| | 大兴 | 3151.00 | 14.00 | 950.00 | 1298.00 | 801.00 | 50.00 | 2.00 | 20.00 | 2.00 | 14.00 | — | — | — | — | — | — | — |
| | 小计 | 22531.44 | 5074.13 | 6264.85 | 4407.40 | 2307.43 | 1177.77 | 1013.52 | 729.16 | 701.79 | 576.90 | 194.73 | 83.76 | 2420.11 | 716.85 | 1157.81 | 529.65 | 15.80 |
| 合作组织 | 顺义 | 706.11 | 210.65 | 282.66 | 74.10 | 80.50 | 25.06 | — | 17.35 | — | 3.40 | 9.69 | 2.70 | — | — | — | — | — |
| | 昌平 | 588.40 | 468.00 | 25.00 | 31.00 | 9.00 | 12.00 | 14.00 | — | 3.00 | 12.00 | 14.40 | — | 406.00 | 55.00 | 339.50 | 11.50 | — |
| | 延庆 | 86.50 | 54.74 | — | — | 12.58 | 19.18 | — | — | — | — | — | — | 5.08 | 1.71 | 3.37 | — | — |
| | 通州 | 219.29 | 11.50 | 14.00 | 146.22 | 1.20 | — | — | 9.52 | — | 8.17 | 28.68 | — | — | — | — | — | — |
| | 房山 | 779.46 | 3.25 | 503.00 | 31.50 | 2.40 | 31.50 | 160.40 | 7.00 | 2.00 | 29.47 | 8.94 | — | 148.08 | 147.58 | — | 0.50 | — |
| | 怀柔 | 371.32 | 28.90 | 150.00 | 32.76 | 4.06 | 77.20 | 40.10 | 3.20 | 20.00 | 7.10 | 3.00 | 5.00 | 504.51 | 33.85 | 406.30 | 49.36 | 15.00 |
| | 大兴 | 899.00 | — | 600.00 | 200.00 | 99.00 | — | — | — | — | — | — | — | — | — | — | — | — |
| | 小计 | 3650.08 | 777.04 | 1574.66 | 515.58 | 208.74 | 164.94 | 214.50 | 37.07 | 25.00 | 60.14 | 64.71 | 7.70 | 1063.67 | 238.14 | 749.17 | 61.36 | 15.00 |

续表

| 销售方式 | 区 | 鲜果 | | | | | | | | | | | | 干果 | | | | |
|---|---|---|---|---|---|---|---|---|---|---|---|---|---|---|---|---|---|---|
| | | 小计 | 苹果 | 梨 | 桃 | 葡萄 | 鲜杏 | 柿子 | 李子 | 红果 | 枣 | 樱桃 | 其他 | 小计 | 核桃 | 板栗 | 仁用杏 | 其他 |
| 其他 | 昌平 | 85.54 | 13.00 | — | — | — | — | 70.00 | 1.00 | — | 1.00 | — | 0.54 | 2.70 | 2.00 | 0.50 | — | 0.20 |
| | 通州 | 648.93 | 74.61 | 3.73 | 470.40 | 46.12 | 16.03 | 20.07 | 8.53 | — | 0.30 | 0.52 | 8.62 | 17.05 | 6.25 | 4.10 | 6.70 | — |
| | 房山 | 540.28 | 7.45 | 16.90 | 339.50 | 63.30 | 53.10 | 12.30 | 32.02 | 4.50 | 5.90 | 2.00 | 3.31 | 12.00 | 6.00 | 6.00 | — | — |
| | 怀柔 | 115.00 | 5.00 | 20.00 | 8.00 | — | 33.00 | 9.00 | 8.00 | 16.00 | 12.00 | 1.00 | 3.00 | | | | | |
| | 小计 | 1389.74 | 100.06 | 40.63 | 817.90 | 109.42 | 102.13 | 111.37 | 49.54 | 20.50 | 19.20 | 3.52 | 15.47 | 31.75 | 14.25 | 10.60 | 6.70 | 0.20 |

### 8.5.3　北京市经济林市场定位分析

由于北京的地形及气候多样，使其具有丰富的经济林树种资源和地方特色品种，涌现出一批名特优新果品品种，如海淀的香山水蜜桃、玉巴达杏，平谷的北寨红杏，密云的鸭梨、红宵梨，怀柔的京糖梨，延庆的玉皇李、八楞海棠，门头沟的京白梨，房山的盖柿，昌平等地的红富士苹果及朝阳区的郎家园枣等。北京经济林果品产业应根据其自身的自然条件及品种优势，迎合市场需求，细化市场，确定北京市经济林果品目标市场，即高档果品——打造特色精品、倡导绿色健康，主要市场面向专供、特供及出口，少量面向北京市高收入阶层；中档果品——面向逐渐扩大的北京市中高收入阶层，他们较为关注水果的绿色安全等方面；普通果品——面向广大的普通市民，他们对于果品的定位是低价格，高营养，对果品的质量安全要求有一定的保障。

### 8.5.4　北京市经济林果品价格分析

通常情况下，市场上的普通果品产量的稳步持续增加会促进其品质的提升，但是消费者对产品的需求并不会持续上涨，而是将稳定在一个范围内，所以该类果品价格并不会因品质的提升而在价格方面呈现上涨趋势，会保持相对稳定且有下降的可能。中高档水果市场需求量在快速增长，国内供应量明显不足，只能靠进口果品填补空缺，随着进口量的增长，其价格会相对增加并最终趋于稳定。加工果品价格方面，随着果品加工技术含量的提升，致使水果附加值得到增加，因此加工果品的价格亦会出现一定幅度的上涨。目前，较为成功的销售模式之一就是商超选定果品基地，由基地定时保质保量地配送，如沃尔玛集团在平谷夏各庄镇和镇罗营镇选定了 4500 亩的果品基地，"农超对接"有效地减少中间环节，提高果品价值，果农商家双方获取最大利润（表8-7、表8-8）。

表8-7　2014年北京市各行政区果品销售价格情况统计

单位：元/kg

| 销售方式 | 区 | 鲜果 | | | | | | | | | | | 干果 | | | |
|---|---|---|---|---|---|---|---|---|---|---|---|---|---|---|---|---|
| | | 苹果 | 梨 | 桃 | 葡萄 | 鲜杏 | 柿子 | 李子 | 红果 | 枣 | 樱桃 | 其他 | 核桃 | 板栗 | 仁用杏 | 其他 |
| 配送、团购 | 顺义 | 4.00 | 5.00 | 5.00 | 20.00 | 8.00 | — | 4.00 | — | — | — | 4.00 | — | — | — | — |
| | 海淀 | 20.00 | 8.00 | 9.00 | — | 11.00 | — | 6.00 | — | — | 125.00 | 200.00 | — | — | — | — |
| | 通州 | 3.00~8.00 | 2.00~8.00 | 2.00~15.00 | 5.00~30.00 | — | — | — | — | — | 20.00~80.00 | 2.00~20.00 | — | — | — | — |
| | 房山 | — | 10.00 | — | 12.00 | — | — | — | — | 15.00 | 15.00 | — | — | — | — | — |
| | 丰台 | 6.00 | 2.50 | 4.50 | 6.90 | 8.00 | 3.00 | 3.00 | 4.40 | 5.60 | 80.00~100.00 | — | — | — | — | — |
| | 大兴 | — | 4.00 | — | — | — | — | — | — | — | — | — | — | 12.00 | — | — |
| 超市 | 顺义 | 8.00 | 6.00 | 4.00 | 20.00 | — | — | 10.00 | — | — | 60.00 | — | — | — | — | — |
| | 通州 | — | 2.00~5.00 | 2.00~10.00 | 5.00~20.00 | — | — | 10.00 | — | 4.00 | 50.00 | 4.00~20.00 | — | — | — | — |
| | 房山 | 6.00 | 9.00 | 5.50 | — | — | — | 16.00 | — | — | 100.00 | — | — | — | — | — |
| | 大兴 | — | 4.00 | 5.50 | — | — | — | — | — | — | 20.00 | — | — | — | — | — |
| 观光采摘 | 顺义 | 10.00 | — | — | 20.00 | 20.00 | — | 10.00 | — | — | 60.00 | — | — | — | — | — |
| | 密云 | 10.00 | 10.00 | 20.00 | 30.00 | 10.00 | — | 10.00 | — | — | 50.00 | — | — | — | — | — |
| | 昌平 | 26.00 | 20.00 | 16.00 | 60.00 | 8.00 | 28.00 | 16.00 | — | 24.00 | 100.00 | — | — | — | — | — |
| | 通州 | 3.00~10.00 | 2.00~8.00 | 2.00~15.00 | 5.00~30.00 | 2.00~8.00 | — | 2.00~6.00 | — | 4.00~20.00 | 20.00~80.00 | 2.00~8.00 | — | — | — | — |
| | 朝阳 | 8.00 | 10.00 | 10.00 | 15.00 | 10.00 | — | 10.00 | — | 10.00 | 60.00 | — | — | — | — | — |
| | 房山 | 12.00 | 10.00 | 12.00 | 20.00 | 10.00 | 4.00 | 10.00 | 6.00 | 20.00 | 42.00 | 10.00 | — | — | — | — |
| | 平谷 | 10.00 | 8.00 | 6.00 | 8.00 | 8.00 | 3.00 | 4.00 | — | 10.00 | 50.00 | — | 30.00 | — | — | — |
| | 怀柔 | 10.00 | — | 10.00 | 8.00 | 8.00 | — | 8.00 | — | 25.00 | 60.00 | — | — | 10.00 | — | — |
| | 丰台 | 20.00 | 40.00 | — | 40.00 | 50.00 | — | 50.00 | — | — | — | 10.00 | — | 10.00 | 10.00 | — |
| | 大兴 | — | 10.00 | 6.00 | 8.00 | 4.00 | — | — | — | 10.00 | 30.00 | — | — | — | — | — |

续表

| 销售方式 | 区 | 鲜果 | | | | | | | | | | | 干果 | | | |
|---|---|---|---|---|---|---|---|---|---|---|---|---|---|---|---|---|
| | | 苹果 | 梨 | 桃 | 葡萄 | 鲜杏 | 柿子 | 李子 | 红果 | 枣 | 樱桃 | 其他 | 核桃 | 板栗 | 仁用杏 | 其他 |
| 外埠 | 房山 | 3.00 | 4.00 | — | — | — | — | — | — | — | — | — | — | — | — | — |
| 京内批发 | 顺义 | 2.00 | 2.00 | 3.00 | 2.00 | 3.00 | 1.50 | 2.00 | — | 2.00 | — | — | 10.00 | — | — | — |
| | 昌平 | — | 10.00 | 6.00 | — | 3.00 | 1.00 | 8.00 | 1.00 | — | 10.00 | — | 24.00 | 14.00 | — | — |
| | 延庆 | — | — | — | — | — | — | — | — | — | — | — | — | — | — | — |
| | 海淀 | 3.00 | 4.00 | 7.00 | 10.00 | 3.00 | — | 5.00 | — | — | 20.00 | — | — | — | — | — |
| | 通州 | 1.00~5.00 | 1.00~8.00 | 0.80~5.00 | 2.00~4.00 | 1.00~4.00 | — | 1.00~4.00 | — | 2.00~6.00 | 20.00~80.00 | — | 2.00~10.00 | — | — | 3.00 |
| | 房山 | 3.30 | 2.40 | 1.80 | 4.80 | 1.60 | — | 1.20 | — | — | — | — | — | — | — | — |
| | 怀柔 | 5.00 | 3.50 | 4.00 | 12.00 | — | — | — | — | 15.00 | 40.00 | — | 24.00 | 12.00 | 20.00 | — |
| | 大兴 | 2.00 | 2.00 | 2.00 | 4.00 | 1.30 | — | 1.80 | — | — | — | — | — | — | — | — |
| | 顺义 | 3.00 | 2.00 | 2.00 | 10.00 | 10.00 | 1.50 | 2.00 | — | 2.00 | — | — | 10.00 | — | — | — |
| | 密云 | 3.00 | 3.00 | 2.00 | 5.00 | 2.50 | 0.80 | 1.50 | 0.50 | 3.00 | 15.00 | — | 15.00 | 5.00 | 4.00 | — |
| | 昌平 | 20.00 | 16.00 | 12.00 | 60.00 | 6.00 | 1.00 | 15.00 | 1.00 | 20.00 | 60.00 | 8.00 | 30.00 | 16.00 | 30.00 | 15.00 |
| | 延庆 | 8.00 | 2.00 | 2.00 | 8.00 | 2.00 | — | 2.00 | 2.00 | 4.00 | — | 2.00 | 40.00 | 8.00 | 6.00 | — |
| | 海淀 | 1.00~8.00 | — | 1.20~8.00 | — | — | — | — | — | — | 25.00~80.00 | — | — | — | — | — |
| | 通州 | — | 1.50~10.00 | — | 3.00~8.00 | 2.00~8.00 | 2.00~15.00 | 3.00~10.00 | — | 3.00~8.00 | 40.00 | — | — | — | — | — |
| 坐地销售 | 朝阳 | 4.00 | 4.00 | 3.00 | 6.00 | 4.00 | 0.70 | 4.00 | 3.00 | 3.00 | 16.00 | 24.00 | — | — | — | — |
| | 房山 | 6.00 | 5.00 | 5.00 | 10.00 | 3.00 | 4.00 | 6.00 | 3.00 | 10.00 | 40.00 | 2.00 | 14.00 | 7.00 | 7.00 | — |
| | 怀柔 | 10.00 | 3.50 | 5.00 | 15.00 | 8.00 | 2.00 | 6.00 | 2.50 | 15.00 | 30.00 | — | 30.00 | 15.00 | 20.00 | 3.00 |
| | 大兴 | 4.00 | 3.00 | 4.00 | 6.00 | 4.00 | — | 2.00 | 2.00 | 6.00 | 30.00 | — | — | — | — | — |

续表

| 销售方式 | 区 | 鲜果 | | | | | | | | | | | 干果 | | | |
|---|---|---|---|---|---|---|---|---|---|---|---|---|---|---|---|---|
| | | 苹果 | 梨 | 桃 | 葡萄 | 鲜杏 | 柿子 | 李子 | 红果 | 枣 | 樱桃 | 其他 | 核桃 | 板栗 | 仁用杏 | 其他 |
| 合作组织 | 顺义 | 4.00 | 4.00 | 4.00 | 15.00 | 10.00 | 2.00 | 2.00 | — | 3.00 | — | — | 10.00 | — | — | 64.00 |
| | 昌平 | 16.00 | 12.00 | 10.00 | 50.00 | 4.00 | 1.60 | — | 1.00 | 16.00 | 40.00 | — | 26.00 | 14.00 | 26.00 | 216.60 |
| | 延庆 | — | — | — | — | — | — | — | — | — | — | — | — | — | — | — |
| | 通州 | 2.00~8.00 | 2.00~15.00 | 5.00~30.00 | 3.00~10.00 | 2.00~10.00 | 2.50~15.00 | 3.00~13.00 | — | 3.00~8.00 | 20.00~100.00 | — | — | — | — | — |
| | 房山 | 7.00 | 5.00 | 6.00 | 7.00 | 3.00 | 2.40 | 4.00 | 4.00 | 15.00 | 22.00 | — | 16.00 | 8.00 | 7.00 | 106.40 |
| | 怀柔 | 4.00 | 3.50 | 3.00 | 15.00 | 6.00 | 3.00 | 6.00 | 2.50 | 15.00 | 40.00 | 2.00 | 24.00 | 12.00 | 20.00 | 168.30 |
| | 大兴 | — | 8.00 | 10.00 | 8.00 | 4.00 | — | — | — | — | — | — | 2.00~8.00 | — | — | 30.00 |
| 其他 | 通州 | 2.00~8.00 | 2.00~8.00 | 0.60~5.00 | 3.00~8.00 | 1.20~5.00 | 2.00~5.00 | 2.00~5.00 | — | 2.50~6.00 | 8.00~28.00 | 28.00 | 20.00 | 6.00 | 6.00 | — |
| | 房山 | 5.00 | 3.00 | 4.20 | 6.00 | 4.00 | 1.00 | 4.00 | 2.80 | 16.00 | 14.00 | 28.00 | 20.00 | 6.00 | 6.00 | — |
| | 怀柔 | 2.00 | 3.00 | — | — | 5.00 | 4.00 | 8.00 | — | 15.00 | — | 2.00 | — | — | — | — |

表 8-8　北京市部分行政区排名前五的销售企业（公司）及销售量

| 区 | 序号 | 企业名称 | 销售量 / 万 kg | 销售额 / 万元 |
|---|---|---|---|---|
| 大兴 | 1 | 北京御丰园生态果业有限公司 | 80.0 | 600.0 |
| | 2 | 北京兴安尚农农产品产销专业合作社 | 40.0 | 400.0 |
| | 3 | 北京圣泽林生态果业有限公司 | 30.0 | 300.0 |
| | 4 | 融青公司 | 20.0 | 300.0 |
| | 5 | 北京喜山葡萄合作社 | 5.0 | 100.0 |
| 通州 | 1 | 郑佳生态农业有限公司 | 15.7 | 528.0 |
| | 2 | 北京红樱桃园艺场 | 4.8 | 520.0 |
| | 3 | 明太阳责任有限公司 | 8.0 | 435.0 |
| | 4 | 同兴宏业生态科技开发有限公司 | 6.5 | 417.0 |
| | 5 | 京彩之韵农业观光采摘园 | 12.0 | 384.0 |
| 昌平 | 1 | 昆利果品专业合作社 | 120.0 | 500.0 |
| | 2 | 燕昌红板栗合作社 | 200.0 | 320.0 |
| | 3 | 桃林村林果协会 | 220.0 | 3000.0 |
| | 4 | 苹果主题公园 | 30.0 | 600.0 |
| | 5 | 真顺工贸集团 | 200.0 | 2600.0 |
| 延庆 | 1 | 延庆县八达岭镇里炮果品专业合作社 | 110.0 | 770.0 |
| | 2 | 北京惠民顺种植专业合作社 | 20.0 | 280.0 |
| | 3 | 北京雄旺果树种植专业合作社 | 12.7 | 151.8 |
| | 4 | 北京市前庙村葡萄专业合作社 | 14.0 | 112.0 |
| | 5 | 北京燕北缙阳葡萄种植专业合作社 | 2.1 | 16.8 |
| 房山 | 1 | 北京三仁梨园有机农产品有限公司 | 35.0 | 380.0 |
| | 2 | 北京广阳大地农业有限公司 | 40.0 | 300.0 |
| | 3 | 北京金冠果业有限公司 | 6.5 | 101.0 |
| | 4 | 北京满庭芳生态观光园有限公司 | 4.5 | 48.0 |
| | 5 | 北京绿叶丰融种植有限公司 | 1.5 | 40.0 |

# 9 北京市经济林生态系统
服务功能物质量评估

经济林生态系统服务功能物质量评估主要是从物质量角度对经济林生态系统所提供的各项服务进行定量评估，依据中华人民共和国国家标准《森林生态系统服务功能评估规范》（GB/T 38582—2020），本章将对北京市经济林生态系统服务功能的物质量开展评估研究，进而揭示北京市经济林生态系统服务的特征。

## 9.1 北京市经济林生态系统服务功能物质量评估结果

根据北京市经济林生态效益评估方法，开展对北京市经济林涵养水源、保育土壤、固碳释氧、林木积累营养物质和净化大气环境等5个类别，18个分项生态效益物质量的评估，具体评估结果如表9-1所示。

北京市经济林生态系统涵养水源总物质量为2.28亿 $m^3$ / 年；固土总物质量为232.36万 t / 年；固定土壤氮、磷、钾和有机质总物质量分别为0.20万 t / 年、0.06万 t / 年、1.32万 t / 年和9.99万 t / 年；固碳总物质量为19.54万 t / 年，释氧总物质量为43.16万 t / 年；林木积累氮、磷和钾总物质量分别为0.39万 t / 年、0.02万 t / 年和0.24万 t / 年；提供负离子总物质量为223.98 × $10^{21}$ 个 / 年，吸收污染物总物质量为21 775.61 t / 年（吸收 $SO_2$ 总物质量为20 333.84 t / 年，吸收 $HF_x$ 总物质量为664.18 t / 年，吸收 $NO_x$ 总物质量为777.59 t / 年），滞尘总物质量为3210.31 t / 年（滞纳 TSP 总物质量为1743.38 t / 年，滞纳 PM10 总物质量为1226.81 t / 年，滞纳 PM2.5 总物质量为240.12 t / 年）。

表 9-1　北京市经济林生态系统服务功能物质量评估结果

| 类别 | 指标 | | 物质量 |
|---|---|---|---|
| 涵养水源 | 调节水量 /（亿 $m^3$/ 年） | | 2.28 |
| 保育土壤 | 固土量 /（万 t / 年） | | 232.36 |
| | 氮 /（万 t / 年） | | 0.20 |
| | 磷 /（万 t / 年） | | 0.06 |
| | 钾 /（万 t / 年） | | 1.32 |
| | 有机质 /（万 t / 年） | | 9.99 |
| 固碳释氧 | 固碳 /（万 t / 年） | | 19.54 |
| | 释氧 /（万 t / 年） | | 43.16 |
| 林木积累营养物质 | 氮 /（万 t / 年） | | 0.39 |
| | 磷 /（万 t / 年） | | 0.02 |
| | 钾 /（万 t / 年） | | 0.24 |
| 净化大气环境 | 提供负离子 /（$10^{21}$ 个 / 年） | | 223.98 |
| | 吸收污染物 /（t / 年） | $SO_2$（二氧化硫） | 20 333.84 |
| | | $HF_x$（氟化物） | 664.18 |
| | | $NO_x$（氮氧化物） | 777.59 |
| | 滞尘 /（t / 年） | TSP（总悬浮颗粒物） | 1743.38 |
| | | PM10（粗颗粒物） | 1226.81 |
| | | PM2.5（细颗粒物） | 240.12 |

## 9.1.1　涵养水源

　　水资源危机是继石油危机之后，21 世纪最有可能出现的危机。水资源问题不仅影响、制约现代社会的可持续发展，而且与人类的生存密切相关。北京市属海河流域，是 300 万年前由永定河和潮白河冲积形成的倾斜平原，地势西北高，东南低，从东到西分布有蓟运河、潮白河、北运河、永定河和大清河五大水系，官厅水库和密云水库是市区地表水的两大水源，其中密云水库供应了市区一半以上的日常用水。全市地表水资源量为 9.32 亿 m³，地下水资源量为 17.44 亿 m³，水资源总量为 26.76 亿 m³；全市 18 座大、中型水库年末蓄水总量为 16.23 亿 m³，可利用来水量为 4.34 亿 m³（含南水北调输水 0.53 亿 m³）；全市总供水量 38.20 亿 m³，其中生活用水 17.50 亿 m³，环境用水 10.4 亿 m³，工业用水 3.80 亿 m³，农业用水 6.50 亿 m³（2015 北京市水资源公报，2016），全市人均水资源占有量约 123 m³，是全国平均水平的 1/8，是世界人均水平的 1/30，远远低于国际公认的人均 1000 m³ 的下限。由于社会经济的发展、人口增长和工农业生产等原因，对水的需求不断增加，使水资源供需矛盾凸显，水资源成为制约经济进一步发展的重要因素。北京市地处暖温带，经济林发挥着重要的涵养水源功能，年涵养水源量为 2.28 亿 m³（表 9-1），相当于官厅水库和密云水库年末蓄水量的 16.72%（北京市水资源公报，2016）。可见，北京市经济林生态系统正如一座绿色水库，对维护北京乃至京津冀地区的水资源安全、保障水资源永续利用具有重要作用。

## 9.1.2 保育土壤

我国是世界上水土流失十分严重的国家，北京是全国水土流失严重的区域之一，北京市土壤侵蚀类型主要为水力侵蚀，水土流失面积 3201.86 km²，其中轻度侵蚀面积 1746.08 km²，中度侵蚀面积 1031.46 km²，强烈侵蚀面积 340.64 km²，极强烈侵蚀面积 70.12 km²，剧烈侵蚀面积 13.56 km²（北京市水土保持公报，2016）。由于人为和自然等综合因素造成的水土流失导致的土质退化、水库河道淤积和环境恶化，会遏制北京社会经济的发展；同时水土流失还会导致土壤养分的缺失，引起土地生产力和水环境质量的下降。经济林具有强大的保育土壤功能，由表 9-1 可以看出，北京市经济林固土总物质量为 232.36 万 t / 年；固定土壤氮、磷、钾和有机质总物质量分别为 0.20 万 t / 年、0.06 万 t / 年、1.32 万 t / 年和 9.99 万 t / 年，保肥量总计为 11.57 万 t / 年，这相当于北京市 2015 年化肥施用总量的 1.10 倍（北京统计年鉴，2016）。可见，北京市经济林生态系统保育土壤功能作用显著，保育土壤功能对于固持土壤、保护人民群众的生产、生活和财产安全的意义重大，进而维持了北京市社会、经济、生态环境的可持续发展。

### 9.1.3　固碳释氧

经济林作为森林的重要组成部分，同样发挥着重要的固碳释氧作用。北京作为我国的首都，对能源的需求大幅增加。2010 年以来，北京市能源消费量不断增加，由 2010 年的 6359.50 万 t 标准煤上升至 2015 年的 6852.60 万 t 标准煤（北京统计年鉴，2016）。北京市经济的高速增长对能源的需求也大幅增加，依据《北京统计年鉴》（2016）中北京市各种能源消费量及《综合能耗计算通则》中（GB/T 2589—2008）能源与标准煤的转换系数，得到北京市能源的消费总量相当于 635.96 万 t 标准煤，利用碳排放转换系数（国家发展与改革委员会能源研究所，2003）换算可知，北京市 2015 年碳排放量为 475.44 万 t。由表 9–1 可知，北京市经济林固碳总物质量为 19.54 万 t / 年，释氧总物质量为 43.16 万 t / 年。相当于每年吸收 $CO_2$ 0.007 亿 t，能够抵消 26.87 万 t 标准煤完全转化释放的 $CO_2$ 量。随着经济社会的快速发展，未来能源需求量还会增加，从而引起的经济发展与能源消费增加碳排放的矛盾还将继续；与工业减排相比，经济林固碳投资少、代价低、综合效益大，更具经济可行性和现实操作性。因此，通过经济林吸收、固定 $CO_2$ 是实现减排目标的有效途径。

### 9.1.4　净化大气环境

随着城市化进程进一步加快，北京作为我国的首都，区域性、大气复合性污染，如颗粒物污染等日益严重，这些颗粒物不仅影响大气的能见度，产生大气光化学烟雾，加剧城市的温室效应（Christoforou et al.，2000）；同时这些粉尘颗粒物携带大量有毒物质和致病菌，直接危害人们的身体健康，引发呼吸道等疾病，增加死亡率等（高金晖 等，2007）。经济林在提供经济效益的同时也发挥着巨大的净化大气环境功能，经济林通过植株的阻隔、过滤、滞纳、吸收、分解等过程，将大气环境中的有害物质（如 $SO_2$、$NO_x$、粉尘、重金属、PM2.5、PM10 等）净化和降解，降低环境中的噪声污染，并提供大量的空气负离子等，从而有效地提高空气质量（柴一新 等，2002；Tallis et al.，2011）。由表 9–1 可知，北京市经济林提供负离子总物质量为 $2.24 \times 10^{23}$ 个 / 年，吸收污染物总物质量为 21 775.61 t / 年（吸收 $SO_2$ 总物质量为 20 333.84 t/ 年，吸收 $HF_x$ 总物质量为 664.18 t / 年，吸收 $NO_x$ 总物质量为 777.59 t/ 年），滞尘总物质量为 3210.31 t / 年（滞纳 TSP 总物质量为 1743.38 t/ 年，滞纳 PM10 总物质量为 1226.81 t/年，滞纳 PM2.5 总物质量为 240.12 t/年）。北京市经济林年吸收 $SO_2$ 总物质量相当于燃烧 127.08 万 t 标准煤排放的 $SO_2$ 量；吸收 $NO_x$ 总物质量相当于北京市大气 $NO_x$ 排放量的 0.57%（北京统计年鉴，2016）；滞尘总物质量相当于北京市大气烟尘排放量的 6.50%。由此可以看出，北京市经济林生态系统在净化大气环境方面具有重大作用，经济林生态系统通过吸滞 PM10 与 PM2.5 降低了雾霾天气对人类造成的干扰和危害，未来随着经济林生长质量的不断提高，其净化大气环境的功能还有较大潜力，这对提高北京乃至华北地区的空气环境质量具有重要的支撑作用。

## 9.2 北京市各行政区经济林生态系统服务功能物质量评估结果

北京市行政下辖 16 区，由于东城区、西城区和朝阳区无经济林种植，故本研究仅统计其他 13 个区的经济林资源数据，根据评估公式测算出各行政区经济林生态系统服务的物质量。北京市各行政区的经济林生态系统服务功能物质量如表 9-2 所示，各项生态系统服务功能物质量在各行政区间的空间分布格局如图 9-1 至图 9-18 所示。由此看出，北京市各行政区的经济林生态系统服务功能物质量空间分布呈现明显的规律性。

表9-2 北京市各行政区经济林生态系统服务功能物质量评估结果

| 区 | 调节水量/(亿m³/年) | 保育土壤/(万t/年) | | | | | 固碳释氧/(万t/年) | | 林木积累营养物质/(t/年) | | | 提供负离子/(10²¹个/年) | 净化大气环境 | | | | | |
|---|---|---|---|---|---|---|---|---|---|---|---|---|---|---|---|---|---|---|
| | | 固土 | 固氮 | 固磷 | 固钾 | 固有机质 | 固碳 | 释氧 | 积累氮 | 积累磷 | 积累钾 | | 吸收HF/(t/年) | 吸收NOₓ/(t/年) | 吸收SO₂/(t/年) | 滞纳TSP/(t/年) | 滞纳PM10/(t/年) | 滞纳PM2.5/(t/年) |
| 丰台 | 0.009 | 0.91 | 0.001 | 0.0002 | 0.005 | 0.039 | 0.08 | 0.17 | 14.44 | 0.92 | 8.57 | 0.91 | 2.46 | 2.98 | 63.40 | 6.56 | 4.60 | 0.90 |
| 石景山 | 0.002 | 0.16 | 0.0001 | 0.00004 | 0.001 | 0.007 | 0.02 | 0.03 | 3.46 | 0.17 | 2.18 | 0.13 | 0.45 | 0.54 | 12.34 | 1.20 | 0.84 | 0.16 |
| 海淀 | 0.038 | 4.64 | 0.004 | 0.001 | 0.026 | 0.200 | 0.42 | 0.93 | 86.82 | 4.89 | 53.19 | 4.00 | 12.40 | 15.15 | 347.83 | 38.71 | 27.24 | 5.34 |
| 门头沟 | 0.089 | 9.10 | 0.008 | 0.002 | 0.052 | 0.391 | 0.73 | 1.60 | 128.66 | 9.10 | 74.09 | 9.52 | 24.65 | 29.80 | 620.67 | 65.14 | 45.79 | 8.96 |
| 房山 | 0.185 | 18.71 | 0.016 | 0.005 | 0.106 | 0.805 | 1.54 | 3.39 | 285.17 | 18.86 | 167.96 | 20.82 | 51.98 | 61.45 | 1291.40 | 138.60 | 97.79 | 19.10 |
| 通州 | 0.059 | 6.51 | 0.006 | 0.002 | 0.037 | 0.280 | 0.59 | 1.32 | 133.94 | 6.57 | 84.70 | 5.84 | 17.69 | 21.27 | 474.74 | 51.00 | 35.93 | 7.04 |
| 顺义 | 0.065 | 6.92 | 0.006 | 0.002 | 0.039 | 0.298 | 0.61 | 1.36 | 124.11 | 7.27 | 75.52 | 5.89 | 19.11 | 22.65 | 517.06 | 49.39 | 34.83 | 6.82 |
| 昌平 | 0.219 | 22.45 | 0.020 | 0.006 | 0.128 | 0.965 | 1.87 | 4.12 | 349.95 | 22.80 | 206.40 | 22.32 | 63.29 | 74.64 | 1851.40 | 167.27 | 117.47 | 22.96 |
| 大兴 | 0.115 | 11.68 | 0.010 | 0.003 | 0.066 | 0.502 | 1.05 | 2.36 | 240.18 | 11.70 | 152.61 | 9.52 | 32.28 | 38.27 | 840.69 | 77.63 | 55.40 | 10.88 |
| 怀柔 | 0.354 | 35.66 | 0.031 | 0.009 | 0.203 | 1.533 | 2.87 | 6.27 | 509.32 | 35.55 | 294.09 | 33.27 | 107.11 | 122.72 | 3991.72 | 279.65 | 195.87 | 38.33 |
| 平谷 | 0.443 | 44.57 | 0.039 | 0.011 | 0.253 | 1.917 | 4.07 | 9.14 | 1013.49 | 42.64 | 657.14 | 46.05 | 124.74 | 146.79 | 3129.29 | 335.29 | 235.08 | 45.95 |
| 密云 | 0.516 | 51.97 | 0.046 | 0.013 | 0.295 | 2.235 | 4.19 | 9.17 | 734.65 | 52.21 | 423.32 | 49.41 | 154.62 | 178.05 | 5681.46 | 410.40 | 289.32 | 56.68 |
| 延庆 | 0.190 | 19.08 | 0.017 | 0.005 | 0.108 | 0.820 | 1.51 | 3.30 | 263.70 | 18.77 | 152.44 | 16.30 | 53.39 | 63.28 | 1511.85 | 122.52 | 86.65 | 16.99 |
| 总计 | 2.28 | 232.36 | 0.20 | 0.06 | 1.32 | 9.99 | 19.55 | 43.16 | 3887.89 | 231.45 | 2352.21 | 223.97 | 664.17 | 777.59 | 20333.85 | 1743.36 | 1226.81 | 240.11 |

## 9.2.1 涵养水源

水作为一种基础性自然资源，是人类赖以生存的生命之源。当前，随着人口的增长、对自然资源需求量的增加及工业化发展和环境状况的恶化，水资源需求量不断增加的同时，水资源短缺已成为共同关注的全球性问题。经济林通过截留降水、林下层植被截留降水、枯枝落叶层持水、土壤持水和调节径流，发挥其涵蓄水源和削减洪峰的作用。全市水资源总量不足，人均占有量也偏少，水资源供需矛盾突出，水资源短缺已成为制约北京市社会、经济发展的瓶颈。解决城市的缺水问题，直接关系到居民的生活、社会的稳定、城市的经济发展。因此，处于快速发展中的北京，必须将水资源的永续利用与保护作为实施可持续发展的战略重点，以促进北京市"生态—经济—社会"的健康运行与协调发展。如何破解这一难题，应对北京市水资源不足与社会、经济可持续发展之间的矛盾，只有从增加贮备和合理用水这两个方面着手，建设水利设施拦截水流增加贮备的工程。同时运用生物工程的方法，发挥经济林植被的涵养水源功能，也应该引起人们的高度关注。

北京市各行政区经济林涵养水源物质量空间分布如图9-1所示，北京市经济林涵养水源总量为2.28亿 m³/年，经济林总面积位居第一的密云区涵养水源物质量最大（0.516亿 m³/年），比北京市经济林总面积第二的平谷区高0.073亿 m³/年；密云区、平谷区、怀柔区位居前三，占涵养水源总物质量的57.58%；昌平区、延庆区、房山区、大兴区位居其下，其涵养水源物质量均在0.115亿～0.229亿 m³/年，占涵养水源总物质量的31.10%；门头沟区、顺义区、通州区、海淀区、丰台区和石景山区，其涵养水源物质量均在0.002亿～0.089亿 m³/年，均小于0.10亿 m³/年。

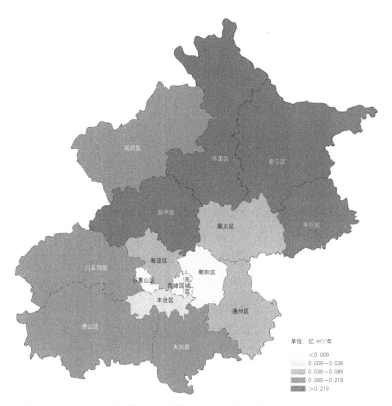

单位：亿 m³/年

&lt;0.009
0.009～0.038
0.038～0.089
0.089～0.219
&gt;0.219

图 9-1　北京市经济林生态系统涵养水源物质量分布（见书末彩图）

　　密云区内有多条河流和水库，水分条件良好，经济林生长繁茂，可以减少径流，减少水资源流失，故其涵养水源量最高；海淀区、丰台区和石景山区位于市中心，经济林面积小，树种少，城市水汽蒸发量大，经济林的蒸腾作用较强，使涵养水源功能物质量较低。各行政区之间差异较大，这与各行政区的经济状况和人口数量有直接的关系，说明了经济林生态系统的涵养水源功能可以在一定程度上保证社会的水资源安全。北京市夏季降雨集中而且多强降雨，经济林生态系统涵养水源功能具有削减洪峰的作用，降低地质灾害发生的可能性。另外，经济林生态系统涵养水源功能延缓径流产生的时间，调节水资源时间分配。各行政区经济林生态系统调节水量功能大大降低了地质灾害发生的可能性，保障了人们生命财产的安全。经济林生态系统的涵养水源功能对于缓解农田干旱，提高农田产量有极大的促进作用。各行政区经济林生态系统调节水量与其降水量相比，北部山区经济林生态系统能够将 56.10% 的降水截留，降低了该区灾害发生的可能性，保障了人们的生命财产安全，东部平原区的经济林生态系统也可将约 24.87% 的降水暂时截留。这说明每个区将有至少 0.04 亿 t 的水量用于旱期农田灌溉，这对于提高农田产量具有极大的促进作用。

## 9.2.2 保育土壤

水土流失是当今人类所面临的重要环境问题之一，已经成为制约经济、社会可持续发展的重要因素。北京市水土流失也比较严峻，严重的水土流失会造成耕作土层变薄，地力减退。经济林凭借庞大的树冠、深厚的枯枝落叶层及强壮且成网络的根系截留大气降水，减少或避免雨滴对土壤表层的直接冲击，有效地固持土体，降低地表径流对土壤的冲蚀，使土壤流失量大大降低（宋庆丰，2015）；而且经济林的生长发育及其代谢产物不断对土壤产生物理及化学影响，参与土体内部的能量转换与物质循环，使土壤肥力提高（夏尚光 等，2016；任军 等，2016）。北京市各行政区经济林固土物质量空间分布如图 9-2 所示，北京市经济林固土总量为 232.36 万 t / 年，密云区经济林固土量最多，年固土量为 51.97 万 t，占北京市经济林年固土总量的 22.37%，排前三的密云区、平谷区和怀柔区年固土量占北京市经济林年固土总量的 56.89%；石景山区的经济林固土量最少，仅为 0.16 万 t / 年，占北京市经济林年固土总量的 0.07%。降低经济林地的土壤侵蚀模数能够很好地减少经济林地的土壤侵蚀量，对经济林地土壤形成较好的保护。密云区经济林种植面积最大且生长良好，枯落物层厚度较大，根系相互错结形成根系网，有效地固持土体，减少了水力和风力对土壤的接触面，减少径流形成，减少经济林地土壤侵蚀模数，起到较好的固土作用。相反，石景山等城区经济林种植面积小，地表覆盖率低，容易形成地表径流，土壤侵蚀模数大，流失量较高。随着经济林的栽植，北京市水土流失状况明显好转，水土流失面积大幅减少，不同侵蚀强度的水土流失面积均有所减少。2013—2016 年，北京市每年水土流失面积均为 16 410 km$^2$（北京市水土保持公报，2012—2016 年），水土流失面积连续 4 年无变化，北京市水土流失区主要集中于北部地区的密云区、怀柔区和平谷区，其经济林生态系统固土量约占全市总固土量的 56.89% 以上。另外，区内还分布有密云水库、官厅水库等大型水库，其经济林生态系统的固土作用有效地延长了水库的使用寿命，为本区域社会、经济发展提供了重要保障。

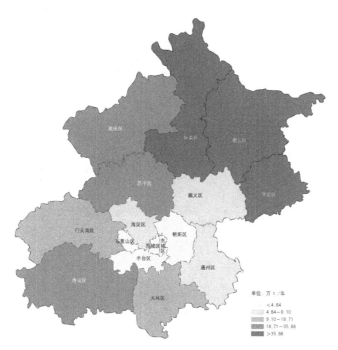

单位: 万 t / 年

- < 4.64
- 4.64～9.10
- 9.10～18.71
- 18.71～35.66
- > 35.66

图 9-2 北京市经济林生态系统固土物质量分布（见书末彩图）

　　经济林不仅可以固定土壤，同时还能保持土壤肥力。图 9-3 至图 9-6 为北京市各行政区经济林生态系统氮、磷、钾和有机质保育量，保育土壤氮、磷、钾和有机质总量分别为 0.20 万 t / 年、0.06 万 t / 年、1.32 万 t / 年和 9.99 万 t/ 年。密云区经济林保肥量最多，年固氮、磷、钾和有机质分别为 457.36 t、129.93 t、2952.02 t 和 22 348.03 t；石景山区经济林保肥量最少，年固氮、磷、钾和有机质分别为 1.45 t、0.41 t、0.001 万 t 和 70.61 t。保肥功能与经济林固土能力相互依存，正是由于密云区经济林较好地固持土壤，减少水土流失，从而使得其保肥功能也相对较高。全市重要的水库和湿地均分布于密云区、怀柔区和延庆区，同时上述地区还是多条河流的干流和支流，生态区位十分重要。其经济林生态系统所发挥的保肥功能，对于保障水源地水质安全和渤海流域的生态安全及保障经济、社会可持续发展具有十分重要的现实意义。水土流失过程会携带大量养分、重金属和化肥进入江河湖库，污染水体，使水体富营养化；水土流失越严重的地区，土壤越贫瘠，化肥、农药的使用量也越大，由此形成一种恶性循环。同时，土壤贫瘠化还会影响经济林产业的发展。可见，北京市北部地区经济林生态系统的保肥功能对维护北京市经济林产业的稳定具有十分重要的作用。

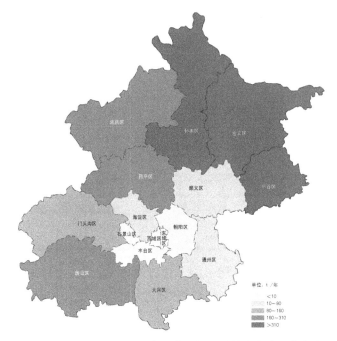

图 9-3　北京市经济林生态系统土壤固氮物质量分布（见书末彩图）

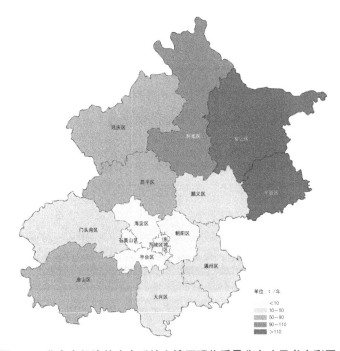

图 9-4　北京市经济林生态系统土壤固磷物质量分布（见书末彩图）

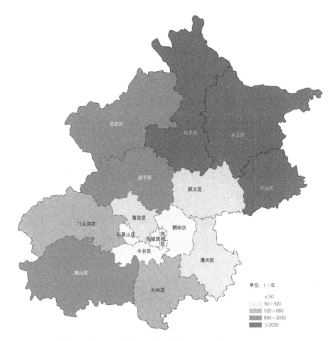

图 9-5　北京市经济林生态系统土壤固钾物质量分布（见书末彩图）

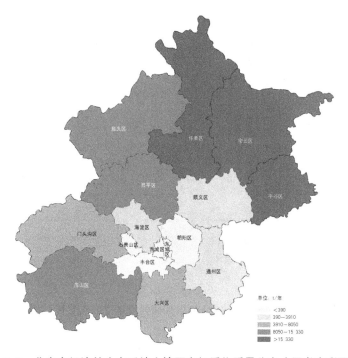

图 9-6　北京市经济林生态系统土壤固有机质物质量分布（见书末彩图）

### 9.2.3 固碳释氧

植被通过自身的光合作用吸收 $CO_2$，并蓄积在树干、根部及枝叶等部分及土壤中，从而抑制大气中 $CO_2$ 浓度的上升，有力地起到了绿色减排的作用。因此，提高经济林碳汇功能是降低空气中 $CO_2$ 浓度非常有效的途径。

北京市各行政区经济林年固碳量如图9-7所示，全市固碳总量为19.55万 t/年；由图可知密云区、平谷区和怀柔区的固碳量位居前三，年固碳量分别为4.19 t、4.07 t 和 2.87 t，占北京市经济林年固碳总量的 56.96%；昌平区、房山区、延庆区和大兴区的年固碳量居中，位于 1.05～1.87 t/年；门头沟区、顺义区、通州区、海淀区、丰台区和石景山区的年固碳量最小，位于 0.02～0.73 t/年，石景山区年固碳量仅占北京市经济林年固碳总量的 0.10%。

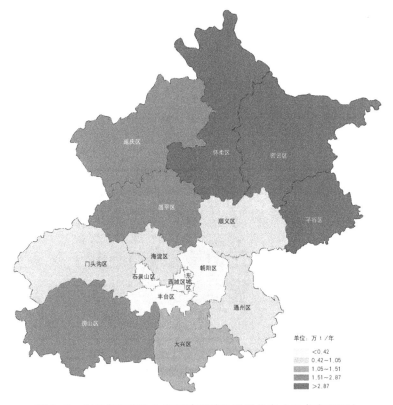

**图 9-7　北京市经济林生态系统固碳物质量分布（见书末彩图）**

北京市北部地区经济林资源丰富，其经济林生态系统固碳功能在一定程度上缓解本区域内自然资源、生态环境与可持续发展之间的矛盾，对区域碳减排及低碳经济研究具有一定的现实意义。但是相比之下，经济较为活跃的中心城区（海淀区、丰台区和石景山区），其固碳能力较低。2015 年，北京市碳排放量为 475.44 万 t（由《北京统计年鉴 2016》标准煤消耗总量折算而来），北京市经济林固碳量为 19.54 万 t/年，相当于吸收了 2015 年全市碳排放量的 4.11%。由此可见，北京市作为京津冀城市群经济圈的核心，经济林生态系统可以吸收工业碳排放，减缓空气污染。

　　经济林在固定 $CO_2$ 的同时，还能释放大量 $O_2$。北京市各行政区经济林年释氧量各有不同（图 9-8），全市释氧总量为 43.17 万 t/年；密云区的年释氧量最大（9.17 万 t），占北京市经济林年释氧总量的 21.24%；其次是平谷区、怀柔区和昌平区，年释氧量分别为 9.14 万 t、6.27 万 t 和 4.12 万 t；石景山区的年释氧量最小，仅为 0.03 万 t，占北京市经济林年释氧总量的 0.07%。北京市各行政区经济林年释氧量排序为：密云区＞平谷区＞怀柔区＞昌平区＞房山

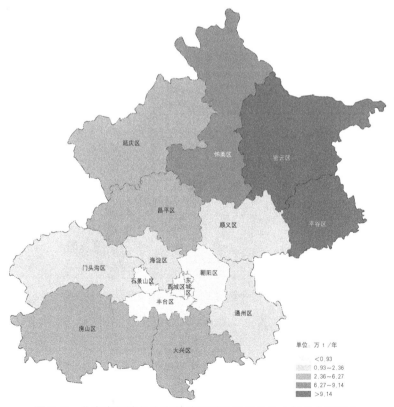

单位：万 t/年
- ＜0.93
- 0.93～2.36
- 2.36～6.27
- 6.27～9.14
- ＞9.14

图 9-8　北京市经济林生态系统释氧物质量分布（见书末彩图）

区>延庆区>大兴区>门头沟区>顺义区>通州区>海淀区>丰台区>石景山区。

### 9.2.4 林木积累营养物质

林木在生长过程中不断从周围环境吸收营养物质，将其固定在植物体内，这成为全球生物化学循环不可缺少的环节。林木积累营养物质功能与固土保肥中的保肥功能，无论从机制、空间部位，还是计算方法上都有本质区别，前者属于生物地球化学循环的范畴，而保肥功能是从水土保持的角度考虑，即如果一片区域没有植被，每年水土流失中也将包含一定的营养物质，属于物理过程。从林木积累营养物质的过程可以看出，北京市经济林可以在一定程度上减少因为水土流失而带来的养分损失，在其生命周期内，使得固定在体内的养分元素进入生物地球化学循环，极大地降低了带给水库水体富营养化的可能性。

北京市各行政区经济林生态系统积累氮量分布如图9-9所示，全市经济林积累氮总量为3889.89 t/年。由图可知，平谷区的经济林年积累氮量最大（1013.49 t），占北京市经济林年林木积累氮总量的26.07%；其次是密云区、怀柔区和昌平区，年积累氮量分别为734.65 t、509.32 t和349.95 t；石景山区年积累氮量最小（3.46 t），仅占北京市经济林年积累氮总量的0.09%。北京市各行政区经

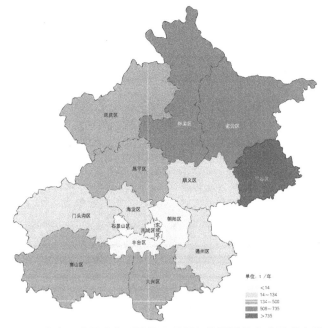

单位: t/年

- <14
- 14—134
- 134—506
- 509—735
- >735

**图9-9　北京市经济林生态系统林木积累氮物质量分布（见书末彩图）**

济林年积累氮量排序为：平谷区＞密云区＞怀柔区＞昌平区＞房山区＞延庆区＞大兴区＞通州区＞门头沟区＞顺义区＞海淀区＞丰台区＞石景山区。

北京市各行政区经济林生态系统积累磷量分布如图 9-10 所示，全市经济林积累磷总量为 231.45 t／年。由图可知，密云区的经济林年积累磷量最大（52.21 t），占北京市经济林年林木积累磷总量的 22.56%；其次是平谷区、怀柔区和昌平区，年积累磷量分别为 42.64 t、35.55 t 和 22.80 t；石景山区年积累磷量最小（0.17 万 t），占北京市经济林年积累磷总量的 0.07%。北京市各行政区经济林年积累磷量排序为：密云区＞平谷区＞怀柔区＞昌平区＞房山区＞延庆区＞大兴区＞门头沟区＞顺义区＞通州区＞海淀区＞丰台区＞石景山区。

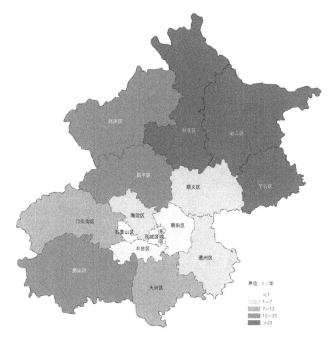

单位：t／年
<1
1～7
7～12
12～23
＞23

图 9-10　北京市经济林生态系统林木积累磷物质量分布（见书末彩图）

北京市各行政区经济林生态系统积累钾量分布如图 9-11 所示，全市经济林积累钾总量为 2352.21 t／年。由图可知，平谷区的经济林年积累钾量最大（657.14 t），占北京市经济林年积累钾总量的 27.94%；其次是密云区、怀柔区和昌平区，年积累钾量分别为 423.32 t、294.09 t 和 206.40 t；石景山区年积累钾量最小（2.18 t），占北京市经济林年积累钾总量的 0.09%。北京市各行政区经济林年积累钾量排序为：平谷区＞密云区＞怀柔区＞昌平区＞房山区＞大兴区＞延庆区＞通州区＞顺义区＞门头沟区＞海淀区＞丰台区＞石景山区。

林木积累营养物质效益的发挥与栽种林分的净生产力密切相关，由于林分类型、水热条件和土壤状况的差异性，各行政区域的植被净生产力不同（任军等，2016；杨国亭 等，2016）。北京经济林净初级生产力在城区和郊区的差异较大，呈现出四周郊区向中部市区递减的趋势。中心城区（海淀区、丰台区和石景山区）经济林每平方米净初级生产力较低，而密云区、延庆区和怀柔区等地经济林每平方米净初级生产力较高，此差异是引起经济林积累营养物质差异的主要原因。

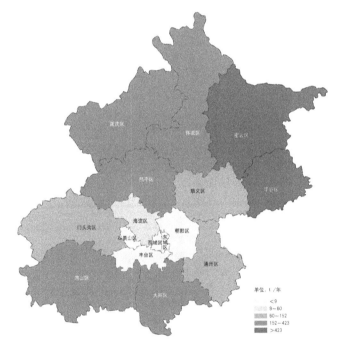

图9-11 北京市经济林生态系统林木积累钾物质量分布（见书末彩图）

### 9.2.5 净化大气环境

空气负离子是一种重要的无形旅游资源，具有杀菌、降尘、清洁空气的功效，被誉为"空气维生素与生长素"，对人体健康十分有益（徐昭晖，2004）。其能改善肺器官功能，增加肺部吸氧量，促进人体新陈代谢，激活肌体多种酶和改善睡眠，提高人体免疫力、抗病能力（徐昭晖，2004）。随着生态旅游的兴起及人们保健意识的增强，空气负离子作为一种重要的旅游资源已越来越受到人们的重视。绿地环境中的空气负离子浓度高于城市居民区的空气负离子浓度，人们到绿地游憩区旅游的重要目的之一是呼吸清新空气。由图9-12可知，全市经济林提供负离子总量为 $2.24 \times 10^{23}$ 个 / 年。北京市各行政区经济林生态系统年提供负离子量密云区、平谷区和怀柔区位居前三，年提供负离子量分别为 $49.21 \times 10^{21}$ 个、$46.05 \times 10^{21}$ 个和 $33.27 \times 10^{21}$ 个；昌平区、房山区、延庆区、门头沟区、大兴区、顺义区和通州区居中，年提供负离子量在 $5.84 \times 10^{21} \sim 22.32 \times 10^{21}$ 个；海淀区、丰台区和石景山区排后三位，年提供负离子量在 $0.13 \times 10^{21} \sim 4.00 \times 10^{21}$ 个。这是因为首先，密云区海拔相对较高，易受到宇宙射线的影响，负离子的浓度增加明显（李少宁 等，2014a）；其次，密云区水文条件优越，区内水库较多，水源条件好的区域其产生的负离子也会较多（张维康，2016）；最后，密云区经济林面积最大，大量树木存在"尖端放电"，产生的电荷使空气发生电离从而增加更多负离子。从评估结果可以看出，北京市北部山区经济林生态系统产生负离子量最多，具有较高的旅游资源潜力。

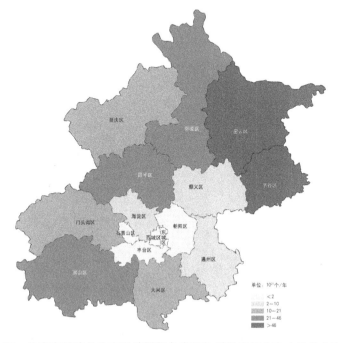

单位：$10^{21}$ 个 / 年

- \< 2
- 2～10
- 10～21
- 21～46
- \> 46

**图 9-12　北京市经济林生态系统提供负离子物质量空间分布（见书末彩图）**

　　植物叶片具有吸附、吸收污染物或阻碍污染物扩散的作用，这种作用通过两种途径来实现：一是叶片吸收大气中的有害物质，降低大气有害物质的浓度；二是将有害物质在体内分解，转化为无害物质后代谢利用。

　　$SO_2$ 是城市的主要污染物之一，对人体健康及动植物生长危害比较严重。同时，硫元素是树木体内氨基酸的组成成分，也是林木所需要的营养元素之一，所以树木中都含有一定量的硫，在正常情况下树体中硫含量为干重的 0.1%～0.3%。当空气被 $SO_2$ 污染时，树木体内的硫含量为正常含量的 5～10 倍。北京市各行政区经济林生态系统吸收 $SO_2$ 分布如图 9-13 所示，全市经济林吸收 $SO_2$ 总量为 20 333.85 t/ 年。由图可知，密云区、怀柔区和平谷区年吸收 $SO_2$ 量排前三，年吸收 $SO_2$ 量分别为 5681.46 t、3991.72 t 和 3129.29 t，密云区占北京市经济林年吸收 $SO_2$ 总量的 27.94%；昌平区、延庆区、房山区、大兴区、门头沟区、顺义区、通州区和海淀区的年吸收 $SO_2$ 量在 347.83～1851.40 t；最小的是丰台区和石景山区，年吸收 $SO_2$ 量在 64 t 以下。北京市各行政区经济林年吸收 $SO_2$ 量排序为：密云区＞怀柔区＞平谷区＞昌平区＞延庆区＞房山区＞大兴区＞门头沟区＞顺义区＞通州区＞海淀区＞

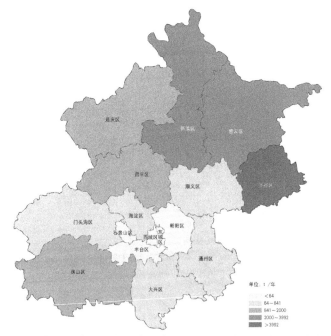

单位：t/年
＜64
64～841
841～2000
2000～3992
＞3992

**图 9-13　北京市经济林生态系统吸收 $SO_2$ 物质量空间分布（见书末彩图）**

丰台区＞石景山区。北京市经济林年吸收 $SO_2$ 总物质量相当于燃烧 127.08 万 t 标准煤排放的 $SO_2$ 量（北京统计年鉴，2016）。可见，北京市经济林生态系统对吸收空气中的 $SO_2$ 作用显著。

$NO_x$、$HF_x$ 是大气污染的重要组成部分，它会破坏臭氧层，从而改变紫外线到达地面的强度。另外，酸雨对生态环境的影响已经广为人知，而大气 $NO_x$ 是酸雨产生的重要来源。北京市经济林生态系统吸收 $NO_x$ 功能，在一定程度上降低了酸雨发生的可能性。北京市各行政区经济林生态系统吸收 $HF_x$ 和 $NO_x$ 物质量分布如图 9-14 至图 9-15，全市经济林吸收 $HF_x$ 和 $NO_x$ 总量分别为 664.18 t/ 年和 777.59 t/ 年，其吸收 $NO_x$ 总物质量相当于北京市大气 $NO_x$ 排放量的 0.57%（北京统计年鉴，2016）。密云区经济林年吸收 $HF_x$（154.62 t）和 $NO_x$（178.05 t）最多，分别占北京市经济林年吸收 $HF_x$ 和 $NO_x$ 总量的 23.28% 和 22.90%；石景山区年吸收 $HF_x$ 和 $NO_x$ 量最少，分别为 0.45 t 和 0.54 t，仅占北京市经济林年吸收 $HF_x$ 和 $NO_x$ 总量的 0.07%。北京市各行政区经济林年吸收 $HF_x$ 和 $NO_x$ 量大小排序一致，均为：密云区＞平谷区＞怀柔区＞昌平区＞延庆区＞房山区＞大兴区＞门头沟区＞顺义区＞通州区＞海淀区＞丰台区＞石景山区。

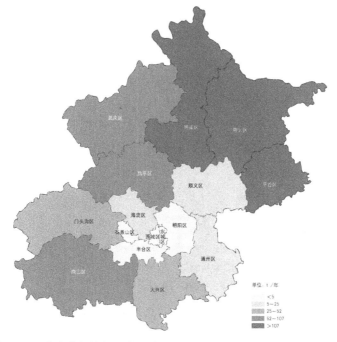

图 9-14　北京市经济林生态系统吸收 $HF_x$ 物质量分布（见书末彩图）

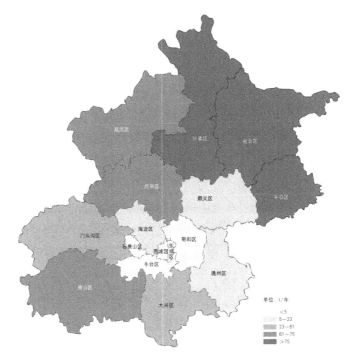

单位: t/年
<5
5～23
23～61
61～75
>75

图 9-15　北京市经济林生态系统吸收 NO$_x$ 物质量分布（见书末彩图）

　　密云区和怀柔区由于经济林面积大、生物量大，在净化大气污染物中贡献
最大；而石景山区、丰台区和海淀区净化大气污染物能力较低，这说明区域经
济林的面积和大气污染程度存在密切关系。有研究表明，北京市区 NO$_2$、SO$_2$
和 PM10 浓度高于郊区，这主要与机动车尾气、工业燃煤、建筑扬尘和道路扬
尘等诸多因素有关（李少宁 等，2014b）。中心城区的车流量大，人为活动多，
大气污染较严重，但是经济林面积较小，覆盖率低，故导致了中心城区经济林
生态系统吸收污染物功能较弱。

　　如图 9-16 至图 9-18 所示，北京市各行政区经济林生态系统滞纳 TSP、
PM10 和 PM2.5 的总量分别为 1743.36 t/ 年、1226.81 t/ 年和 240.11 t/ 年，密云
区经济林滞纳 TSP、PM10 和 PM2.5 量最大，其年滞纳 TSP、PM10 和 PM2.5
量分别为 410.40 t、289.32 t 和 56.68 t，分别占相应总量的 23.54%、23.58% 和
23.60%；石景山区经济林年滞纳 TSP、PM10 和 PM2.5 量最小，分别为 1.20 t、
0.84 t 和 0.16 t，均占相应总量的 0.07%。北京市各行政区经济林年滞纳 TSP、
PM10 和 PM2.5 量排序均为：密云区＞平谷区＞怀柔区＞昌平区＞房山区＞延

庆区＞大兴区＞门头沟区＞通州区＞顺义区＞海淀区＞丰台区＞石景山区。房山区和大兴区这两个区域均为人口较密集、城镇开发建设活动较多的地区，其区域内由于城市发展所产生的空气颗粒物也较多；密云区、平谷区和怀柔区由于经济林面积大、生物量大，在滞尘、净化 PM2.5 和 PM10 功能中贡献最大；而各行政区中比较低的是海淀区、丰台区和石景山区，这与区域内经济林的面积、大气污染物的浓度密切相关。

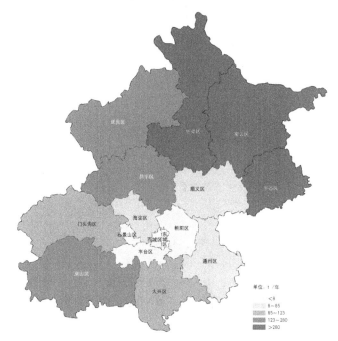

图 9-16　北京市经济林生态系统滞纳 TSP 物质量分布（见书末彩图）

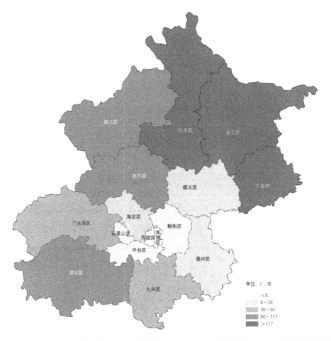

图 9-17　北京市经济林生态系统滞纳 PM10 物质量分布（见书末彩图）

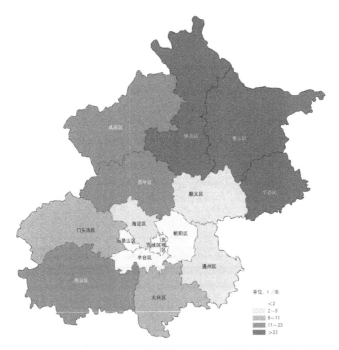

图 9-18　北京市经济林生态系统滞纳 PM2.5 物质量分布（见书末彩图）

　　植被对提高空气质量具有重要作用（Tallis et al., 2011）。大量研究证明，植物能净化空气中的颗粒物，特别是在吸收大气污染物，提高空气环境质量上具有显著的效果（周志翔 等，2002）。植物叶片因其表面性能（如茸毛和蜡质表皮等）可以吸附和固定大气颗粒污染物，使其成为净化城市的重要过滤体。可见，植物可作为大气污染物的吸收器，降低大气粉尘浓度，是一种从大气环境去除颗粒物的有效途径（邱媛 等，2008）。经济林也具有净化大气环境、滞纳颗粒物的作用：一方面，经济林具有茂密的树冠结构，可以起到降低风速的作用，使空气中大量的污染物和颗粒物快速沉降；另一方面，由于植被的蒸腾作用，使树冠周围和叶表面保持较大湿度，故空气颗粒物容易被吸附在叶片表面。此外，叶表面吸附的颗粒物在降雨的淋洗作用下，使得植物又重新恢复滞尘能力（陈波 等，2016a）。植物对空气颗粒物有吸附、滞纳和过滤的功能，其能力与植物种类、区域特性、叶面积大小和自然环境等因素有关。经济林对大气污染物（$SO_2$、$HF_x$、$NO_x$、粉尘、重金属）具有很好的阻滞、过滤、吸附和分解作用；同时，植被叶表面粗糙不平，通过绒毛、油脂或其他黏性物质可以吸附部分沉降物，最终完成净化大气环境的过程，从而改善人们的生活环境，保证社会经济的健康发展（李少宁 等，2014a）。北京市经济林年吸收 $SO_2$ 总物质量相当于北京市大气烟尘排放量的 6.50%（北京统计年鉴，2016）。可见，随着未来管理加强，经济林生长质量的提高，北京市经济林净化大气环境能力还将增强，可以充分调控区域内的空气颗粒物和大气污染物，为提升华北地区的空气质量做出贡献。

　　《2016 年北京市环境状况公报》显示：2016 年北京市 $SO_2$ 年均浓度 15 μg/m³，较 2015 年下降 28.60%，东北部地区较低；$NO_2$ 年均浓度为 48 μg/m³，较 2015 年下降 4.00%，呈市中心向周边区域递减的趋势；可吸入颗粒物（PM10）年均浓度 92 μg/m³，较 2015 年下降 9.80%，细颗粒物（PM2.5）年均浓度 73 μg/m³，较 2015 年下降 9.90%，各行政区 PM10 和 PM2.5 的空间分布总体呈现西南高东北低的态势。北京经济林生态系统吸收 $SO_2$ 量加上工业消减量，对维护北京市空气环境安全起到了非常重要的作用。由此还可以增加当地居民的旅游收入，进一步调整区域内的经济发展模式，提高第三产业经济总量，提高人们保护生态环境的意识，形成一种良性的经济循环模式。

　　从以上评估结果分析中可以看出，北京市经济林生态系统各项服务功能的空间分布格局基本呈现出北部最强，南部次之，中部最弱的特征。究其原因，主要有以下几点。

（1）经济林资源结构组成

第一，与经济林分布面积有关。北京北部、南部和中部的经济林面积所占比例分别为 77.80%、13.09% 和 9.11%。从各项服务的评估公式中可以看出，经济林面积是生态系统服务功能强弱最直接的影响因子。由于北部多是山区，且存在多个大型水库，经济林生长较好，故经济林生态系统服务功能最强；北京南部为城乡接合部，交通要道众多，存在部分山地，树种单一，使得经济林种植范围受限，生态功能较弱；北京中部是城市中心区，其经济活动较为活跃，交通和公共基础建设占用了较多的土地面积，使经济林种植受地域限制，发展有限。

第二，与经济林质量有关，即与生物量有直接关系。由于蓄积量与生物量存在一定关系，故蓄积量也可以代表经济林质量。由资源数据得出，北京市经济林蓄积量的空间分布为北部＞南部＞中部，呈中间低四周高的态势。有研究表明：生物量的高增长也会带动植被生态系统服务功能的增强（谢高地，2003）。生态系统单位面积生态功能的大小与该生态系统的生物量有密切关系（Feng et al., 2008），一般来说，生物量越大，生态系统功能越强（Fang et al., 2001）。大量研究结果证实了随着经济林蓄积量的增长，涵养水源功能逐渐增强，主要表现在经济林树木林冠截留、枯落物蓄水、土壤层蓄水和土壤入渗等方面的提升。但是，随着经济林蓄积的增长，枯落物厚度和土壤结构将达到一个相对稳定的状态，此时的涵养水源能力处于一个相对稳定的最高值。经济林生态系统涵养水源功能较强时，其固土功能也必然较强，即固土功能也与经济林蓄积存在相关关系。经济林蓄积量的增加即为生物量的增加，生物量的增加即为植被固碳量的增加。另外，土壤固碳量也是影响经济林生态系统固碳量的主要原因，全球陆地生态系统碳库的 70% 左右被封存在土壤中，即在地表植被覆盖不发生剧烈变化的情况下，土壤碳库是相对稳定的。

（2）气候因素

在所有的气候因素中，能够对经济林生长造成影响的主要是温度和降雨，因为水热条件会限制林木的生长，在湿度和温度均较低时，土壤的呼吸速率会减慢。水热条件通过影响经济林树木生长，进而对经济林生态系统服务功能产生作用。

通过查阅相关统计资料可知,北京市年平均气温介于 10.22 ～ 11.73 ℃,空间分布基本呈现自北向南递增的趋势。在一定温度范围内,温度越高,经济林生长越快,其生态系统服务功能也就越强。其原因主要是:第一,温度越高,植物的蒸腾速率也越快,那么由蒸腾拉力所带动的体内养分元素循环加快,继而增加生物量的积累;第二,在水分充足的前提下,温度升高,蒸腾速率加快,而此时植物叶片气孔处于完全打开的状态,这样增强了植物的呼吸作用,为光合作用提供了充足的 $CO_2$;第三,温度通过控制叶片中淀粉的降解和运转及糖分与蛋白质之间的转化,进而起到调控叶片光合速率的作用。降雨量与经济林生态效益呈正相关关系,主要是由于降雨量作为参数被用于经济林生态系统涵养水源功能的计算,与涵养水源生态效益呈现正相关;另外,降雨量的大小还会影响生物量的大小,进而影响到固碳释氧功能(牛香,2012)。北京市降雨量总的分布趋势是由北向南递减,西部多于东部,山区多于平原,山地迎风坡多于背风坡。2016 年全市平均降水量 660 mm,比2015 年降水量 583 mm 增加 13.2%,比多年平均降水量 585 mm 增加 12.8%(北京市水土保持公报,2017)。由评估公式可以看出,降雨量是经济林生态系统涵养水源功能的一项重要评估指标,北部经济林的涵养水源量高于南部,北部降雨量高于南部是重要的原因之一。降雨量还与经济林滞纳 TSP、PM10 和 PM2.5 量的高低有直接关系,因为降雨量大意味着一年内雨水对植被叶片颗粒物的清洗次数增加,由此带来经济林滞纳 TSP、PM10 和 PM2.5 功能的增强。

(3)区域性要素

北京市不同区域各有其特点。北部为山区,经济林种类丰富、面积最大,林木生长量高,自然植被保护相对较好,生物多样性较为丰富;同时,也是水土流失重点治理区。北京北部以山地和丘陵为主,气候温和,水量充沛,为经济林生长提供了良好的生长环境。另外,相对于城区,本区域经济林生态系统受人为干扰较少,土壤较为肥沃。北部山区的蒸散量低,有利于涵养水源,水热条件好、植被覆盖率高,土壤中的有机质含量高,在固持相同土壤量的情况下,能够避免更多的土壤养分流失。中部为城市中心区,是北京市经济最活跃的区域,区内交通发达,人为活动频繁,生态环境脆弱。南部为城乡接合部、贸易集散地,经济林林地生产力不高,单位面积蓄积量和生长量比较低。以上区域因素对经济林的生长产生了影响,进而影响了经济林生态系统服务功能。

总体来说，北京市经济林生态系统服务功能表现为北部地区大于中部和南部地区的空间分布格局，这主要受经济林面积、树种组成、气候要素和区域性要素的影响。这些因素均在对经济林生态系统净生产力产生作用的前提下，继而影响了经济林生态系统服务功能的强弱。

## 9.3　北京市不同经济林树种生态系统服务功能物质量评估结果

本研究根据经济林生态系统服务功能评估公式，并基于北京市经济林资源数据，依据中华人民共和国国家标准《森林生态系统服务功能评估规范》（GB/T 38582—2020）计算了不同经济林树种生态系统服务功能的物质量，如表9-3所示。

表9-3　北京市经济林树种生态系统服务功能物质量评估结果

| 经济林树种 | 调节水量/（亿m³/年） | 保育土壤/（万t/年） | | | | | 固碳释氧/（万t/年） | | 林木积累营养物质/（t/年） | | | 提供负离子/（10²¹个/年） | 净化大气环境 | | | | | |
|---|---|---|---|---|---|---|---|---|---|---|---|---|---|---|---|---|---|---|
| | | 固土 | 固氮 | 固磷 | 固钾 | 固有机质 | 固碳 | 释氧 | 积累氮 | 积累磷 | 积累钾 | | 吸收HFx/（t/年） | 吸收NOx/（t/年） | 吸收SO₂/（t/年） | 滞纳TSP/（t/年） | 滞纳PM10/（t/年） | 滞纳PM2.5/（t/年） |
| 桃 | 0.36 | 35.69 | 0.031 | 0.009 | 0.20 | 1.53 | 3.60 | 8.23 | 1106.41 | 31.81 | 755.13 | 29.13 | 99.23 | 116.99 | 2279.05 | 242.49 | 169.74 | 33.22 |
| 苹果 | 0.14 | 14.41 | 0.013 | 0.004 | 0.08 | 0.62 | 1.28 | 2.86 | 228.43 | 16.35 | 130.81 | 10.86 | 40.92 | 47.25 | 1154.52 | 89.31 | 62.51 | 12.23 |
| 梨 | 0.13 | 12.97 | 0.011 | 0.003 | 0.07 | 0.56 | 1.19 | 2.68 | 214.15 | 15.33 | 122.63 | 10.54 | 37.57 | 42.50 | 1012.67 | 84.77 | 59.34 | 11.61 |
| 杏 | 0.29 | 29.13 | 0.026 | 0.007 | 0.17 | 1.25 | 2.28 | 4.97 | 396.81 | 28.40 | 227.23 | 25.19 | 79.28 | 95.47 | 1825.09 | 168.02 | 117.61 | 23.02 |
| 枣 | 0.08 | 8.48 | 0.007 | 0.002 | 0.05 | 0.36 | 0.65 | 1.39 | 111.25 | 7.96 | 63.71 | 8.23 | 21.59 | 27.79 | 607.13 | 56.51 | 39.56 | 7.74 |
| 樱桃 | 0.04 | 6.97 | 0.006 | 0.002 | 0.04 | 0.30 | 0.65 | 1.48 | 117.98 | 8.44 | 67.56 | 5.81 | 17.88 | 22.51 | 591.54 | 78.92 | 55.24 | 10.81 |
| 葡萄 | 0.05 | 5.04 | 0.004 | 0.001 | 0.03 | 0.22 | 0.32 | 0.66 | 47.72 | 3.77 | 30.19 | 2.13 | 13.64 | 16.53 | 415.24 | 25.65 | 20.52 | 4.10 |
| 李子 | 0.03 | 2.92 | 0.003 | 0.001 | 0.02 | 0.13 | 0.21 | 0.46 | 36.54 | 2.62 | 20.92 | 2.75 | 7.78 | 9.57 | 223.92 | 16.85 | 11.79 | 2.31 |
| 柿子 | 0.15 | 15.17 | 0.013 | 0.004 | 0.09 | 0.65 | 1.31 | 2.91 | 232.02 | 16.61 | 132.86 | 16.64 | 43.96 | 49.73 | 924.07 | 100.49 | 71.15 | 13.77 |
| 山楂 | 0.04 | 3.85 | 0.003 | 0.001 | 0.02 | 0.17 | 0.30 | 0.65 | 52.28 | 3.74 | 29.94 | 3.00 | 10.49 | 12.63 | 296.04 | 23.54 | 16.48 | 3.23 |
| 其他鲜果 | 0.04 | 4.06 | 0.004 | 0.001 | 0.02 | 0.17 | 0.34 | 0.75 | 57.03 | 4.26 | 34.09 | 3.21 | 9.85 | 13.29 | 310.96 | 27.18 | 21.75 | 4.35 |
| 板栗 | 0.69 | 69.29 | 0.061 | 0.017 | 0.39 | 2.98 | 5.54 | 12.11 | 967.11 | 69.22 | 553.80 | 61.75 | 216.99 | 243.35 | 9022.57 | 565.50 | 395.85 | 77.47 |
| 核桃 | 0.24 | 24.01 | 0.021 | 0.006 | 0.14 | 1.03 | 1.83 | 3.95 | 315.11 | 22.56 | 180.44 | 44.21 | 63.95 | 78.71 | 1635.73 | 260.61 | 182.43 | 35.70 |
| 其他干果 | 0.004 | 0.37 | <0.0001 | <0.0001 | 0.002 | 0.02 | 0.03 | 0.06 | 5.05 | 0.36 | 2.89 | 0.53 | 1.06 | 1.26 | 35.31 | 3.54 | 2.83 | 0.57 |
| 总计 | 2.28 | 232.36 | 0.20 | 0.06 | 1.32 | 9.99 | 19.55 | 43.16 | 3887.89 | 231.45 | 2352.21 | 223.98 | 664.17 | 777.59 | 19986.02 | 1743.36 | 1226.81 | 240.11 |

### 9.3.1　涵养水源

经济林作为森林的重要组成部分，发挥着强大的蓄水作用。北京市调节水量最高的4种经济林树种为板栗、桃、杏和核桃，分别为0.69亿 $m^3$/年、0.36亿 $m^3$/年、0.29亿 $m^3$/年和0.24亿 $m^3$/年，占全市涵养水源总量的69.30%；最低的3种经济林为山楂、李子和其他干果，涵养水源量分别为0.04亿 $m^3$/年、0.03亿 $m^3$/年和0.004亿 $m^3$/年，仅占全市总量的3.25%（图9-19）。涵养水源量最高的4种经济林树种调节水量相当于全市水资源总量的5.90%，这表明板栗、桃、杏和核桃的涵养水源功能对于北京市的水资源安全起着非常重要的作用，可以为人们的生产生活提供安全健康的水源地。另外，北京市许多重要的水库和湿地也位于上述板栗、桃、杏和核桃种植密集的区域，经济林生态系统的调节水量功能可以保障水库和湿地的水资源供给，为人们的生产生活安全提供了一道绿色屏障。

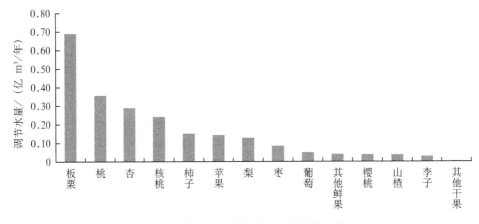

图9-19　北京市不同经济林树种调节水量

### 9.3.2　保育土壤

由评估结果可知：板栗、桃、杏和核桃这4种经济林的保育土壤量排前4位，分别为69.29万 t/年、35.69万 t/年、29.13万 t/年和24.01万 t/年，占全市保育土壤总量的68.05%；最低的3种经济林树种为山楂、李子和其他干果，分别为3.85万 t/年、2.92万 t/年和0.37万 t/年，仅占全市保育土壤总量的3.08%

（图 9-20）。板栗、桃、杏和核桃这 4 种经济林树种大部分集中在北京的北部山区和东部地区。土壤侵蚀与水土流失现已成为人们共同关注的生态环境问题，其不仅导致表层土壤随地表径流流失，切割蚕食地表，而且径流携带的泥沙又会淤积阻塞江河湖泊，抬高河床，增加了洪涝的隐患。板栗、桃、杏和核桃固土功能的作用体现在防治水土流失方面，对于维护北京北部饮用水的生态安全意义重大，为该区域社会经济发展提供了重要保障，为生态效益科学化补偿提供了技术支撑。另外，板栗、桃、杏和核桃的固土功能还极大限度地提高了密云水库和官厅水库的使用寿命，保障了北京乃至华北地区的用水安全。保肥量最高的 4 种经济林树种为板栗、桃、杏和核桃，保肥量分别为 3.45 万 t /年、1.77 万 t / 年、1.45 万 t / 年和 1.20 万 t / 年，这 4 种经济林树种占全市保肥总量的 67.74%，其他树种年保肥量均低于 1.00 万 t ；最低的 3 种经济林树种为山楂、李子和其他干果，分别为 0.19 万 t / 年、0.15 万 t / 年和 0.02 万 t / 年，仅占全市保肥总量的 3.20%（图 9-21 至图 9-24）。伴随着土壤的侵蚀，大量的土壤养分也随之流失，一旦进入水库或者湿地，极有可能引发水体的富营养化，导致更为严重的生态灾难。同时，由于土壤侵蚀所带来的土壤贫瘠化，会使得人们加大肥料使用量，继而带来严重的面源污染，使其进入一种恶性循环。所以，经济林生态系统的保育土壤功能对于保障生态环境安全具有非常重要的作用。综合来看，在北京的所有经济林树种中，板栗、桃和杏的保育土壤功能最大，为北京市社会经济的发展提供重要保障。

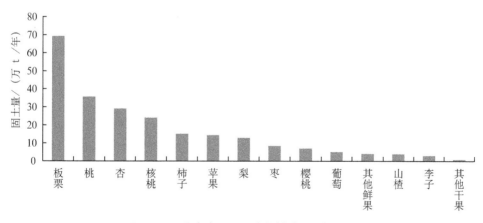

图 9-20　北京市不同经济林树种固土物质量

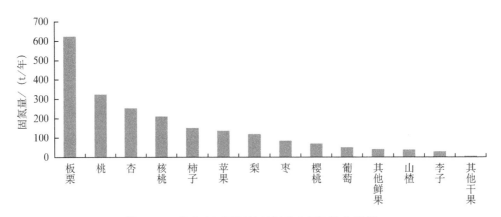

图 9-21 北京市不同经济林树种土壤固氮物质量

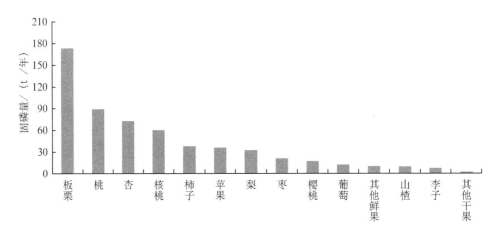

图 9-22 北京市不同经济林树种土壤固磷物质量

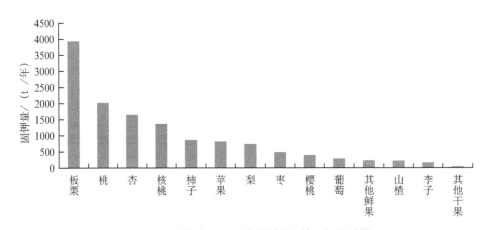

图 9-23 北京市不同经济林树种土壤固钾物质量

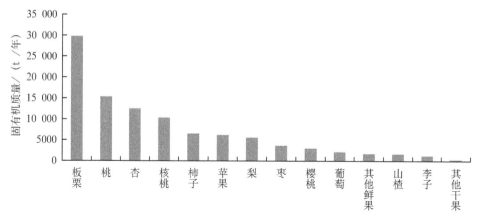

图 9-24　北京市不同经济林树种土壤固有机质物质量

### 9.3.3　固碳释氧

由图 9-25 可知，板栗、桃、杏和核桃这 4 种经济林树种的固碳量最大，年固碳量分别为 5.54 万 t、3.60 万 t、2.28 万 t 和 1.83 万 t，占北京市经济林固碳总量的 67.81%；固碳量最低的 3 种经济林树种为山楂、李子和其他干果，年固碳量分别为 0.30 万 t、0.21 万 t 和 0.03 万 t，仅占北京市经济林固碳总量的 2.76%。不同经济林树种固碳量大小为：板栗＞桃＞杏＞核桃＞柿子＞苹果＞梨＞樱桃＞枣＞其他鲜果＞葡萄＞山楂＞李子＞其他干果。排前四的经济林树种年固碳总量之和为 13.25 万 t／年，相当于 2015 年北京市煤炭消费量的 1.41%。可见，板栗、桃、杏和核桃可以有力地调节空气中 $CO_2$ 浓度，在固碳方面的作用尤为突出。释氧量最高的 4 种经济林树种为板栗、桃、杏和核桃，年释氧量分别为 12.11 万 t、8.23 万 t、4.97 万 t 和 3.95 万 t，占北京市经济林固碳总量的 67.79%；释氧量最低的 3 种经济林树种为山楂、李子和其他干果，年释氧量分别为 0.65 万 t、0.46 万 t 和 0.06 万 t，仅占北京市经济林释氧总量的 2.71%（图 9-26）。不同经济林树种释氧量大小为：板栗＞桃＞杏＞核桃＞柿子＞苹果＞梨＞樱桃＞枣＞其他鲜果＞葡萄＞山楂＞李子＞其他干果。从以上评估结果可知，板栗、桃、杏和核桃大部分分布在北京北部地区，由于其分布区域的特殊性，使得以上树种在释氧方面的作用显得尤为突出。北部山区位于北京市中部经济最为活跃区域（海淀区、朝阳区、西城区）的北面。空气属于一种连续流通体，由于地形的原因，空气污染物（包括 $CO_2$）容易在北部山区边缘汇集，北京市北部山区的经济林生态系统的固碳功能发挥着重要的作用。北京市板栗、桃、杏和核桃可以最大限度地发挥其固碳功能，有力地调节空气中的 $CO_2$ 浓度。

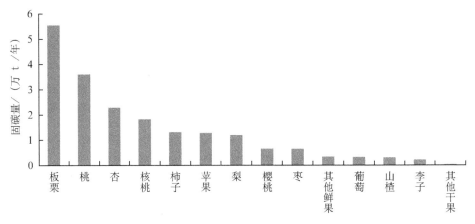

图 9-25　北京市不同经济林树种固碳物质量

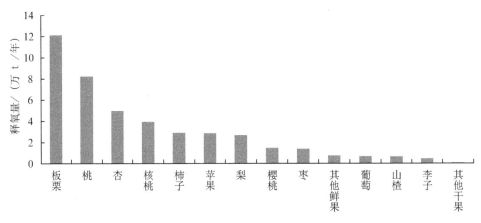

图 9-26　北京市不同经济林树种释氧物质量

### 9.3.4　林木积累营养物质

　　图 9-27 至图 9-29 为北京市不同经济林树种林木积累氮、磷和钾物质量，均以桃、板栗、杏和核桃积累营养物质量最大，这 4 种经济林树种年积累氮量分别为 1106.41 t、967.11 t、396.81 t 和 315.11 t，占北京市经济林林木积累氮总量的 71.64%；年积累磷量分别为 31.81 t、69.22 t、28.40 t 和 22.56 t，占北京市经济林林木积累磷总量的 65.67%；年积累钾量分别为 755.13 t、553.80 t、

227.23 t 和 180.44 t，占北京市经济林林木积累钾总量的 72.98%。葡萄、李子和其他干果 3 种经济林树种年积累氮量最小，分别为 47.72 t、36.54 t 和 5.05 t，占北京市经济林林木积累氮总量的 2.30%；山楂、李子和其他干果年积累磷量最小，分别为 3.74 t、2.62 t 和 0.36 t，占北京市经济林林木积累磷总量的 2.90%；山楂、李子和其他干果年积累钾量最小，分别为 29.94 t、20.92 t 和 2.89 t，占北京市经济林林木积累钾总量的 2.29%。从林木积累营养物质的结果可以看出，桃、板栗、杏和核桃主要分布在北京北部地区，而北部地区也是北京市水土流失和水库集中的地区，经济林可以在一定程度上减少因为水土流失而带来的养分损失，在其生命周期内，使得固定在体内的养分元素再次进入生物地球化学循环，极大地降低水库和湿地水体富营养化的可能性。

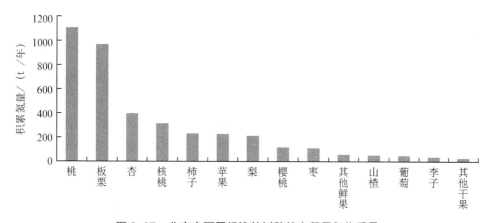

图 9-27　北京市不同经济林树种林木积累氮物质量

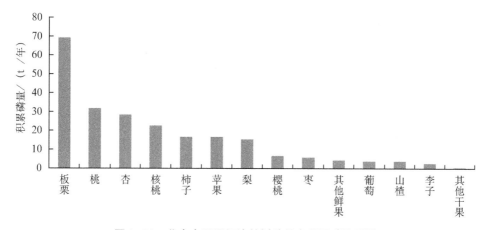

图 9-28　北京市不同经济林树种林木积累磷物质量

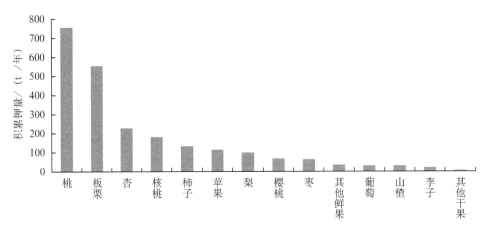

图 9-29　北京市不同经济林树种林木积累钾物质量

### 9.3.5　净化大气环境

由图 9-30 可知，北京市不同经济林树种以板栗、核桃、桃和杏提供负离子量最多，分别为 $61.75 \times 10^{21}$、$44.21 \times 10^{21}$、$29.13 \times 10^{21}$ 和 $25.19 \times 10^{21}$ 个 / 年，占北京市经济林提供负离子总量的 71.56%；李子、葡萄和其他干果提供负离子量最少，分别为 $2.75 \times 10^{21}$、$2.13 \times 10^{21}$ 和 $0.53 \times 10^{21}$ 个 / 年，仅占北京市经济林提供负离子总量的 2.42%。空气负离子具有杀菌、降尘、清洁空气的功效，被誉为"空气维生素与生长素"，对人体健康十分有益。随着生态旅游的兴起及人们保健意识的增强，空气负离子作为一种重要的无形旅游资源已越来越受到人们的重视。因此，板栗、核桃、桃和杏生态系统所产生的空气负离子，对于提升北京市旅游资源质量具有十分重要的作用。

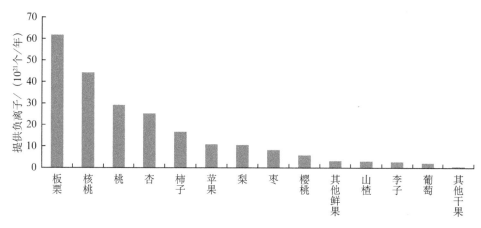

图 9-30　北京市不同经济林树种提供负离子物质量

图 9-31 至图 9-33 为不同经济林树种吸收大气污染物物质量，北京市不同经济林树种以板栗、桃、杏和核桃吸收 $SO_2$ 量最多，分别为 9022.57 t / 年、2279.05 t / 年、1825.09 t / 年和 1635.73 t / 年，占北京市经济林吸收 $SO_2$ 总量的 72.60%；山楂、李子和其他干果吸收 $SO_2$ 量最少，分别为 296.04 t / 年、223.92 t / 年和 35.31 t / 年，仅占北京市经济林吸收 $SO_2$ 总量的 2.73%；北京市不同经济林树种以板栗、桃、杏和核桃吸收 $HF_x$ 的量最多，分别为 216.99 t / 年、99.23 t / 年、79.28 t / 年和 63.95 t / 年，占北京市经济林吸收 $HF_x$ 总量的 69.18%；其他鲜果、李子和其他干果吸收 $HF_x$ 量最少，分别为 9.85 t / 年、7.78 t / 年和 1.06 t / 年，仅占北京市经济林吸收 $HF_x$ 总量的 2.81%；北京市不同经济林树种以板栗、桃和杏吸收 $NO_x$ 的量最多，分别为 243.35 t / 年、116.99 t / 年和 95.47 t / 年，占北京市经济林吸收 $NO_x$ 总量的 58.62%；山楂、李子和其他干果吸收 $NO_x$ 量最少，分别为 12.63 t / 年、9.57 t / 年和 1.26 t / 年，仅占北京市经济林吸收 $NO_x$ 总量的 3.02%。根据《中国生物多样性国情研究报告》显示（丁杨，2015），阔叶树对 $SO_2$ 的年吸收能力为 88.65 kg / $hm^2$，对 $HF_x$ 的年吸收能力为 4.65 kg / $hm^2$，对 $NO_x$ 的年吸收能力为 6.00 kg / $hm^2$，年滞尘 10.11 kg / $hm^2$；针叶林、杉类、松林对 $SO_2$ 的年吸收能力为 215.60 kg / $hm^2$，对 $HF_x$ 的年吸收能力为 0.50 kg / $hm^2$，对 $NO_x$ 的年吸收能力为 6.00 kg / $hm^2$，年滞尘 33.20 kg / $hm^2$。由此可见，经济林生态系统净化大气环境效益与营造树种类型密切相关。北京市经济林每公顷年吸收 $SO_2$ 的能力优于阔叶林但低于针叶林，

每公顷年吸收 $HF_x$ 的能力优于针叶林但低于阔叶林，而不同经济林树种间年吸收 $NO_x$ 的能力差异较小，每公顷年吸收 $NO_x$ 的能力均低于阔叶林和针叶林。

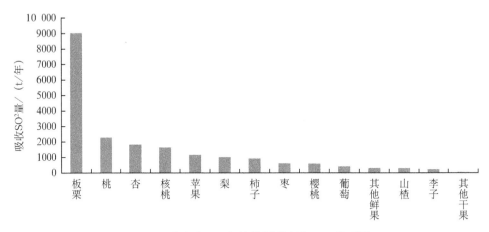

图 9-31　北京市不同经济林树种吸收 $SO_2$ 物质量

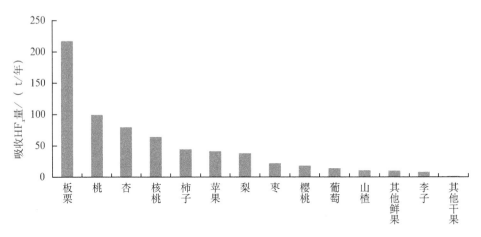

图 9-32　北京市不同经济林树种吸收 $HF_x$ 物质量

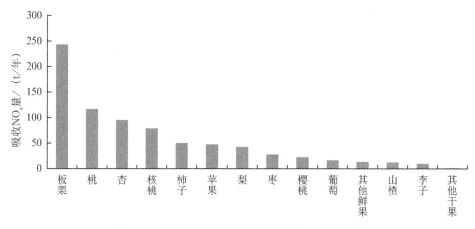

图 9-33　北京市不同经济林树种吸收 $NO_x$ 物质量

由图 9-34 至图 9-36 可知，北京市不同经济林树种以板栗、核桃、桃和杏滞纳 TSP 的量最多，分别为 565.50 t / 年、260.61 t / 年、242.49 t / 年和 168.02 t / 年，占北京市经济林滞纳 TSP 总量的 70.93%；山楂、李子和其他干果滞纳 TSP 量最少，分别为 23.54 t / 年、16.85 t / 年和 3.54 t / 年，仅占北京市经济林滞纳 TSP 总量的 2.52%；北京市不同经济林树种以板栗、核桃、桃和杏滞纳 PM10 的量最多，分别为 395.85 t / 年、182.43 t / 年、169.74 t / 年和 117.61 t / 年，占北京市经济林滞纳 PM10 总量的 70.56%；山楂、李子和其他干果滞纳 PM10 的量最少，分别为 16.48 t / 年、11.79 t / 年和 2.83 t / 年，仅占北京市经济林滞纳 PM10 总量的 2.54%；北京市不同经济林树种以板栗、核桃、桃和杏滞纳 PM2.5 的量最多，分别为 77.47 t / 年、35.70 t / 年、33.22 t / 年和 23.02 t / 年，占北京市经济林滞纳 PM2.5 总量的 70.55%；山楂、李子和其他干果滞纳 PM2.5 量最少，分别为 3.23 t / 年、2.31 t / 年和 0.57 t / 年，仅占北京市经济林滞纳 PM2.5 总量的 2.54%。2016 年北京 PM2.5 平均浓度 73 μg / $m^3$，同比下降 9.90%；2016 年空气质量达标（优和良）天数为 198 天，达标天数比例为 54.1%，比 2015 年增加 12 天，比 2013 年增加 22 天，重污染天数从 2013 年的 58 天减少到 39 天（2016 年北京市环境状况公报，2017），空气质量呈现整体持续改善趋势，取得这样的结果离不开北京不断深化区域大气污染防治协作机制，与津冀合力推进淘汰落后产能、大力压减燃煤、发展清洁能源、控制工业和扬尘污染等重点减排措施，调控区域内空气中颗粒物含量（尤其是 PM2.5），有效地遏制雾霾天气的发生。另外，北京市空气质量呈现出位于北部、西北部的生态涵养发展区优于其他区域的态势，这也与北京市北部山区的经济林生态系统吸附滞纳颗粒物功能有关，有效地消减了空气中颗粒物含量，维护了良好的空气环境，提高了区域内经济林旅游资源的质量，经济林在治污减霾中发挥着极其重要的作用。

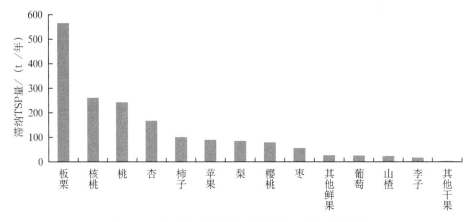

图 9-34 北京市不同经济林树种滞纳 TSP 物质量

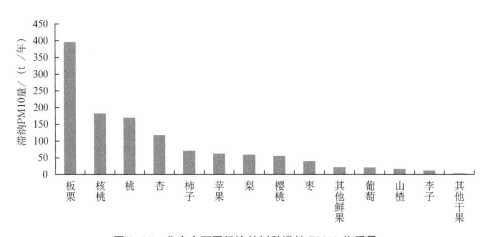

图 9-35 北京市不同经济林树种滞纳 PM10 物质量

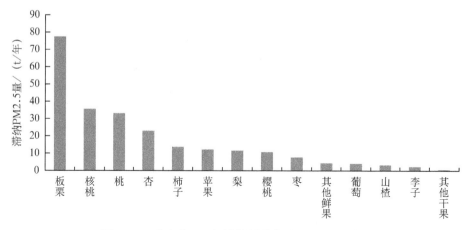

图 9-36 北京市不同经济林树种滞纳 PM2.5 物质量

通过以上分析可知，北京市不同经济林树种生态系统服务功能物质量排序靠前的经济林树种均为板栗、桃、核桃和杏，排名靠后的经济林树种均为山楂、李子和其他干果。由各经济林树种面积所占比例可知（表 8-1），面积排序前 4 位的同样为板栗、桃、核桃和杏，而排序后 3 位的为山楂、李子和其他干果。由此可知，各经济林树种生态系统服务功能物质量的大小与其分布面积呈正相关性。北京市各经济林树种中，板栗、桃和核桃的各项生态系统服务功能强于其他经济林树种，这 3 种经济林树种均为该区域的地带性植被。以上 3 种经济林树种 65% 以上的资源面积分布在北京北部山区，该区域的自然特征和经济林资源状况，保证了其经济林生态系统服务功能的正常发挥。

从北京市经济林资源数据中可以得出，板栗、桃和核桃占北京市经济林总面积的 55.55%，这足以说明此 3 个经济林树种正处于林木生长速度最快的阶段，林木的高生长带来了较强的生态系统服务。经济林主要以人工林培育为主，在适宜生长环境下的林分净生产力高于天然林（董秀凯 等，2014）。加上合理的经营管理措施，使得其生态系统结构较为合理，可以高效、稳定地发挥其生态系统服务功能。

在本研究中，将经济林滞纳 PM10 和 PM2.5 从滞尘功能中分离出来，进行了独立的评估。由评估结果可知，板栗、核桃和桃净化大气环境能力较强。研究发现，针叶树滞纳颗粒物能力强于阔叶树（鲁绍伟 等，2017），而经济林多为阔叶树，板栗、核桃和桃滞纳颗粒物能力较强的原因是叶片粗糙度高于其他经济林树种。以上经济林树种滞尘能力较强的另一个原因是，其大部分树种分布在北京市北部地区，这一区域年降雨量较高且次数较多，在降雨的冲洗作用下，经济林树木叶片表面滞纳的颗粒物能够再次悬浮回到空气中，或洗脱至地面（陈波 等，2016b），使叶片具有反复滞纳颗粒物的能力。

综上所述，经济林具有较强的生态系统服务功能。经济林具有庞大的地下根系系统及其根系周转，大大增加了土壤中有机质的含量。在北京市各经济林树种的生态系统服务功能比较中，以板栗、核桃和桃 3 个经济林树种生态系统服务功能最强，主要受经济林资源数量（面积）的影响。另外，上述 3 种经济林所处的地理位置也是影响经济林生态系统服务功能的主要因素之一；板栗、核桃和桃的各项生态系统服务均高于其他经济林树种，这也主要与其各自的生态环境及生物学特性有关。

# 10 北京市经济林生态系统服务功能价值量评估

依据中华人民共和国国家标准《森林生态系统服务功能评估规范》（GB/T 38582—2020），从涵养水源、保育土壤、固碳释氧、林木积累营养物质、净化大气环境、生物多样性保护和游憩 7 个方面对北京市经济林生态系统服务功能价值量进行科学评估，探讨北京市各行政区经济林生态效益特征。

## 10.1 北京市经济林生态系统服务功能价值量评估结果

价值量评估是利用经济学方法对生态系统提供的服务进行评价。价值量评估的特点是评价结果用货币量体现，既能将不同生态系统与一项生态系统服务进行比较，也能将某一生态系统的各单项服务综合起来。运用价值量评价方法得出的货币结果能引起人们对区域生态系统服务足够的重视。

北京市经济林生态系统服务功能价值量评估是指从货币价值量的角度对经济林提供的服务进行定量评估，其评估结果均是货币值，可以将不同生态系统的同一项生态系统服务进行比较，也可以将经济林生态系统生态效益的各单项服务综合起来，使得价值量更具有直观性。本节将从价值量角度对北京市经济林生态系统服务功能进行评估。

北京市经济林生态系统服务功能价值量及其分布如表 10-1 和图 10-1 所示，北京市经济林生态系统每年产生的生态服务总价值量为 78.69 亿元，相当于 2015 年北京市生产总值的 0.34%（北京统计年鉴，2016）。其中，涵养水源价值量最大（30.15 亿元 / 年），占北京市经济林生态系统服务功能总价值量的 38.31%；固碳释氧价值量次之（17.42 亿元 / 年），占北京市经济林生态系统服务功能总价值量的 22.14%；净化大气环境价值量排第三（11.86 亿元 / 年，

其中，滞纳 TSP 0.003 亿元 / 年，滞纳 PM10 0.37 亿元 / 年，滞纳 PM2.5 11.20
亿元 / 年），占北京市经济林生态系统服务功能总价值量的 15.07%；林木积
累营养物质价值量最小，仅为 1.07 亿元 / 年，占北京市经济林生态系统服务功
能总价值量的 1.36%。各项功能价值量大小排序为：涵养水源＞固碳释氧＞净
化大气环境＞游憩＞生物多样性保护＞保育土壤＞林木积累营养物质。

表 10-1　北京市经济林生态系统服务功能价值量评估结果

| 类别 | 指标 | | 价值量 | 总价值 |
|---|---|---|---|---|
| 涵养水源 | 调节水量、净化水质 /（亿元 / 年） | | 30.15 | |
| 保育土壤 | 固土 /（亿元 / 年） | | 0.99 | 2.89 |
| | 保肥 /（亿元 / 年） | | 1.90 | |
| 固碳释氧 | 固碳 /（亿元 / 年） | | 1.79 | 17.42 |
| | 释氧 /（亿元 / 年） | | 15.63 | |
| 林木积累营养物质 | 积累氮磷钾 /（亿元 / 年） | | 1.07 | |
| 净化大气环境 | 提供负离子 /（亿元 / 年） | | 0.02 | 11.86 |
| | 吸收污染物 /（万元 / 年） | $SO_2$（二氧化硫） | 0.26 | |
| | | $HF_x$（氟化物） | 0.005 | |
| | | $NO_x$（氮氧化物） | 0.005 | |
| | 滞尘 /（亿元 / 年） | TSP（总悬浮颗粒物） | 0.003 | |
| | | PM10（粗颗粒物） | 0.37 | |
| | | PM2.5（细颗粒物） | 11.20 | |
| 生物多样性保护 | 物种保育 /（亿元 / 年） | | 6.80 | |
| 游憩 | 采摘、旅游 /（亿元 / 年） | | 8.50 | |
| 总计 /（亿元 / 年） | | | | 78.69 |

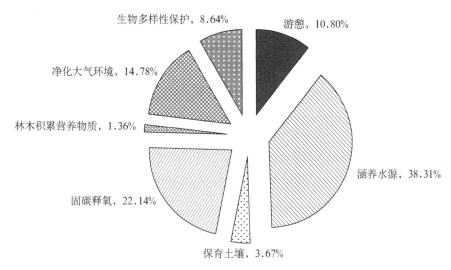

**图 10-1　北京市经济林生态系统服务功能价值量比例**

### 10.1.1　涵养水源价值

　　北京市经济林生态系统的涵养水源功能对于维持北京市乃至整个华北地区的用水安全起到了非常重要的作用。南水北调工程的实施，相关河流的改造，大型水库的蓄水，使多条水系进入北京，为北京市提供了丰富的水资源。目前，北京市共有大中型水库 18 座，年蓄水总量为 16.23 亿 $m^3$，可利用来水量为 4.34 亿 $m^3$。近年来，随着经济林的种植，涵养水源能力不断提高，使得北京市经济林的涵养水源价值量较为显著。北京市经济林生态系统所提供的诸项服务中，涵养水源功能的价值量所占比例最高，年涵养水源总价值量为 30.15 亿元，占经济林生态系统服务功能总价值量的 38.31%，相当于北京市 2015 年全社会固定资产投资 7990.90 亿元的 0.38%（北京统计年鉴，2016）；也分别相当于北京市 2015 年第一产业 111.00 亿元和第二产业 677.10 亿元总投资的 27.16% 和 4.45%（北京统计年鉴，2016）。可见，北京市经济林涵养水源功能产生巨大价值。

### 10.1.2　固碳释氧价值

　　固碳释氧功能价值量占北京市经济林生态系统服务功能总价值量的比例较高，位居第二，主要是因为北京市经济林多为中幼龄林，而中幼龄林处于快速成长期，在适宜的生长条件下，相对于成熟林或过熟林，具有更长的固碳期，累积的固碳量会更多（原国家林业局，2015）；且经济林人工管理强，在人为培育和适宜的生长环境下，林木质量好，林分净生产力高。有研究表明，当降雨量在 400 ~ 3200 mm 时，降雨与植被碳储量之间呈正相关，但当降雨超过 3200 mm 时，降雨与植被碳储量之间呈负相关（Brown et al., 1984）。北京市年平均降水量在 650 mm 左右，且经济林林分净生产力普遍较高，故北京市经济林生态系统固碳释氧功能较强。北京市经济林年固碳释氧总价值量为 17.42 亿元，占经济林生态系统服务功能总价值量的 22.14%，相当于 2015 年北京市能源总投资 297.30 亿元的 5.86%。

### 10.1.3 净化大气环境价值

在北京市经济林生态系统所提供的诸项服务价值中，净化大气环境功能的价值量也占有较高比例，这是因为本研究在计算净化大气环境的生态系统服务功能时，重点考虑了经济林叶片滞纳 PM2.5 和 PM10 的价值。众所周知，PM2.5 作为可入肺颗粒物，粒径小，携带大量有毒物质和致病菌，在空气中停留时间长，可远距离输送，直接危害人们的身体健康，可引发呼吸道、支气管、肺功能等疾病，增加死亡率等（高金晖 等，2007）。本研究采用健康损失法测算了由于 PM2.5 和 PM10 带来的危害，使净化大气环境的评估结果含金量较高。北京市经济林年净化大气环境总价值量为 11.86 亿元，占经济林生态系统服务功能总价值的 15.07%，相当于北京市 2015 年环境卫生投资总额 83.40 亿元的 13.90%（北京统计年鉴，2016）；占北京市 2014 年能源投资总额 352.70 亿元的 3.29%（北京统计年鉴，2015）。北京是国际型大都市，随着经济的高速发展，城市规模的不断扩大，人口及机动车辆急剧增多，城市化进程进一步加快，北京市大气环境污染非常严重（刘大锰 等，2005）。2013 年 1 月，北京连续发生 4 次强霾污染。其中在第二次污染最严重的时段（1 月 9—15 日），以城区面积为 750 km² 来推算，北京城上空悬浮的污染物总量超过 4000 t；2014 年 2 月，北京 PM2.5 浓度一度高达 900 μg/m³，这对经济和人民生命财产造成了极大危害。经济林具有提供负离子、吸收污染物和滞纳颗粒物的作用，从而维护人居环境安全，有利于区域生态文明的建设，最终实现社会、经济与环境的可持续发展。

### 10.1.4 游憩价值

北京市经济林游憩功能价值量为 8.50 亿元 / 年，占北京市经济林生态系统服务功能总价值量的 10.80%，相当于 2015 年北京市农业观光园经营总收入 26.31 亿元的 32.31%。一方面，得益于北京市丰富的旅游资源。北京作为我国的首都，是全国的政治和文化中心，有着悠久的历史文化积淀，天坛、故宫、圆明园、颐和园、长城等国家重点名胜区数不胜数。另一方面，随着北京社会经济和城市的发展，生态旅游逐渐成为城市居民的重要需求，经济林种植区成为北京市民和外地游客徒步、采摘、旅行、登高、健身、摄影等各种游憩活动的重要区域。经济林的种植使休闲度假地增多，由此带来的果品采摘、农家乐、观光果园的建设，带动了旅游业、餐饮业的发展；其为大众提供休闲、娱乐的场所，使人消除疲劳、愉悦身心。北京在全国率先编制了《北京市观光果园建设规范》（DB11/T 342—2006），对北京市观光果园建设进行了系统的总结及理论提升。在全国率先提出"果树主题公园"的概念，规划建设了 10 个将果园与公园相结合、园艺与园林相融合的现代型、精品型、文化型果树主题公园和休闲观光果园，取得了巨大的社会效益和经济效益，据北京市园林绿化局提供的数据显示，2016 年北京市果品采摘已经突破 1500 万人次，这使得北京市经济林游憩功能较为显著，价值量也相当可观。

由以上分析可知，涵养水源、固碳释氧、净化大气环境和游憩是北京市经济林生态系统服务的主体功能，为北京市的可持续发展提供了巨大的生态价值。

## 10.2 北京市各行政区经济林生态系统服务功能价值量评估结果

北京市各行政区经济林各项生态系统服务功能价值量评估结果及所占比例如表 10-2 和图 10-2 所示。密云区的经济林生态系统服务功能价值量最大，达 17.52 亿元 / 年，占北京市经济林生态系统服务功能总价值量的 22.35%；其次是平谷区和怀柔区，经济林生态系统服务功能价值量分别为 15.51 亿元 / 年和 11.98 亿元 / 年，分别占相应总价值量的 19.79% 和 15.29%；经济林生态系统服务功能价值量最小的是丰台区和石景山区，分别为 0.30 亿元 / 年和 0.06 亿元 / 年，分别仅占总价值量的 0.38% 和 0.08%。北京市 13 个区经济林生态系统服务功能价值量大小排序为：密云区＞平谷区＞怀柔区＞昌平区＞房山区＞延庆区＞大兴区＞门头沟区＞顺义区＞通州区＞海淀区＞丰台区＞石景山区。

表 10-2　北京市各行政区经济林生态系统服务功能价值量评估结果

单位：亿元／年

| 区 | 涵养水源 | 保育土壤 | 固碳释氧 | 林木积累营养物质 | 净化大气环境 | | | 生物多样性保护 | 游憩 | 合计 | 比例 |
| --- | --- | --- | --- | --- | --- | --- | --- | --- | --- | --- | --- |
| | | | | | 功能合计 | 滞纳PM10 | 滞纳PM2.5 | | | | |
| 丰台 | 0.116 | 0.011 | 0.067 | 0.004 | 0.043 | 0.001 | 0.042 | 0.027 | 0.03 | 0.30 | 0.38% |
| 石景山 | 0.020 | 0.002 | 0.014 | 0.001 | 0.008 | 0.000 | 0.008 | 0.005 | 0.01 | 0.06 | 0.07% |
| 海淀 | 0.508 | 0.057 | 0.375 | 0.024 | 0.257 | 0.008 | 0.249 | 0.135 | 0.17 | 1.53 | 1.95% |
| 门头沟 | 1.176 | 0.112 | 0.646 | 0.035 | 0.432 | 0.014 | 0.418 | 0.266 | 0.33 | 3.00 | 3.83% |
| 房山 | 2.446 | 0.231 | 1.369 | 0.078 | 0.921 | 0.030 | 0.891 | 0.548 | 0.68 | 6.27 | 8.00% |
| 通州 | 0.778 | 0.080 | 0.532 | 0.037 | 0.339 | 0.011 | 0.328 | 0.190 | 0.24 | 2.20 | 2.80% |
| 顺义 | 0.862 | 0.085 | 0.550 | 0.034 | 0.329 | 0.011 | 0.318 | 0.202 | 0.25 | 2.31 | 2.95% |
| 昌平 | 2.890 | 0.278 | 1.662 | 0.096 | 1.107 | 0.036 | 1.071 | 0.657 | 0.82 | 7.51 | 9.58% |
| 大兴 | 1.519 | 0.143 | 0.952 | 0.066 | 0.525 | 0.017 | 0.508 | 0.342 | 0.43 | 3.98 | 5.07% |
| 怀柔 | 4.671 | 0.449 | 2.533 | 0.140 | 1.847 | 0.059 | 1.788 | 1.043 | 1.30 | 11.98 | 15.29% |
| 平谷 | 5.848 | 0.549 | 3.683 | 0.280 | 2.214 | 0.071 | 2.143 | 1.304 | 1.63 | 15.51 | 19.79% |
| 密云 | 6.806 | 0.654 | 3.703 | 0.202 | 2.732 | 0.088 | 2.644 | 1.521 | 1.90 | 17.52 | 22.35% |
| 延庆 | 2.506 | 0.235 | 1.332 | 0.072 | 0.818 | 0.026 | 0.792 | 0.558 | 0.70 | 6.22 | 7.94% |
| 总计 | 30.146 | 2.886 | 17.418 | 1.069 | 11.572 | 0.372 | 11.200 | 6.798 | 8.49 | 78.38 | 100.00% |

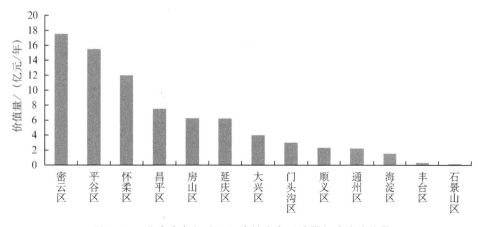

图 10-2　北京市各行政区经济林生态系统服务功能价值量

## 10.2.1　涵养水源

由表 10-2 可知，北京市经济林涵养水源总价值为 30.15 亿元 / 年。密云区、平谷区和怀柔区涵养水源总价值量排在前 3 位，占全市涵养水源总价值的 57.46%；海淀区、丰台区和石景山区排后 3 位，年涵养水源价值量分别为 0.51 亿元 / 年、0.12 亿元 / 年和 0.02 亿元 / 年。由此可知，密云区、平谷区和怀柔区的经济林生态系统涵养水源功能对于北京市水源安全的重要性。一般而言，建设水利设施用以拦截水流、增加贮备是人们采用最多的工程方法，但是建设水利等基础设施存在许多缺点，如占用大量的土地、改变了土地利用方式、水利等基础设施存在使用年限等。所以，经济林生态系统就像一个"绿色、安全、永久"的水利设施，只要不遭到破坏，涵养水源功能持续增长，同时带来其他方面的生态功能，如防止水土流失、吸收 $CO_2$、生物多样性保护等。在气候环境、树种类型差异较小的背景下，地形地貌成为影响涵养水源价值量的主要因素之一。2015 年，北京市水生产与供应业固定资产投资额为 113.30 亿元 / 年（北京统计年鉴，2016），北京市经济林生态系统涵养水源功能价值量占该部分投资额度的 26.61%，可见北京市经济林生态系统在涵养水源方面的贡献显著，充分发挥着"绿色水库"的功能。由图 10-3 可知，北京市各行政区经济林涵养水源价值分布具有一定的规律，从北至南呈减小趋势，这与各行政区的坡度、地势、快速径流量及经济林面积具有较大关系。这种分布规律也与相同生境的北京市经济林生态系统服务功能价值量的评估结果相符。

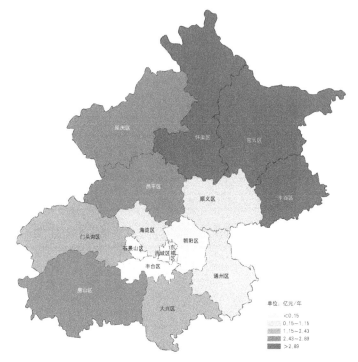

单位：亿元 / 年
<0.15
0.15~1.15
1.15~2.43
2.43~2.89
>2.89

图 10-3　北京市各行政区经济林生态系统涵养水源功能价值量（见书末彩图）

## 10.2.2　保育土壤

　　由评估结果可知，北京市经济林保育土壤总价值量为 2.89 亿元 / 年（表 10-2），相当于北京市 2015 年水利、环境和公共设施管理业投资总额 180.50 亿元的 1.60%（北京统计年鉴，2016）；保育土壤价值量最高的 3 个区依次为密云区、平谷区和怀柔区，价值量分别为 0.654 亿元 / 年、0.549 亿元 / 年和 0.449 亿元 / 年，共占保育土壤总价值量的 57.16%（表 10-2、图 10-4），相当于北京市 2015 年第一产业 140.20 亿元的 1.18%（北京统计年鉴，2016）。经济林生态系统的固土作用极大地保障了生态安全及延长了水库的使用寿命，为该区域社会经济发展提供了重要保障。在地质灾害方面，由于北京市地质条件复杂，在古地质构造、新构造运动和外营力长期影响和作用下，北京地貌特征为西北高，东南低。地势由西北向东南倾斜，垂直的地带性变化十分明显，地势呈阶梯式下降，境内河流众多。东部潮白河、北部运河、西部永定河和拒马河，是地质灾害多发区，每年都有不同类型的地质灾害发生，给国家经济建设和人民

生命财产造成重大损失。所以，各行政区的经济林生态系统保育土壤功能对于
降低该地区地质灾害所造成的经济损失、保障人民生命财产安全，具有非常重
要的作用。北京市各行政区经济林生态系统的保育土壤功能，为本地区的生态
安全和社会经济发展提供了重要保障。《北京市水土保持规划》指出，"十三五"
期间，全市新建生态清洁小流域 200 条，治理面积 2000 km²，到 2020 年，生
态清洁小流域累计达到 523 条；山区 10 072 km² 的污水、垃圾、厕所、沟道、
面源污染得到有效治理，一二级水源保护区、民俗旅游村污水力争全部达标排
放；基本实现水土保持分流域、分级、全要素动态信息化管理；初步建立水土
保持设施运行维护机制；健全水土保持监督管理机制；提升公众水土保持意识。
到 2030 年，基本建成与全市经济社会发展相适应的水土流失和面源污染综合
防治体系，对全市山、水、林、田、湖生命共同体实施系统保护。全市 1085
条小流域力争全部达到生态清洁小流域标准，水土流失面积和侵蚀强度明显下
降，林草植被覆盖状况得到显著改善，人为水土流失得到有效控制。北京市经
济林生态系统保育土壤功能将在未来北京水土保持规划中起到积极作用。

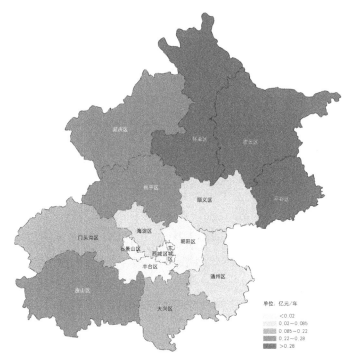

图 10-4　北京市各行政区经济林生态系统保育土壤功能价值量（见书末彩图）

### 10.2.3　固碳释氧

近年来，随着社会工业化的长足发展，污染和能耗也随之增加，$CO_2$ 的过度排放加速温室效应的形成，进而引起全球变暖，导致地球极地冰川融化与雪线上升和海水热膨胀，致使海平面升高，异常降雨与降雪、高温、热浪、热带风暴、龙卷风等自然灾害加重。经济林具有显著的经济效益和社会效益，同时还发挥着巨大的生态效益，尤其在碳汇方面作用巨大。由本研究可知，北京市各行政区经济林生态系统的固碳释氧功能为维护该地区生态安全起到了重要的作用。北京市经济林固碳释氧总价值量为 17.42 亿元 / 年，各行政区的固碳释氧功能价值量空间分布如图 10-5 所示，密云区 3.703 亿元 / 年的固碳释氧价值量最高；其次为平谷区 3.683 亿元 / 年和怀柔区 2.533 亿元 / 年；最低的是石景山区，为 0.014 亿元 / 年，仅占北京市经济林固碳释氧总价值量的 0.08%。由此可知，北京市经济林生态系统作为绿色碳库的积极作用。

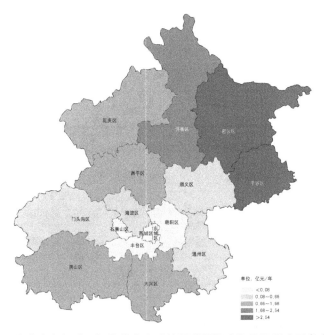

**图 10-5　北京市各行政区经济林生态系统固碳释氧功能价值量（见书末彩图）**

## 10.2.4　林木积累营养物质

　　林木积累营养物质功能使土壤中部分养分元素暂时保存在植物体内，在之后的生命循环周期内再归还到土壤中，这样可以暂时降低因为水土流失而带来的养分元素损失。若土壤养分元素发生损失，会造成土地贫瘠。本研究发现，北京市各行政区经济林积累营养物质功能价值量差异较小，林木积累营养物质总价值量为 1.07 亿元 / 年，相当于 2015 年北京市园林绿化总投资 9.60 亿元的11.15%（北京统计年鉴，2016）；其中，林木积累营养物质价值量最高的 3 个区分别为平谷区、密云区和怀柔区，分别为 0.280 亿元 / 年、0.202 亿元 / 年和0.140 亿元 / 年，占北京市经济林林木积累营养物质总价值量的 58.13%；石景山区林木积累营养物质价值量最小（0.001 亿元 / 年），占北京市经济林林木积累营养物质总价值量的 0.09%（图 10-6）。由此可见，各行政区经济林的林木积累营养物质功能意义十分重要。

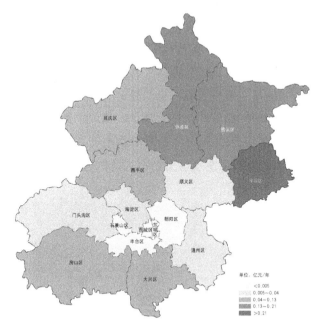

图 10-6　北京市各行政区经济林生态系统林木积累营养物质功能价值量（见书末彩图）

### 10.2.5 净化大气环境

北京市经济林生态系统服务功能较强，各行政区经济林在净化大气环境功能上均发挥了各自的价值。北京市经济林生态系统净化大气环境总价值量为11.59亿元/年，占北京市经济林生态系统服务功能总价值量的14.78%，相当于北京市2014年环境卫生投资总额35.90亿元/年（北京统计年鉴，2015）的32.28%；净化大气环境总价值量最高的3个区分别为密云区、平谷区和怀柔区，分别为2.736亿元/年、2.218亿元/年和1.850亿元/年，占北京市经济林净化大气环境功能总价值量的58.71%；石景山区最低，仅为0.008亿元/年（图10-7）。经济林可以起到滞纳颗粒物、吸收污染物或阻碍污染物扩散的作用，经济林的这种作用是通过如下途径实现的：一方面经济林通过叶片吸收大气中的有害物质，降低大气有害物质的浓度；另一方面树木能使某些有害物质在体内分解，转化为无害物质后代谢利用（牛香 等，2017）。北京各行政区经济林净化大气环境功能差异的主要原因在于：首先，受经济林资源面积影响，经济林资源面积与其生态功能呈正相关关系；其次，受不同树种叶片形态特征的影响，叶表面较粗糙的树种净化大气环境能力强于叶片光滑的树种（鲁绍伟 等，2016）。经济林生态系统净化大气环境功能即为林木通过自身的生长过程，从空气中吸收污染气体，在体内经过一系列的转化过程，将吸收的污染气体降解后排出体外或者储存在体内。此外，林木通过林冠层的作用，加速颗粒物的沉降或者使之吸附滞纳在叶片表面，进而起到净化大气环境的作用，极大地降低了空气污染物对人体的危害。

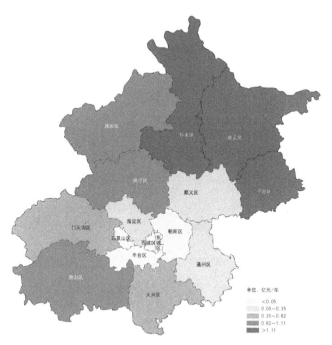

图 10-7 北京市各行政区经济林生态系统净化大气环境功能价值量（见书末彩图）

### 10.2.6 生物多样性保护

生物多样性是指物种生境的生态复杂性与生物多样性、变异性之间的复杂关系，它具有物种多样性、遗传多样性、生态系统多样性和景观多样性等多个层次。北京市经济林生态系统具有丰富多样的动植物资源，为各动植物提供了丰富的食物资源、安全的栖息地，保育了物种的多样性。根据北京市经济林生态系统生物多样性保护价值评估可知，北京市经济林生态系统生物多样性保护总价值量为 6.80 亿元 / 年，占经济林生态系统服务功能总价值量的 8.67%，相当于北京市 2015 年农、林、牧、渔业总收入 142.60 亿元的 4.77%（北京统计年鉴，2016）。其中，密云区 1.521 亿元 / 年的生物多样性保护价值量位于各行政区之首；平谷区 1.304 亿元 / 年、怀柔区 1.043 亿元 / 年次之，石景山区 0.005 亿元 / 年为最低（图 10-8）。生物多样性较高则表明该地区自然景观纷呈多样，具有高度异质性，孕育了丰富的生物资源。位于北部的密云区、延庆区、怀柔区生物多样性十分丰富，湿地资源也占有较大比重。近年来，北京市因建设生态文明宜居城市，加大了生物多样性保护力度，提高了经济林生态系统生物多样性保护价值。

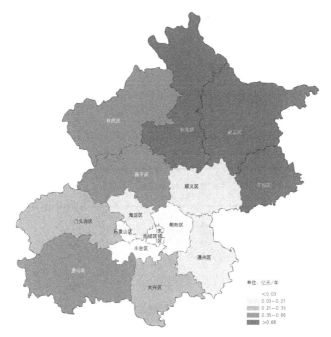

单位: 亿元/年
< 0.03
0.03～0.21
0.21～0.35
0.35～0.66
> 0.66

图 10-8　北京市各行政区经济林生态系统生物多样性保护功能价值量（见书末彩图）

## 10.2.7　游憩

　　空气负离子作为一种重要的旅游资源已越来越受到人们的重视，经济林环境中的空气负离子浓度高于城市居民区的空气负离子浓度；另外，由种植经济林形成的观光、采摘，带动了农家乐和乡村旅游的发展，增加了旅游收入。2016 年，北京市果品采摘已经突破 1500 万人次，北京市经济林游憩总价值量为 8.49 亿元 / 年，占北京市经济林生态系统服务功能总价值量的 10.83%，相当于 2015 年北京市农业观光园经营总收入 26.31 亿元的 32.31%（北京统计年鉴，2016）；密云区、平谷区和怀柔区经济林游憩价值量最高，分别为 1.90 亿元 / 年、1.63 亿元 / 年和 1.30 亿元 / 年，占北京市经济林游憩总价值量的 56.89%；最低的是石景山区，仅为 0.01 亿元 / 年（图 10-9）。城市的绿地为居民的放松休闲、亲近自然、健身锻炼等提供了场所，特别是人口密集的中心城区，居民们对绿地有极高的需求。所以，加快城区观光园、采摘园建设，提高城区居民人均绿地面积，增强各经济林的社会服务功能，是提升居民生活质量和健康水平的重要举措，经济林的种植发挥了重要的休闲、观光和旅游作用。

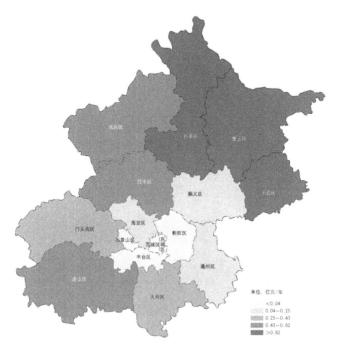

单位：亿元/年
&lt;0.04
0.04～0.25
0.25～0.43
0.43～0.82
&gt;0.82

**图 10-9　北京市各行政区经济林生态系统游憩功能价值量（见书末彩图）**

从表 10-2 和图 10-2 可以看出，密云区、平谷区和怀柔区位居北京市经济林生态系统服务功能总价值量的前 3 位，占全市经济林生态系统服务功能总价值量的 57.43%；而海淀区、丰台区和石景山区服务功能总价值量位居北京市经济林生态系统服务功能总价值量后 3 位，仅占全市总价值量的 2.41%。各行政区的每项功能及总的经济林生态系统服务功能的分布格局，与北京市各行政区经济林资源自身的属性和所处地理位置有直接的关系。北京市经济林经过长期开发和利用，林木资源发生了显著的变化。北京市北部地区树种繁多、资源丰富、林地生产力较高。而这些丰富的经济林资源由于其构成、所处地区等不同，从而发挥了不同的生态效益。北京市经济林生态系统服务功能在各行政区的分布格局存在一定的特征。

第一，经济林生态系统服务功能大小与其各行政区经济林保存面积有关。各行政区间经济林生态系统服务功能的大小排序与经济林保存面积大小排序大体一致，呈紧密的正相关关系。

　　第二，经济林生态系统服务功能价值量受各行政区的土地利用类型影响。北部山区和东部平原经济林面积较大，约占全市经济林总面积的60%，集中分布在密云区、平谷区、延庆区和怀柔区，同时该区还是全市涵养水源林的主要分布区。因此，经济林生态系统服务功能较强。中部地区属于城市的繁华地带，人口密集，社会经济活动频繁，经济林分布较少，故经济林生态系统服务功能弱。

　　第三，北京市各行政区经济林生态系统服务功能价值量分布格局与其生态建设政策息息相关。首都绿化委员会指出要大力开展城市增绿工程，把北京建设成为空气清新、环境优美、生态良好、人与自然和谐相处的生态城市。因此，未来北京市经济林生态系统服务功能将得到大幅提升，北京市的生态环境也将得到进一步的改善。

　　第四，经济林生态系统服务功能价值量评估结果与人为干扰有关。北京市中部地区为市中心所在地，人口密度大，长期受人类活动干扰，植被覆盖率低，导致经济林生态系统服务功能较低；在北部山区和东部平原地区，人口密度相对较小，对经济林干扰较小，利于经济林生态系统服务功能的提升。因此，人类活动的干扰也是影响经济林生态系统服务功能空间变异的重要因素。

## 10.3　北京市不同经济林树种生态系统服务功能价值量评估结果

　　北京市不同经济林树种各项生态系统服务功能价值量评估结果及所占比例如表10-3和图10-10所示。板栗服务功能价值量最大，达23.44亿元/年，占北京市经济林生态系统服务功能总价值量的29.90%；其次是桃和杏，服务功能价值量分别为12.69亿元/年和9.33亿元/年，分别占相应总价值量的16.19%和11.90%；李子和其他干果服务功能价值量最小，分别为0.92亿元/年和0.13亿元/年，仅占北京市经济林生态系统服务功能总价值量的1.17%和0.17%。14个经济林树种服务功能价值量大小排序为板栗＞桃＞杏＞核桃＞柿子＞苹果＞梨＞枣＞樱桃＞葡萄＞其他鲜果＞山楂＞李子＞其他干果。

表 10-3　北京市不同经济林树种生态系统服务功能价值量评估结果

单位：亿元 / 年

| 经济林树种 | 涵养水源 | 保育土壤 | 固碳释氧 | 林木积累营养物质 | 净化大气环境 | 生物多样性保护 | 游憩 | 合计 | 比例 |
|---|---|---|---|---|---|---|---|---|---|
| 桃 | 4.687 | 0.435 | 3.309 | 0.307 | 1.604 | 1.045 | 1.306 | 12.69 | 16.19% |
| 苹果 | 1.893 | 0.176 | 1.153 | 0.063 | 0.591 | 0.422 | 0.528 | 4.83 | 6.15% |
| 梨 | 1.703 | 0.158 | 1.080 | 0.059 | 0.561 | 0.380 | 0.475 | 4.42 | 5.63% |
| 杏 | 3.825 | 0.355 | 2.009 | 0.109 | 1.111 | 0.852 | 1.066 | 9.33 | 11.90% |
| 枣 | 1.113 | 0.103 | 0.564 | 0.031 | 0.374 | 0.248 | 0.310 | 2.74 | 3.50% |
| 樱桃 | 0.509 | 0.086 | 0.595 | 0.032 | 0.522 | 0.201 | 0.251 | 2.20 | 2.80% |
| 葡萄 | 0.662 | 0.062 | 0.268 | 0.013 | 0.198 | 0.148 | 0.185 | 1.54 | 1.96% |
| 李子 | 0.384 | 0.036 | 0.185 | 0.010 | 0.111 | 0.085 | 0.107 | 0.92 | 1.17% |
| 柿子 | 1.992 | 0.185 | 1.172 | 0.064 | 0.665 | 0.444 | 0.555 | 5.08 | 6.47% |
| 山楂 | 0.506 | 0.047 | 0.265 | 0.014 | 0.156 | 0.113 | 0.141 | 1.24 | 1.58% |
| 其他鲜果 | 0.533 | 0.050 | 0.301 | 0.016 | 0.210 | 0.119 | 0.148 | 1.38 | 1.76% |
| 板栗 | 9.099 | 0.882 | 4.894 | 0.265 | 3.739 | 2.028 | 2.536 | 23.44 | 29.90% |
| 核桃 | 3.190 | 0.306 | 1.597 | 0.086 | 1.724 | 0.703 | 0.879 | 8.49 | 10.82% |
| 其他干果 | 0.049 | 0.005 | 0.026 | 0.001 | 0.027 | 0.011 | 0.014 | 0.13 | 0.17% |
| 总计 | 30.145 | 2.890 | 17.420 | 1.070 | 11.590 | 6.800 | 8.500 | 78.41 | 100.00% |

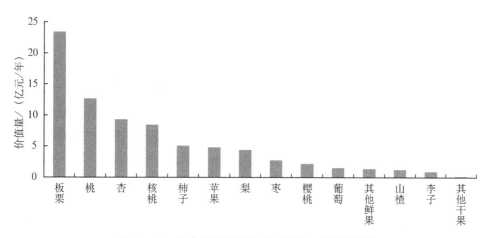

图 10-10　北京市不同经济林树种服务功能价值量

### 10.3.1 涵养水源

北京市不同经济林树种涵养水源功能价值量最高的 4 种经济林树种分别为板栗、桃、杏和核桃，年涵养水源价值量在 3.19 亿～ 9.10 亿元，占北京市经济林涵养水源服务功能总价值量 69.00%（表 10-3、图 10-11）；柿子、苹果、梨和枣的年涵养水源价值量在 1 亿～ 2 亿元，葡萄、其他鲜果、樱桃、山楂、李子和其他干果的年涵养水源价值量均在 1 亿元以下。北京市经济林年涵养水源价值量相当于全国水利建设投资（6700 亿元 / 年）的 0.45%，相当于 2014 年北京市供水投资总额 100.90 亿元的 29.87%（北京统计年鉴，2015）。由此可以看出北京市经济林生态系统涵养水源功能的重要性。

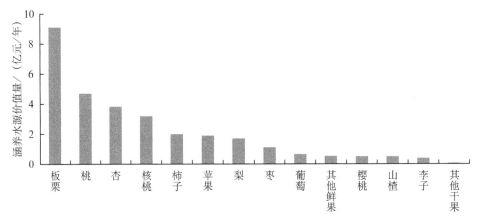

**图 10-11　北京市不同经济林树种涵养水源功能价值量**

水利设施的建设需要占据一定面积的土地，这往往会改变土地利用类型，无论占据哪一类土地类型，均对社会造成不同程度的影响。另外，建设的水利设施还存在使用年限问题，并具有一定危险性。随着使用年限的延长，水利设施内会积累大量的淤泥，降低使用寿命，还存在崩塌的危险，对人民群众的生产生活造成潜在的威胁。所以，利用和提高经济林生态系统涵养水源功能，可以减少相应水利设施的建设，将以上危险性降到最低。

### 10.3.2 保育土壤

北京市不同经济林树种中保育土壤价值量最高的树种为板栗，其价值量为 0.882 亿元 / 年，占保育土壤总价值量的 30.51%；排前四的板栗、桃、杏和核桃价值量在 0.306 亿～ 0.882 亿元 / 年，占保育土壤总价值量的 68.54%；
其他干果保育土壤价值量最低，仅占总价值量的 0.17%（图 10-12）。土壤保肥
价值量最高的仍为板栗，其他干果最低（图 10-10）。由此可见，经济林的保
育土壤功能价值量与树种相关，不同树种的枯落物层对土壤养分和有机质的增
加作用不同，直接表现出保育土壤功能价值量也不同。经济林的种植能够在一
定程度上防止地质灾害的发生，这种作用通过其保持水土的功能来实现。经济
林生态系统防止水土流失的作用，大大降低了地质灾害发生的可能性。另外，
减少了随着径流进入水库和湿地中的养分含量，降低了水体富氧化程度，保障
了湿地生态系统的安全。

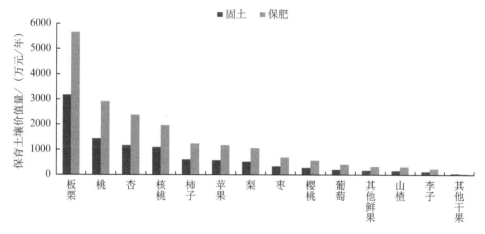

**图 10-12　北京市不同经济林树种保育土壤功能价值量**

### 10.3.3　固碳释氧

北京市不同经济林树种固碳释氧价值量差异显著。由图 10-13 可知，板栗
的固碳释氧价值量最高（48 938.79 万元 / 年）；其次是桃和杏，固碳释氧价值
量分别为 33 090.15 万元 / 年和 20 089.37 万元 / 年；排前三的经济林树种固碳
释氧价值量占北京市经济林固碳释氧总价值量的 58.63%；其他干果年固碳释
氧价值量最低（255.77 万元），占北京市经济林固碳释氧总价值量的 0.17%。
说明不同经济林树种间的林分净生产力各异，相应的固碳释氧价值量也显著不
同。评估结果显示，板栗、桃和杏固碳量达到 11.43 万 t / 年，按工业减排的方

式减少等量的碳排放量来计算，所投入的费用高达 420.83 亿元。板栗、桃和杏固碳释氧功能价值量为 10.21 亿元 / 年，占工业减排费用的 2.43%（北京统计年鉴，2015），由此可以看出经济林生态系统固碳释氧功能的重要作用，在推进北京市节能减排低碳发展中做出了应有的贡献。

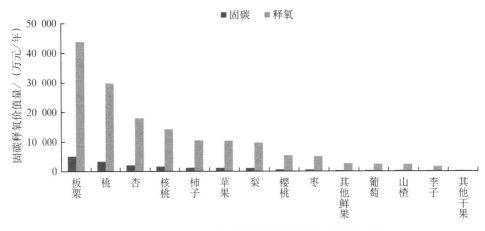

图 10-13　北京市不同经济林树种固碳释氧功能价值量

### 10.3.4　林木积累营养物质

在经济林林木积累营养物质价值量中，桃最高，板栗次之，杏和核桃排第 3 至第 4 位，其价值量分别为 3071.30 万元 / 年、2654.30 万元 / 年、1089.08 万元 / 年和 864.85 万元 / 年，占林木积累营养物质总价值的 71.68%；其他干果最低，其价值量仅为 13.86 万元 / 年，占林木积累营养物质总价值量的 0.13%（图 10-14）。由此可知，经济林林木积累营养物质功能价值量与林分面积、净生产力、林木氮磷钾养分元素等因素相关，故不同经济林树种的林木积累营养物质价值量差异明显。经济林生态系统通过林木积累营养物质功能，可以将土壤中的部分养分暂时储存在林木体内。在其生命周期内，通过枯枝落叶和根系周转的方式再归还到土壤中，这样能够降低因为水土流失而造成的土壤养分损失量。桃、板栗、杏和核桃广泛分布在北京市各个地区，其林木积累营养物质功能可以防止土壤养分元素的流失，保持北京市经济林生态系统的稳定；另外，其林木积累营养物质功能可以降低因农田土壤养分流失而造成的土壤贫瘠化，在一定程度上降低了农田肥力衰退的风险。

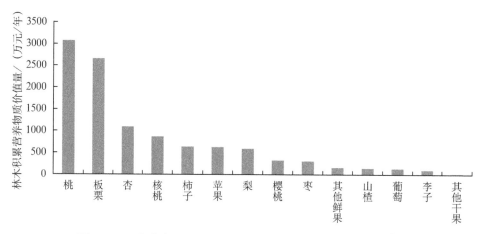

**图 10-14　北京市不同经济林树种林木积累营养物质功能价值量**

## 10.3.5　净化大气环境

在净化大气环境功能中，板栗的价值量最高（37 391.88 万元／年），占净化大气环境总价值量的 32.26%，核桃 17 242.01 万元／年次之，桃为 16 035.12 万元／年位列第三，杏为 11 114.35 万元／年，排前四的经济林树种净化大气环境总价值量为 8.18 亿元／年，占净化大气环境总价值量的 70.58%；其他干果最低，为 273.35 万元／年，仅占净化大气环境总价值量的 0.24%（图 10-15）。净化大气环境功能价值由提供负离子价值、吸收污染物价值、滞尘价值所组成，不同经济林树种间的各项功能指标所产生的价值量不同，造成不同树种净化大气环境价值差异，所以创造的生态效益也不同。目前，北京市建设并完善了全国覆盖率最高的环境空气监测网，针对冬季采暖采取了非常严格的锅炉淘汰制度和施工制度。经济林通过自身的生长过程，从空气中吸收污染气体，在体内经过一系列的转化过程，将吸收的污染气体降解后排出体外或者储存在体内；另外，经济林通过自身林冠层的作用，加速颗粒物的沉降或者吸收滞纳在叶片表面，进而起到净化大气环境的作用，极大地降低了空气污染物对于人体的危害。所以，北京市经济林生态系统净化大气环境功能对降低环境污染事件起到了一定作用。

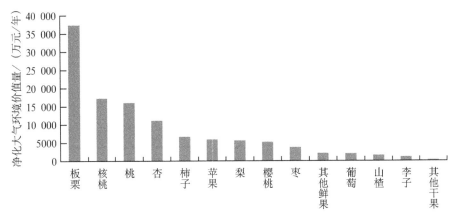

图 10-15　北京市不同经济林树种净化大气环境功能价值量

### 10.3.6　生物多样性保护

生物多样性保护功能价值量最高的经济林为板栗，其价值量为 20 279.09 万元 / 年，占生物多样性保护总价值量的 29.83%；其次为桃 10 445.73 万元 / 年和杏 8524.47 万元 / 年；核桃排名第四，生物多样性保护价值量为 7027.53 万元 / 年。排名前四的经济林树种占生物多样性保护总价值量的 68.06%；其他干果的生物多样性保护价值量最低，仅为 108.97 万元 / 年，仅占生物多样性保护总价值量的 0.16%（图 10-16）。生物多样性保护功能价值量与不同经济林树种的 Shannon–Weiner 指数相关，所以结果各异。2015 年，全市 47.44% 的板栗分布在密云区，63.13% 的桃分布在平谷区，22.32% 的经济林分布在密云区，可见密云区经济林资源面积大，蓄积量高，生物多样性较高，是北京市生物多样性保护的重点地区，所以生物多样性保护功能价值较高。北京因其独特的地理位置，不仅动植物资源丰富，而且保存了一大批珍贵、稀有及濒危动物和植物资源。这不仅为生物多样性保护工作提供了坚实基础，还为该区域带来了高质量的旅游资源，极大地提高了当地群众的收入水平。

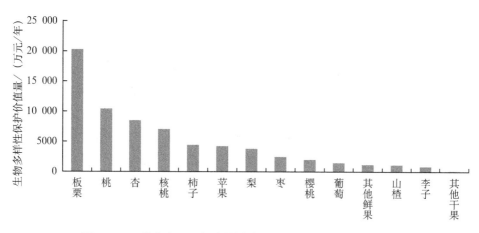

**图 10-16　北京市不同经济林树种生物多样性保护功能价值量**

### 10.3.7　游憩

游憩价值量最高的经济林树种为板栗，其价值量为 2.54 亿元 / 年；其次为桃 1.31 亿元 / 年和杏 1.07 亿元 / 年，其他经济林树种游憩功能价值量均在 1 亿元 / 年以下，排前三的经济林树种占游憩总价值量的 57.83%；其他干果的游憩价值量最低，仅为 0.01 亿元 / 年，仅占游憩总价值量的 0.16%（图 10-17）。每年经济林树种花开季节，吸引大量游客来此赏花、拍照和游览，间接带动了农家乐等乡村旅游的发展，增加旅游收入；同时大量观光园的建立，使市民前往经济林种植地进行果品采摘，体验休闲乐趣，不仅增加了果品收入也增加了旅游资源。

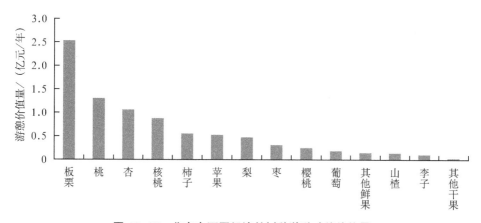

**图 10-17　北京市不同经济林树种游憩功能价值量**

由以上评估结果可知，北京市经济林生态系统服务功能在不同经济林树种间的分配格局呈现一定的规律性。

首先，由经济林面积决定。不同经济林树种的面积大小排序与其生态系统服务功能大小呈现较高的正相关性。板栗的面积占全市经济林总面积的29.83%，其生态系统服务功能价值量占全市总价值量的29.90%；其他干果总面积占全市经济林总面积的0.16%，其生态系统服务功能价值量仅占全市总价值量的0.17%。由此可见，板栗面积最大，产生的价值量也最大；其他干果面积最小，产生的价值量也最小。

其次，与经济林树种分布区域有关。北京市不同地理区域对于经济林生态系统服务功能具有影响作用。在北京市不同经济林树种生态系统服务功能价值量大小排序中，占据前3位的为板栗、桃和杏，其经济林资源面积的47.44%、63.13%、31.43%分别分布在密云区、平谷区和延庆区。

# 11  北京市经济林生态系统服务功能 综合影响分析

生态环境与社会经济发展是对立统一的关系。在两者之间人们往往更重视社会经济的发展，而忽略生态环境对人类生活质量的影响，导致经济发展与生态环境之间的矛盾加剧。随着人类生活水平的提高和环保意识的加强，人们在追求经济增长的同时，开始重视生态环境的保护和优化，如何协调社会经济增长与生态环境保护之间的关系成为亟待解决的问题。本章从北京市经济林生态系统服务功能评估结果出发，分析其与北京社会经济的关联性、与区域污染排放的不对称性及与树种选择的科学性等。并对其前景和预期做出展望，分析社会、经济、生态环境可持续发展所面临的问题，进而为政府决策提供科学依据。

## 11.1  北京市经济林生态系统服务功能与社会经济的关联性

经济林作为森林的重要组成林种，发挥着涵养水源、固碳释氧、吸收污染物、吸滞空气颗粒物和游憩等一系列的服务功能。这些潜在的功能对人们的生产生活至关重要，同时与人们的社会经济活动关系密切。北京市经济林生态系统服务功能同样与北京市乃至全国的社会经济活动有着密切的联系。

### 11.1.1  北京市经济林生态系统服务功能与社会经济发展的关联性

北京市经济林生态系统服务功能总价值量为 78.41 亿元 / 年，相当于 2015 年北京市 GDP（23 014.60 亿元）的 0.34%（北京统计年鉴，2016）。2015 年，北京市固定资产总投资为 7990.9 亿元，经济林生态系统服务功能价值量占固定资产总投资的 0.98%（北京统计年鉴，2016）。2015 年，北京市煤炭开采和矿采共计收入 2.51 亿元（北京统计年鉴，2016），北京市经济林生态系统服务功能价值量是煤炭开采和矿采收入的 31.24 倍。可见北京市经济林生态系统服务功能发挥着重大生态意义（图 11-1）。

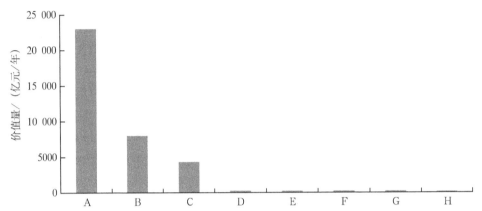

A：2015 年北京市 GDP；B：2015 年固定资产总投资；C：2015 年旅游总收入；D：2015 年供水投资；E：2015 年林业总投资；F：2015 环境卫生总投资；G：经济林服务功能总价值量；H：2015 煤炭开采和矿采总收入。

**图 11-1　北京市相关指标经济价值量及经济林生态系统服务功能价值量**

### 11.1.2　涵养水源功能与社会经济发展的关联性

北京市经济林生态系统涵养水源总物质量为 2.28 亿 $m^3$/ 年，相当于 2015 年北京市供水总量 38.20 亿 $m^3$（北京统计年鉴，2016）的 5.97%，也分别相当于 2015 年北京市水资源总量、生活用水总量、环境用水总量、农业用水总量和工业用水总量的 8.51%、13.03%、21.92%、35.08% 和 58.46%。不难看出，北京市经济林涵养水源量占全市工业用水量的一半以上。可见，北京市经济林生态系统涵养水源功能对维持北京市水源安全具有重要意义（图 11-2）。

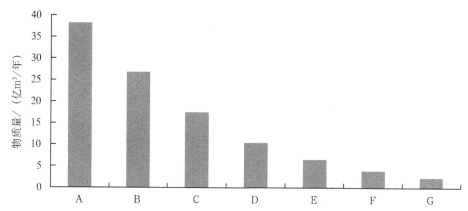

A：2015 年供水总量；B：2015 年水资源总量；C：2015 年生活用水总量；D：2015 年环境用水总量；E：2015 年农业用水总量；F：2015 年工业用水总量；G：经济林涵养水源量。

**图 11-2　北京市相关指标经济物质量及经济林生态系统服务功能物质量**

### 11.1.3　固碳释氧功能与社会经济发展的关联性

北京市经济林生态系统固碳释氧价值量为 17.42 亿元 / 年，相当于北京市 2015 年林业投资总额 87.76 亿元（北京统计年鉴，2016）的 19.85%，占林业投资总额的近 1/5，说明北京市经济林生态系统发挥着重要的碳汇作用。但北京市经济林生态系统固碳释氧空间分布存在差异，呈现北部地区＞南部地区＞中部地区的现象，这是由不同地区的经济林面积和质量所决定的。

森林在生长过程中要吸收大量 $CO_2$，放出 $O_2$，$10~m^2$ 的森林就能把一个人呼吸出的 $CO_2$ 全部吸收，供给所需 $O_2$（图 11-3）。一个人要生存，每天需要吸进 $0.8~kg~O_2$，排出 $0.9~kg~CO_2$。对于北京市经济林生态系统释氧功能来讲，其年释氧量（$43.16 \times 10^7~kg$）可供全市全部常住人口（2170.50 万人）呼吸 24.856 天。可见，北京市经济林生态系统释氧功能的突出作用，经济林也同样具有天然"氧吧"作用，除了通过光合作用释放 $O_2$ 之外，还能提供有益于人们身体健康的负氧离子。2015 年，北京市农业观光园接待游客 1903.3 万人次，实现直接收入 26.31 亿元，营业收入较 2014 年增加了 1.39 亿元（北京统计年鉴，2016）。北京市经济林生态系统固碳释氧功能的发挥将进一步惠及当地百姓。

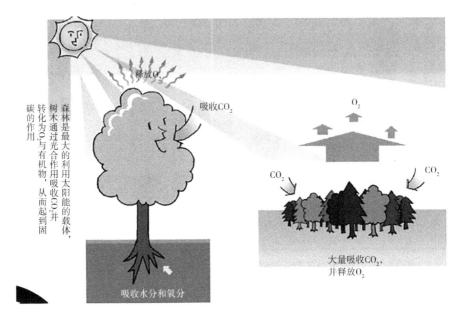

图 11-3　森林固碳释氧功能示意

### 11.1.4　净化大气环境功能与社会经济发展的关联性

受城市扩张、工业发展、汽车保有量增加的影响，空气颗粒物已成为城市空气的主要污染物之一。而经济林作为森林的重要组成部分，不仅可为城市高污染环境下的居民提供相对洁净的休闲游憩空间，还对净化空气颗粒物起重要作用。北京市经济林生态系统净化大气环境价值量为 11.59 亿元 / 年，相当于北京市 2015 年 GDP 的 0.05%。北京市经济林生态系统每年吸收污染物总量为 2.18 万 t，分别占 2015 年北京市工业排放 $SO_2$、$NO_x$ 总量的 28.51% 和 0.58%（图 11-4）。北京市经济林生态系统年滞尘量相当于北京市 2015 年烟（粉）尘排放量 4.94 万 t 的 6.48%。随着北京市两期造林工程的实施，森林的面积逐渐增加，工程进一步落实管护责任、健全管理体系，管护效果良好。因此，联系北京市社会经济发展的现状，注重北京市经济林生态系统所具备的净化大气环境功能，结合相关政策的推行，必定能使得北京市社会经济发展同生态环境改善同步进行。

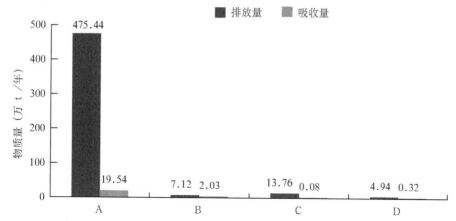

A：2015 年北京市碳排放量、北京市经济林生态系统年固碳量；B：2015 年北京市 SO₂ 排放量、北京市经济林生态系统年吸收 SO₂ 量；C：2015 年北京市 NOₓ 排放量、北京市经济林生态系统年吸收 NOₓ 量；D：2015 年北京市烟（粉）尘排放量、北京市经济林生态系统年滞尘量。

图 11-4　北京市相关污染排放量及经济林生态系统治污减霾物质量

## 11.2　北京市经济林生态系统的综合价值分析

### 11.2.1　北京市经济林生态价值与产业产值的对称性

北京市 2015 年全年经济林果品总收入为 43.39 亿元（表 11-1），鲜果收入为 38.52 亿元，干果收入为 4.87 亿元；从不同经济林树种来看，桃收入最多（16.73 亿元），占北京市鲜果总收入的 43.45%，其次是苹果和梨；干果中收入最多的是核桃（2.29 亿元），核桃是板栗的 1.18 倍。从不同区来看，平谷区、密云区和大兴区位居前三，经济林年收入分别为 16.27 亿元、4.33 亿元和 4.06 亿元，最少的是丰台区、石景山区和海淀区。全市不同经济林树种成本为 19.63 亿元 / 年（包括苗木、地租、水、人工、肥料和农药），去除成本后全市不同经济林树种产值为 23.76 亿元 / 年，经济林的生态价值是去除成本后的 3.30 倍，在去除成本的基础上加入经济林发挥的生态价值全市达到了 102.17 亿元 / 年，是经济林年产值的 2.35 倍。

不同经济林树种生态系统服务功能价值量排前七的是板栗、桃、杏、核桃、柿子、苹果和梨，这与经济林产业产值排前七的树种基本一致；平谷区和密云区的经济林产值排前二，对应密云区和平谷区的经济生态系统林服务功能价值量也排前二；丰台区、石景山区和海淀区的经济林产业价值位居后 3 位，其对应

表11-1　2015年北京市果品收入

单位：万元

| 区 | 合计 | 鲜果小计 | 苹果 | 梨 | 桃 | 葡萄 | 鲜杏 | 柿子 | 李子 | 樱桃 | 山楂 | 枣 | 其他 | 干果小计 | 核桃 | 板栗 | 仁用杏 | 其他 |
|---|---|---|---|---|---|---|---|---|---|---|---|---|---|---|---|---|---|---|
| 石景山 | 1852.0 | 1852.0 | 150.0 | 415.0 | 364.0 | 132.0 | 72.0 | — | 44.0 | 425.0 | — | 250.0 | — | — | — | — | — | — |
| 丰台 | 1149.0 | 1131.0 | 254.0 | 26.0 | 230.6 | 10.0 | 22.0 | 19.0 | 3.6 | 153.0 | 84.7 | 328.0 | — | 18.0 | 18.0 | — | — | — |
| 海淀 | 7371.0 | 7308.0 | 374.2 | 161.6 | 713.9 | 345.8 | 349.0 | — | 63.3 | 3589.3 | — | 89.3 | 1621.2 | 63.8 | 33.8 | — | 30.0 | — |
| 门头沟 | 11 648.0 | 11 001.0 | 2970.0 | 408.0 | 34.0 | 20.0 | 420.0 | 325.0 | 9.5 | 6709.0 | 5.5 | 87.0 | 13.0 | 647.0 | 257.0 | — | 382.0 | 8.0 |
| 房山 | 27 925.0 | 24 990.0 | 2083.1 | 9833.7 | 3868.7 | 2360.1 | 1314.8 | 3082.7 | 289.5 | 1041.8 | 48.6 | 878.1 | 188.7 | 2935.2 | 2490.0 | 136.8 | 308.0 | 0.4 |
| 通州 | 33 797.0 | 32 757.0 | 3737.0 | 4845.7 | 10 070.0 | 4970.7 | 263.3 | 239.0 | 65.9 | 7973.9 | — | 468.4 | 123.0 | 1040.2 | 1040.2 | — | — | — |
| 顺义 | 31 852.8 | 31 754.5 | 9548.7 | 6204.1 | 2711.4 | 7500.9 | 962.0 | 104.5 | 450.8 | 3880.7 | — | 239.8 | 151.6 | 71.3 | 71.3 | — | — | — |
| 昌平 | 29 210.0 | 27 405.0 | 17000.0 | 700.0 | 1600.0 | 1500.0 | 1200.0 | 350.0 | 650.0 | 3500.0 | 40.0 | 850.0 | 15.0 | 1805.0 | 800.0 | 900.0 | 100.0 | 5.0 |
| 大兴 | 40 630.0 | 40 450.0 | 1170.0 | 16 800.0 | 13 300.0 | 6900.0 | 776.0 | — | 550.0 | 283.0 | 20.0 | 196.0 | 455.0 | 180.0 | 180.0 | — | — | — |
| 怀柔 | 25 314.0 | 13 907.0 | 1877.3 | 1803.5 | 1816.5 | 514.8 | 2335.9 | 334.9 | 728.4 | 784.4 | 364.5 | 3136.0 | 211.2 | 11 407.0 | 3411.4 | 5130.7 | 2540.5 | 324.0 |
| 平谷 | 162 684.0 | 154 792.0 | 7769.8 | 4388.4 | 131 499.0 | 702.2 | 1298.7 | 3434.0 | 407.3 | 450.8 | 486.3 | 2742.5 | 1612.9 | 7892.4 | 5924.7 | 1964.9 | 2.8 | — |
| 密云 | 43 298.0 | 24 020.0 | 5425.5 | 4864.1 | 929.9 | 4560.1 | 521.7 | 1199.8 | 961.1 | 4206.0 | 531.2 | 820.9 | — | 19 278.0 | 7302.1 | 10 671.0 | 1304.3 | — |
| 延庆 | 17 196.0 | 13 812.0 | 9852.3 | 229.2 | 208.4 | 2012.8 | 767.2 | — | 86.2 | — | 278.4 | 258.0 | 119.4 | 3384.4 | 1368.0 | 539.2 | 1477.2 | — |
| 本年合计 | 433 900.0 | 385 179.0 | 62 212.0 | 50 679.0 | 167 346.0 | 31 529.3 | 10 303.0 | 9088.9 | 4309.4 | 32 997.0 | 1859.1 | 10 344.0 | 4511.0 | 48 721.0 | 22 896.0 | 19 343.0 | 6144.8 | 337.4 |
| 上年合计 | 439 479.0 | 364 998.0 | 66 873.0 | 49 102.0 | 154 411.0 | 31 495.0 | 8589.6 | 10 237.0 | 4118.5 | 28 417.0 | 1879.4 | 7123.2 | 2752.3 | 96 403.1 | 34 179.0 | 32 302.0 | 7386.2 | 613.0 |

的经济林生态系统服务功能价值量也居后 3 位。可见，当经济林树种的生态价值越高时，对应的产业价值也越高。

北京市不同经济林树种和各行政区经济林产业产值及成本特征如表 11-2 和表 11-3 所示，北京市不同经济林树种年产值共计 15.35 亿斤 / 年，桃、苹果和梨位居前三，这 3 个经济林树种年产值占北京市经济林总产值的 72.18%，最小的是其他干果和山楂。全市不同经济林树种成本为 19.66 亿元 / 年，全市经济林效益为 23.77 亿元 / 年，经济林的生态价值是其经济效益的 3.30 倍，在经济林经济效益的基础上加入经济林发挥的生态价值，全市经济林总效益达到了 102.17 亿元 / 年，是经济林年产值的 2.36 倍。可见，北京市经济林树种发挥的巨大生态效益，其价值远大于单纯的果品收入。

北京市各行政区经济林年产量共计 15.35 亿斤，平谷区、密云区和大兴区位居前三，最小的是石景山区、丰台区和海淀区。各行政区经济林年产值达 43.37 亿元，排前三的是平谷区、密云区和大兴区，这 3 个区的经济林年产值占北京市经济林总产值的 56.84%，最小的是丰台区和石景山区。可见，不同经济林树种年产值和各行政区经济林产业价值排名靠前的树种和区，对应的经济林生态系统服务功能价值也较高。

表 11-2　北京市不同经济林树种产业产值及成本特征

| 经济林 | 年产量 /（亿斤 / 年） | 年产值 /（亿元 / 年） | 成本 /（亿元 / 年） | 经济效益 /（亿元 / 年） | 生态价值 /（亿元 / 年） | 经济林效益 /（亿元 / 年） | 比例 |
|---|---|---|---|---|---|---|---|
| 桃 | 6.27 | 16.73 | 8.15 | 8.59 | 12.69 | 21.28 | 20.83% |
| 苹果 | 2.53 | 6.22 | 2.28 | 3.94 | 4.82 | 8.77 | 8.58% |
| 梨 | 2.28 | 5.07 | 2.28 | 2.79 | 4.41 | 7.21 | 7.06% |
| 樱桃 | 0.36 | 3.30 | 1.21 | 2.09 | 2.20 | 4.29 | 4.20% |
| 葡萄 | 0.71 | 3.15 | 1.11 | 2.05 | 1.54 | 3.58 | 3.50% |
| 核桃 | 0.25 | 2.29 | 0.95 | 1.34 | 8.48 | 9.83 | 9.62% |
| 板栗 | 0.61 | 1.93 | 0.97 | 0.96 | 23.44 | 24.40 | 23.88% |
| 杏 | 1.02 | 1.64 | 1.28 | 0.37 | 9.33 | 9.69 | 9.49% |
| 枣 | 0.37 | 1.03 | 0.56 | 0.48 | 2.74 | 3.22 | 3.15% |
| 柿子 | 0.53 | 0.91 | 0.51 | 0.40 | 5.08 | 5.48 | 5.36% |

续表

| 经济林 | 年产量 /<br>（亿斤 / 年） | 年产值 /<br>（亿元 / 年） | 成本 /<br>（亿元 / 年） | 经济效益 /<br>（亿元 / 年） | 生态价值 /<br>（亿元 / 年） | 经济林效益 /<br>（亿元 / 年） | 比例 |
|---|---|---|---|---|---|---|---|
| 其他<br>鲜果 | 0.16 | 0.45 | 0.14 | 0.32 | 1.38 | 1.69 | 1.66% |
| 李子 | 0.15 | 0.43 | 0.12 | 0.32 | 0.92 | 1.23 | 1.21% |
| 山楂 | 0.10 | 0.19 | 0.09 | 0.10 | 1.24 | 1.34 | 1.31% |
| 其他<br>干果 | 0.01 | 0.03 | 0.01 | 0.02 | 0.13 | 0.16 | 0.15% |
| 总计 | 15.35 | 43.37 | 19.66 | 23.77 | 78.40 | 102.17 | 100.00% |

表 11-3　北京市各行政区经济林产业产值及成本特征

| 区 | 年产量 /<br>（亿斤 / 年） | 年产值 /<br>（亿元 / 年） | 成本 /<br>（亿元 / 年） | 经济效益 /<br>（亿元 / 年） | 生态价值 /<br>（亿元 / 年） | 经济林效益 /<br>（亿元 / 年） | 比例 |
|---|---|---|---|---|---|---|---|
| 石景山 | 0.02 | 0.19 | 0.03 | 0.16 | 0.06 | 0.22 | 0.22% |
| 丰台 | 0.06 | 0.11 | 0.08 | 0.03 | 0.30 | 0.33 | 0.32% |
| 海淀 | 0.38 | 0.74 | 0.66 | 0.07 | 1.53 | 1.60 | 1.57% |
| 门头沟 | 0.49 | 1.16 | 0.63 | 0.53 | 3.00 | 3.53 | 3.46% |
| 房山 | 1.11 | 2.79 | 1.43 | 1.36 | 6.28 | 7.64 | 7.48% |
| 通州 | 0.75 | 3.38 | 1.07 | 2.31 | 2.19 | 4.50 | 4.41% |
| 顺义 | 0.87 | 3.18 | 1.05 | 2.13 | 2.32 | 4.45 | 4.36% |
| 昌平 | 1.39 | 2.92 | 1.74 | 1.18 | 7.51 | 8.69 | 8.51% |
| 大兴 | 1.63 | 4.06 | 1.96 | 2.11 | 3.97 | 6.08 | 5.95% |
| 怀柔 | 0.90 | 2.53 | 1.21 | 1.32 | 11.99 | 13.31 | 13.03% |
| 平谷 | 4.87 | 16.27 | 6.32 | 9.95 | 15.51 | 25.46 | 24.92% |
| 密云 | 1.72 | 4.33 | 2.11 | 2.21 | 17.52 | 19.73 | 19.31% |
| 延庆 | 1.15 | 1.72 | 1.34 | 0.38 | 6.22 | 6.60 | 6.46% |
| 总计 | 15.35 | 43.37 | 19.66 | 23.77 | 78.40 | 102.17 | 100.00% |

### 11.2.2 北京市经济林、森林生态系统服务功能单位面积价值量与产业单位面积价值量的不对称性

北京市经济林和森林生态系统每年产生的生态效益单位面积总价值量分别为 5.77 万元 /（年·hm²）和 6.75 万元 /（年·hm²），森林生态系统单位面积价值量是经济林的 1.17 倍。北京市不同经济林和森林树种生态系统服务功能单位面积总价值量如图 11-5 所示，单位面积总价值量排在前 5 位的均是森林树种，油松、杨树、侧柏、雪松和白皮松单位面积价值量分别为 7.83、7.45、7.30、6.79 和 6.31 万元 /（年·hm²）；经济林中服务功能单位面积价值量最高的是其他干果，为 6.09 万元 /（年·hm²）；其次是桃和核桃，其单位面积价值量分别为 6.08 万元 /（年·hm²）和 6.04 万元 /（年·hm²）。从单位面积价值量来看，经济林树种服务功能单位面积价值量居中，梨、其他鲜果、板栗、苹果、柿子、枣、山楂、杏和樱桃的服务功能单位面积价值量均高于灌木林、刺槐、柳树和银杏等树种。

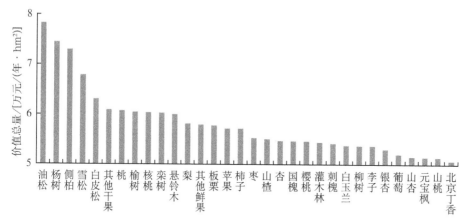

**图 11-5　北京市不同经济林与森林树种生态系统服务功能单位面积总价值量**

北京市不同经济林与森林树种生态系统服务功能单位面积价值量与经济林单位面积产业价值如图 11-6 所示，不同经济林和森林树种的单位面积生态价值相比，经济林位于中后位置，经济林中单位面积生态价值最高的其他干果、桃和核桃分别排在所有树种的第 6、第 7 和第 9 位，当加入经济林单位面积产业价值时，经济林的单位面积生态价值与产业价值总量排序均有所提前（图

11–7），总排序中排在前 10 位的树种中有 9 个经济林树种，最高的为葡萄，单位面积生态价值加产业价值总计为 15.87 万元 /（年·hm²），是森林中单位面积最具生态价值树种油松［7.83 万元 /（年·hm²）］的 2.03 倍；其次是桃、樱桃、苹果、梨和李子；山楂在所有经济林树种总排序中排最后，排在所有经济林和森林树种的第 18 位，后 14 位的树种均为森林树种。从北京市不同经济林与森林树种生态系统单位面积生态价值与产业价值总量排序来看，经济林价值量总体位于中上靠前的位置。

从上可知，其他干果、桃、核桃、梨和其他鲜果排在不同经济林树种生态系统服务功能单位面积价值量的前 5 位，单位面积生态价值加产业价值排前五的经济林树种分别是葡萄、桃、樱桃、苹果和梨。可见，其单位面积生态价值和产业价值排序并不一致。这说明不同经济林树种的生态价值和产业价值相差较大，有的经济林树种产业价值高但生态价值较低，有的树种生态价值高而产业价值却较低；在增加生态效益，保障生态安全，但又不降低经济林产业价值的同时，在经济林树种选择上应该选择生态价值较高产业价值也较高的树种，如桃、核桃、苹果、梨和板栗等。

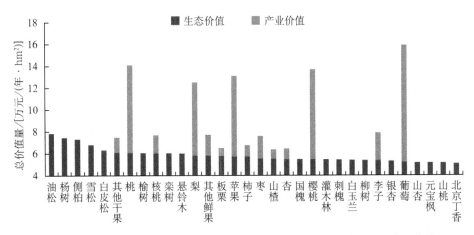

图 11–6　北京市不同经济林与森林树种单位面积生态价值与单位面积产业价值

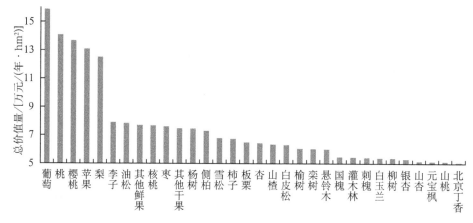

图 11-7　北京市不同经济林与森林树种生态加产业单位面积总价值量排序

### 11.2.3　经济林生态系统主导生态功能时空格局

北京市经济林生态系统服务功能价值量总计为 78.40 亿元 / 年，在中部、南部和北部分别为 1.88 亿元 / 年、15.45 亿元 / 年和 61.07 亿元 / 年，在地理区域空间分布上表现为北部＞南部＞中部，这说明经济林面积越大、森林质量越高、水热条件越好的区域生态效益越高。此外，经济林生态系统的主导生态功能也存在地理分异，表现为中部地区以游憩、净化大气和固碳释氧功能为主，南部地区以净化大气环境、林木积累营养物质功能为主，北部地区以涵养水源、保育土壤和生物多样性保护为主（图 11-8）。

涵养水源功能价值量比例在 34.16% ～ 38.62%，北部地区最大，中部地区最小，这是因为北部地区降雨量较大，经济林面积较大，且经济林生长良好，有利于涵养水源；保育土壤功能价值量也是北部较大，原因是北部地区山地较多，地势高于中部和南部，山地中大量经济林植被的存在，有助于保持水土；游憩功能价值量比例在 10.81% ～ 11.14%，中部最大，北部最低，原因是中部位于城市中心，可吸引大量的游客来观光和采摘，而北部地区远离城市，游客较少，故游憩功能弱于中部；净化大气环境功能价值量比例在 14.84% ～ 16.39%，南部最大，北部最小，原因是南部和中部分别是城郊结合地带和城市中心，污染物排放源较多，经济林树木有大量的污染物质可以吸收，北部地区远离污染源，空气质量较高；生物多样性保护功能价值量比例在

8.65%～8.86%，中部最小，北部最大，原因是北部地区雨热充沛、经济林生长较好，生物栖息环境较好，有利于生物生长，而中心城区车辆、人流和物流较多，产生的污染物质较多，生物栖息环境质量较差，故其生物多样性价值量较低。

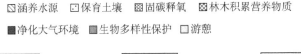

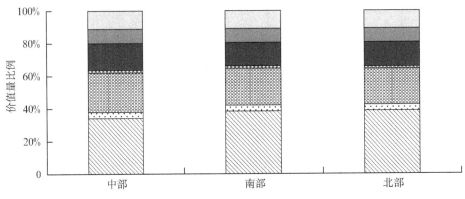

**图11-8 北京市经济林生态系统服务功能价值量比例**

### 11.2.4 北京市经济林生态系统滞纳颗粒物功能与空气质量的对称性分析

从北京市经济林生态系统评估的13个区环境空气质量优良天数来看，优良天数排在前5位的，分别是密云区、延庆区、平谷区、怀柔区和昌平区，空气质量优良天数分别为252天、241天、234天、231天和227天（表11-4）；对应的经济林生态系统服务功能价值量和滞尘排前六的区分别为密云区、平谷区、怀柔区、昌平区、房山区和延庆区；丰台区的空气质量优良天数最少，仅为184天，占比为50.41%；其对应的滞尘量排所有区的倒数第2位。由此可见，当一个区的滞尘量越大时，对应的环境空气质量也越好，反之亦然。

表 11-4 2015 年北京市各行政区环境空气质量类别统计

单位：天

| 区 | 一级优 | 二级良 | 三级轻度污染 | 四级中度污染 | 五级重度污染 | 六级严重污染 | 优良天数合计 | 优良天数比例 |
|---|---|---|---|---|---|---|---|---|
| 丰台 | 63 | 121 | 84 | 41 | 46 | 10 | 184 | 50.41% |
| 石景山 | 72 | 120 | 80 | 43 | 45 | 5 | 192 | 52.60% |
| 海淀 | 81 | 122 | 72 | 40 | 43 | 7 | 203 | 55.62% |
| 门头沟 | 78 | 126 | 68 | 40 | 48 | 5 | 204 | 55.89% |
| 房山 | 78 | 109 | 74 | 48 | 43 | 13 | 187 | 51.23% |
| 通州 | 71 | 115 | 74 | 44 | 49 | 12 | 186 | 50.96% |
| 顺义 | 68 | 122 | 78 | 53 | 35 | 2 | 190 | 53.05% |
| 昌平 | 112 | 115 | 65 | 42 | 30 | 1 | 227 | 62.19% |
| 大兴 | 70 | 110 | 86 | 37 | 50 | 12 | 180 | 49.32% |
| 怀柔 | 116 | 115 | 68 | 36 | 28 | 2 | 231 | 63.29% |
| 平谷 | 118 | 116 | 64 | 34 | 30 | 3 | 234 | 64.11% |
| 密云 | 123 | 129 | 52 | 34 | 26 | 1 | 252 | 69.04% |
| 延庆 | 121 | 120 | 55 | 45 | 22 | 2 | 241 | 66.03% |

## 11.2.5 北京市经济林生态系统服务功能预测分析

采取节水灌溉、提升土壤肥力、生态循环栽培、改良土壤和技术培训可使经济林质量得到提升，经济林质量得到提升后，其服务功能物质量如表 11-5 所示：涵养水源总物质量为 3.57 亿 $m^3$/年；固土总物质量为 234.76 万 t/年；固定土壤氮、磷、钾和有机质总物质量分别为 0.25 万 t/年、0.07 万 t/年、1.60 万 t/年和 12.11 万 t/年；固碳总物质量为 22.77 万 t/年，释氧总物质量为 51.80 万 t/年；林木积累氮、磷和钾总物质量分别为 0.56 万 t/年、0.03 万 t/年和 0.33 万 t/年；提供负离子总物质量为 322.54×10²¹ 个/年，吸收污染物总物质量为 26 130.74 t/年（吸收 $SO_2$ 24 400.61 t/年，吸收 $HF_x$ 797.02 t/年，吸收 $NO_x$ 933.11 t/年），滞尘总物质量为 3852.37 t/年（滞纳 TSP 2092.05 t/年，滞纳 PM10 1472.18 t/年，滞纳 PM2.5 288.14 t/年）。

现有北京市经济林质量不变，面积增加 50 万亩时，其服务功能物质量如表 11-5 所示：涵养水源总物质量为 2.84 亿 $m^3$/年；固土总物质量为 289.07 万 t/年；固定土壤氮、磷、钾和有机质总物质量分别为 0.25 万 t/年、

0.07 万 t / 年、1.64 万 t / 年和12.43 万 t / 年；固碳总物质量为 24.31 万 t / 年，释氧总物质量为 53.70 万 t / 年；林木积累氮、磷和钾总物质量分别为 0.48 万 t / 年、0.03 万 t / 年和 0.29 万 t / 年；提供负离子总物质量为 278.77×10²¹ 个 / 年，吸收污染物总物质量为 27 040.04 t / 年（吸收 $SO_2$ 25 246.98 t / 年，吸收 $HF_x$ 825.92 t / 年，吸收 $NO_x$ 967.14 t / 年），滞尘总物质量为 3993.58 t / 年（滞纳 TSP 2168.73 t / 年，滞纳 PM10 1526.15 t / 年，滞纳 PM2.5 298.70 t / 年）。

现有北京市经济林质量不变，面积增加 100 万亩时，其服务功能物质量如表 11-5 所示：涵养水源总物质量为 3.40 亿 $m^3$/ 年；固土总物质量为 346.31 万 t / 年；固定土壤氮、磷、钾和有机质总物质量分别为 0.30 万 t / 年、0.09 万 t / 年、1.97 万 t / 年和 14.89 万 t / 年；固碳总物质量为 29.12 万 t / 年，释氧总物质量为 64.33 万 t / 年；林木积累氮、磷和钾总物质量分别为 0.58 万 t / 年、0.03 万 t / 年和 0.35 万 t / 年；提供负离子总物质量为 333.82×10²¹ 个 / 年，吸收污染物总物质量为 32 456.56 t / 年（吸收 $SO_2$ 30 304.98 t / 年，吸收 $HF_x$ 989.68 t / 年，吸收 $NO_x$ 1158.90 t / 年），滞尘总物质量为 4784.55 t / 年（滞纳 TSP 2598.28 t / 年，滞纳 PM10 1828.41 t / 年，滞纳 PM2.5 357.86 t / 年）。

表 11-5　北京市经济林生态系统质量提升和面积增加服务功能物质量

| 类别 | 指标 | 物质量 | | |
|---|---|---|---|---|
| | | 质量提升 | 面积增加 50 万亩 | 面积增加 100 万亩 |
| 涵养水源 | 调节水量 /（亿 $m^3$/ 年） | 3.57 | 2.84 | 3.40 |
| 保育土壤 | 固土量 /（万 t / 年） | 234.76 | 289.07 | 346.31 |
| | 氮 /（万 t / 年） | 0.25 | 0.25 | 0.30 |
| | 磷 /（万 t / 年） | 0.07 | 0.07 | 0.09 |
| | 钾 /（万 t / 年） | 1.60 | 1.64 | 1.97 |
| | 有机质 /（万 t / 年） | 12.11 | 12.43 | 14.89 |

续表

| 类别 | 指标 | | 物质量 | | |
| --- | --- | --- | --- | --- | --- |
| | | | 质量提升 | 面积增加<br>50 万亩 | 面积增加<br>100 万亩 |
| 固碳释氧 | 固碳 / (万 t / 年) | | 22.77 | 24.31 | 29.12 |
| | 释氧 / (万 t / 年) | | 51.80 | 53.70 | 64.33 |
| 林木积累<br>营养物质 | 氮 / (万 t / 年) | | 0.56 | 0.48 | 0.58 |
| | 磷 / (万 t / 年) | | 0.03 | 0.03 | 0.03 |
| | 钾 / (万 t / 年) | | 0.33 | 0.29 | 0.35 |
| 净化大气<br>环境 | 提供负离子 / ($10^{21}$ 个 / 年) | | 322.54 | 278.77 | 333.82 |
| | 吸收污染物 /<br>(t / 年) | $SO_2$ (二氧化硫) | 24 400.61 | 25 246.98 | 30 304.98 |
| | | $HF_x$ (氟化物) | 797.02 | 825.92 | 989.68 |
| | | $NO_x$ (氮氧化物) | 933.11 | 967.14 | 1158.90 |
| | 滞尘 /<br>(t / 年) | TSP (总悬浮颗粒物) | 2092.05 | 2168.73 | 2598.28 |
| | | PM10 (粗颗粒物) | 1472.18 | 1526.15 | 1828.41 |
| | | PM2.5 (细颗粒物) | 288.14 | 298.70 | 357.86 |

北京市经济林生态系统质量提升，面积增加 50 万亩和 100 万亩服务功能价值量分别为 105.15 亿元 / 年、97.59 亿元 / 年和 116.89 亿元 / 年（表 11–6）；服务功能价值总量分别是当前价值总量的 1.34 倍、1.24 倍和 1.49 倍；价值量分别提升 34.12%、24.48% 和 49.09%。

表 11–6　北京市经济林生态系统质量提升和面积增加服务功能价值量

| 类别 | 价值量 / (亿元 / 年) | | |
| --- | --- | --- | --- |
| | 质量提升 | 面积增加 50 万亩 | 面积增加 100 万亩 |
| 涵养水源 | 47.08 | 37.49 | 44.93 |
| 保育土壤 | 3.55 | 3.59 | 4.30 |
| 固碳释氧 | 20.84 | 21.67 | 25.96 |
| 林木积累营养物质 | 1.54 | 1.33 | 1.60 |

续表

| 类别 | 价值量 /（亿元 / 年） | | |
|---|---|---|---|
| | 质量提升 | 面积增加 50 万亩 | 面积增加 100 万亩 |
| 净化大气环境 | 13.91 | 14.42 | 17.27 |
| 生物多样性保护 | 8.03 | 8.46 | 10.13 |
| 游憩 | 10.20 | 10.63 | 12.70 |
| 总价值 | 105.15 | 97.59 | 116.89 |

　　北京市经济林生态系统服务功能在不同经济林树种间的分配格局呈现一定的规律性：通过质量提升和增加经济林面积，能使北京市经济林生态系统服务功能价值得到大幅上升，质量提升后其价值是当前价值总量的 1.34 倍。面积在增加 50 万亩和 100 万亩后，其价值分别是当前价值的 1.24 倍和 1.49 倍（图 11-9）。北京作为我国的首都，土地资源极其有限，未来扩大经济林种植面积的可能性低，故在当前经济林种植的范围内，通过加强经济林资源的管护，提升经济林生长质量是优选措施。

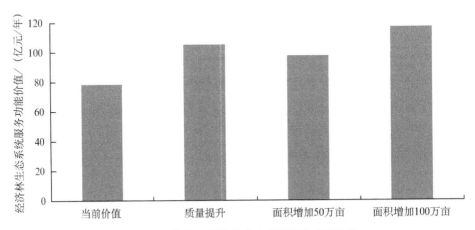

**图 11-9　北京市经济林生态系统服务功能价值**

　　预测评估结果显示，在经济林生态系统质量提升和增加面积后，北京市不同经济林树种生态系统服务功能物质量和价值量排序前几位的均为板栗、桃、核桃和杏，最后几位的均为山楂、李子和其他干果，这与该经济林树种的分布面积大小一致。当面积增加 50 万亩和 100 万亩时，板栗的面积占经济林总面积的 29.55% 和 29.83%，其生态系统服务功能物质量和价值量均排第一位。可见，各经济林树种生态系统服务功能物质量的大小与其面积呈正相关性。经济林主要以人工林为主，受人为干扰较多，在人为精心的培育和管理下，有着较高的生产力，可以高效、稳定地发挥其生态系统服务。

经济林生态系统服务是在林木生长过程中产生的，林木的高生长速度也会对生态产品的产能带来正面的影响，影响经济林生产力的因素包括：林分因子、气候因子、土壤因子和地形因子，它们对经济林生产力产生影响的贡献不同，贡献率分别为 56.7%、16.5%、2.4% 和 24.4%（牛香 等，2017）。由此可见，林分自身的作用对经济林生产力的变化影响最大。

经济林生态系统质量提升和增加面积后，不同经济林树种生态系统服务功能价值量大小排序中，占据前 3 位的为板栗、桃和杏，其中这 3 种经济林树种面积大，生长快，在整个经济林生态系统中占有比例较高，其经济林资源面积的 47.44%、63.13%、31.43% 分别分布在密云区、平谷区和延庆区。这些区均位于北京的北部。可见，北部地区经济林有着较高的生态系统服务功能，由于地理位置的特殊性，不同经济林树种间的经济林生态系统服务分布格局产生了异质性。

综上所述，经济林具有较强的生态系统服务功能，在质量提升和面积增加后可为北京市生态安全和生态文明做出积极贡献。北京市各经济林树种的生态系统服务中，以板栗、核桃和桃 3 种经济林树种最强，主要受经济林资源数量（面积）的影响。板栗、核桃和桃的各项生态系统服务值均高于其他经济林树种，这主要与其各自的生境及生物学特性有关。

鉴于经济林巨大的生态效益，未来可深入发展北京经济林，提升其质量和生态系统服务价值，给予经济林发展政策支持与保障措施，加强组织领导，健全工作机制；完善公共财政支持政策和现有林业投入政策，营造发展环境，优化产业投资环境；在资金上通过财政和金融资金支持，深化集体林权改革，规范林果用地承包经营权流转，吸引社会资本参与林果生产经营；此外，需扩大良种繁育体系，加强病虫害防治体系。经济林不但具有生态效益，同时还具有经济效益，鉴于经济林所发挥的巨大生态效益，建议在北京平原造林中，大力发展高质高效经济林建设，适当扩大经济林的种植面积和范围，为美丽北京的建设贡献价值。

## 11.3　北京市经济林生态系统服务功能前景与展望

### 11.3.1　新常态下经济林生态系统服务功能评估的机遇

（1）把握生态建设新常态

党的十八大报告把生态文明建设放在突出地位，将其纳入社会主义现代化建设总体布局，进一步强调了生态文明建设的地位和作用。习近平总书记强调："保护生态环境就是保护生产力；改善生态环境就是发展生产力"，"生态兴则文明兴、生态衰则文明衰"。北京经济林建设把握生态建设新常态，用数据来证明"绿水青山就是金山银山"，真正实现森林生态系统服务的"三增长"。党的十九大报告明确指出要加快生态文明体制改革，建设美丽中国；人与自然是生命共同体，人类必须尊重自然、顺应自然、保护自然；加大生态系统保护力度。生态环境的良性循环是社会经济实现可持续发展的基础条件，随着京津冀经济圈的逐渐强化，对环境保护的重视程度不断增强，北京市经济林的发展必将受益，北京市经济的发展又将会促进林业的可持续发展。

（2）提高北京市经济林在国民经济中的地位

为了应对全球气候变化，中国承诺增加森林面积，降低碳排放量。北京市也在近年连续实施了平原造林、退耕还林和留白增绿等工程，大面积增加森林面积，同时出台政策，提高森林管理和质量。通过对经济林生态系统服务功能的评估，确定其单位面积在北京市森林生态系统服务功能的比例为85%；经济林在发挥巨大生态效益的同时，还具有森林不具备的经济产业价值。在造林树种上选择生态效益好，同时经济价值也较高的经济林树种，实现经济效益和生态效益的双重增加。通过本次评估，确定了经济林优势树种，量化了经济林生态价值，有助于提高经济林在国民经济林中的地位。

（3）完善经济林生态效益的监测精度和评估指标

因为不同区域的监测条件有差异，有的区域生态监测较为薄弱，缺少基础数据，所以此次评估以北京市各行政区的基础数据、森林生态站数据和社会公共数据为基础，采用分布式测算方法，将北京市经济林生态系统模糊界定为均质的生态单元，在一定程度上反映了经济林生态效益的基本状况。但评估的精度显而易见地受到经济林生态效益监测点数量和分布的影响，尚不能精确地量化北京市经济林所提供的全部生态效益。因此，需要进一步加强北京市内的经济林生态效益监测点数量和优化分布格局，并且严格按照中华人民共和国林业行业标准《森林生态系统定位研究站建设技术要求》（LY/T 1626—2005）建设监测点，不断积累连续监测数据和连续清查数据，从而能够有效地对经济林的生态效益进行精准评估。

本次评估依据中华人民共和国国家标准《森林生态系统服务功能评估规范》（GB/T 38582—2020）确定的 7 类 21 项主要生态服务指标的评估方法，在评估时选择了涵养水源、保育土壤、固碳释氧、林木积累营养物质、净化大气环境、生物多样性保护和游憩 7 类评估指标，这些评估指标并不能完全涵盖北京市经济林提供的所有生态功能；即使是某个单一指标，尚不能反映北京市经济林的全部生态功能。如北京市经济林除了能够净化大气环境外，还能够改变环境小气候、降低噪声和降温增湿等。北京市经济林的这些生态功能都是客观存在并惠益人类的，但受限于目前的仪器设备和技术手段，还无法对这些功能进行全部准确评估，这势必会造成生态总效益值的偏低。这些都有待今后深入研究，不断改进监测技术和手段，从而全面地反映北京市经济林所提供的生态服务。

## 11.3.2 北京市经济林生态系统服务功能评估的前景展望

（1）北京市经济林建设有利于提升生态安全

坚持尊重自然、顺应自然、保护优先和自然恢复为主的方针，实行最严格的生态环境保护制度，是落实"保护生态环境就是保护生产力、改善生态环境就是发展生产力"新理念的基础。北京市经济林建设既要遵循生态效益优先的原则，因地制宜，合理配置资源，又要把经济效益放到至关重要的地位，进行科学规划，分类指导，才能够使北京市经济林具有旺盛的生命力。各行政区在进行北京市经济林建设时，要结合实际情况，遵循自然规律，依据不同的土地类型、区域定位，实现科学界定，分类经营。针对不同类型的经济林树种，采取相应的生态系统服务功能的管理策略：北部营造涵养水源、净化大气环境和生物多样性兼顾的林种，如板栗、桃、杏等；中部应以游憩功能为主，多选择樱桃、杏、梨和桃等树种；南部以吸收污染物和吸附颗粒物强的树种为主，如核桃、枣、梨等。通过因地制宜和适地适树，使北京市经济林做到生态效益、经济效益和社会效益相统一，提高经济林建设的科学性，为实现林业的可持续发展和永续利用奠定基础，也为生态安全提供保障。

（2）为北京市经济林生态效益定量化补偿提供依据

党的十八大提出，深化资源性产品价格和税费改革，建立反映市场供求和资源稀缺程度，体现生态价值和代际补偿的资源有偿使用制度和生态补偿制度。北京市经济林生态系统服务功能评估，全面科学地量化了北京市经济林生态效益的物质量和价值量，为实现生态补偿制度提供了重要的科学依据，也有助于生态补偿制度的实施和利益分配的公平性。坚持谁受益、谁补偿原则，完善对重点生态功能区的生态补偿机制，推动地区间建立横向生态补偿制度。今后，要充分利用评估结果，推动建立健全经济林资源及服务的有偿使用和生态补偿制度，使经济林资源真正成为林农的绿色财富，让林农在社会主义市场经济体制改革中获得实实在在的收益。在生态补偿方面，要以北京市经济林受益的对象和范围为依据，建立全区域的生态补偿体系，提高生态补偿标准，调动各方面造林、育林和护林的积极性。北京市经济林生态系统所提供服务较高的地区应该提高生态补偿的力度，以维护公平的利益分配和保护者应有的权益，这样做不仅有利于促进生态保护和生态恢复，而且有利于区域经济的协调发展和贫困问题的解决。

（3）有助于优化农业结构、实现精准扶贫

通过对北京市经济林生态系统服务功能进行评估，确定具有生态效益和经济效益的经济林优良树种，对不合理的土地利用结构进行优化调整；增加经济林经营质量，提升果品质量，实现集约化、机械化经营；有助于解放大量农村剩余劳动力，使更多的劳动力投入到第二、第三产业建设中，在一定程度上加快了第一产业向第二、第三产业转变的步伐，助推了农村产业结构优化升级。通过经济林品质优化，培育一批特色经济林产业区和龙头企业，使之成为当地特色支柱产业、农村经济发展和农民增收致富的新增长点，最大限度地增加农民收入；政府也需适时引入相关企业，为农户解决长远生计问题提供有力保障，使农民逐渐减弱对土地的依赖性，增加工资性收入，农户家庭纯收入稳步得到提升，生活质量得到巨大改善。

（4）为今后经济林生态系统服务功能研究提供依据

至今，还没有针对经济林生态系统服务功能进行专门评估的研究著作，以往关于经济林服务功能的研究，均以经济林为代表，但经济林包含的树种较多，不同的经济林树种产生的服务功能不一致。本书的出版将对以后的经济林研究提供参考；相关评估数据也可以阐述清楚北京市经济林在森林生态系统服务中

发挥的具体作用；评估结果可解答政府和百姓关心的问题，为政府决策和相关
政策的制定提供依据。

## 11.4　北京市经济林产业发展存在的问题与展望

北京经济林产业是北京都市型现代农业、北京生态环境建设和农民增收致
富目标建设的重要组成部分，对于促进农业经济繁荣、推动新农村建设和丰富
市民生活、率先形成城乡经济社会发展一体化新格局，具有十分重要的意义，
对于首都农业生态效益、经济效益和社会效益的综合提升意义深远。"十二五"
期间，随着北京城市化建设步伐的加快，北京经济林产业经过调结构、转方式、
推动产业优化升级，取得了显著的成绩。经济林面积由"十一五"末期的231
万亩缩减为"十二五"末期的204万亩；其为北京市林木覆盖率的贡献也由9.2%
下降到8.1%。但经济林仍在北京生态建设、都市型现代农业发展、市民休闲
旅游、农民增收致富等方面保持着突出的优势，但也存在着诸多问题。

### 11.4.1　北京市经济林产业发展面临的主要问题

北京市经济林产业总体上发展较快，从业人员数量相对平衡。北京市经济
林产业10余年来取得了长足的进步，面积、产量、产值大幅提高，区域主导
产业优势逐渐显现，优种、设施、观光栽培呈现特色；市场化建设开始起步，
出口量稳步增加；科技创新能力快速增强，基础设施配套步伐加快；基地的专
业化、标准化、优质化生产已成共识；组织化程度日趋提高，对环境建设的贡
献率大大增强，从而使北京市的经济林产业具有良好的基础和发展空间。与此
同时，北京地区经济林产业发展还存在一些在今后工作中需要关注的问题。

（1）缺乏宏观规划，忽视单产和质量、效益低下

盲目发展经济林产业造成的波动和浪费，形成了历史上多次种植面积的大
起大落，普遍表现为注重规模扩张和数量效益，忽视单位面积产量和质量效益
（束怀瑞，2012）。北京郊区各村还保留着小面积的集体小果园，多以承包形
式经营；经济林承包商为了尽快获得经济效益，忽视原地土壤定期改良与经济
林品种的更新维护，多次进行毁灭性的生产活动。同时，这些小果园缺乏具有
带动作用的龙头企业。多数企业处于零散和缺乏整体产业化协作的状况，竞争
力不足，难以规避风险，忽略经济林的养护与管理，效益低下。北京市经济林

栽培利用现代科学总结这些失败经验，可在一定程度上克服盲目性。应提倡成熟理性发展，科学发展。

（2）主栽品种依赖引进，育种创新能力低

中国是经济林资源大国，北京市也是经济林大区，经济林资源面积占森林面积的1/5，对中国经济林产业做出了巨大贡献。随着科技的发展，北京相关专家学者已经培育出了一大批新品种，但主栽品种缺乏具有自主知识产权的优良品种和砧木，国内对育种工作的奖励力度小缺乏鼓励机制，使经济林育种创新能力低（刘玉 等，2015）。

（3）果农质量品牌意识淡薄，技术水平低

目前，北京市农村劳动力中的青壮年大多向第二、第三产业转移，从事经济林产业经济的大多是中老年人，且这些人文化水平较低，受传统观念的影响较深，无品牌意识，难以适应新时代信息技术对农业的要求（陈振钦，2009；赵爱芳，2009）。果园经营管理者受传统观念的影响，对果园进行粗放管理，大水漫灌和施用化肥及农药，使果品质量欠佳。

（4）标准化生产水平低下，果品质量低，缺乏市场竞争力

无论是国内市场还是国际市场，消费者对鲜果质量要求越来越高，不仅要求果实内在质量好、外观好看，而且要求果实无污染，这使得优质高档水果不仅价格高、销路好、经济效益高，国际竞争力也强（陈振钦，2011）。目前，经济林普遍缺乏标准化生产和管理，果农也对标准生产不重视，大量施用氮肥和高浓度农药，果园的管理技术水平也较差，使果产品品质降低，缺乏足够的市场竞争力。

（5）休闲观光果园落后

观光果园建设缺乏系统规划和技术规程，随着经济结构调整和产业化步伐加快，"九五"后期，北京观光经济林业出现了迅猛发展的势头，其经济效益、社会效益、生态效益十分显著（张瑞，2005）。但由于投入不足、设计不科学、技术不成熟，观光果园的建立速度缓慢、不规范、设施配套不全、服务体系建设尚缺乏标准、缺乏宣传及对游客的引导，更缺乏经营理念创新和健全的组织管理系统，这对于观光果园持续发展十分不利。

（6）林果业种植劳动生产率低、生产成本高、机械化技术发展滞后

经济林种植是以劳动密集型生产为特色的产业经营。除了挖穴植树、开沟、植保作业的机械化程度较高外，经济林施肥、修剪和果品采摘加工等环节的机

械化程度不高，从栽培、定植到管理、采摘仍然靠人工作业，生产成本高，劳动生产率低，这主要是由于农机与农（园）艺结合不紧密，大部分果园是农林草间作式，从果园的建设规划到适合的株、行距选择、经济林矮密种植和果园施肥、除草、经济林修剪、喷药、水果采收等方面与机械化作业的要求不适应，机械化作业较难导致的。

## 11.4.2 北京市经济林产业发展对策

近年来，北京经济林的发展取得了重大进展，产业价值不断增加，在北京市生态文明建设中也发挥着重要作用。同时，经济林产业在发展过程中也存在缺乏宏观规划，忽视单产和质量、效益低下；果农质量品牌意识淡薄，技术水平低；标准化生产水平低下，果品质量低，缺乏市场竞争力；休闲观光果园落后等诸多问题。因此，需要实施优化经济林产业结构，加快区域化布局，提升经济林质量；加大科技支撑力度，提高经济林产业的科技含量和创新水平，发挥区域优势等措施，加快经济林产业发展。

（1）优化产业结构，加快区域化布局，提升经济林质量

北京经济林产业通过多年发展，区域化布局初步形成，如平谷的桃、密云的板栗、大兴的梨、通州的核桃、顺义的苹果。政府部门要加强引导果农根据因地制宜，适地适作的原则和集约化、规模化经营的要求，集中成片地发展经济林生产，以提升经济林单产、增加品质。以扶持龙头企业和基地建设为主线，带动操作规范和可追溯制度的实施；以市场为导向，以扩大出口为目标，进一步优化调整不同树种的适宜结构和布局，调整同一树种鲜食和加工的比例；合理布局同一果品成熟期供应比例，增加加工产品的多样性，提高深加工终端产品的比例，促进产业的升级换代。

（2）加大科技支撑力度，提高经济林产业的科技含量和创新水平

加强拥有自主知识产权的经济林品种的选育研究。发挥资源优势，集中人力、物力和财力，以超优品种育种为目标，对重点育种单位、团队进行长期稳定的支持。继续重视引种，规范新资源引进，防止有害生物入侵。挖掘企业的创新能力，引导企业在引育种中发挥作用，逐步形成商品性选育种产业（束怀瑞，2012）；建立古老果树和"京字号"果树种质资源保护和发展体系，创新果树种质资源与育种研究，推广果园生草、化肥减量、生物防治等绿色生产技术，示范设施栽培、避雨栽培、水肥一体化、果园机械化、果园物联网等高效

集约化管理模式，规范果品采后预冷、清洗、分级、包装等商品化处理，开展果品深加工试点。加大对经济林产业基础研究的支持，发展一批具有实力的团队和单位，建立适应北京地区的栽培理论和技术创新体系。

（3）改革技术推广体系，加强基层技术队伍建设，提升果农技术水平

加快经济林生产新技术的示范推广工作，是经济林产业可持续发展的重要条件。基层工作者的技术水平不能满足产业发展的要求。因此，必须加强乡镇基层技术服务队伍的建设，提高他们的专业水平，加大科技服务，对基层人员进行大力培训，努力提高其素质，建设一支技术全面的基层队伍。

（4）加快相关标准的修订和制定工作，实现果品生产标准化

纵观经济林产业发达国家的经验，其中很重要的一条就是从果农到政府，都把制定和实施科学、系统的果业标准视为产业的生命线（陶吉寒，2004）。因此，实行标准化生产，实施品牌战略，创立名牌产品，是解决水果难卖的一条重要途径。制定完善的水果系列标准是实施水果优质名牌战略的基础。农业部门应及时制定和完善水果标准化栽培技术，形成系列标准，并指导果农严格按标准化要求进行生产（李军民 等，2017），特别要注意使用高效低毒低残留农药，组织无公害或绿色水果生产。

（5）发挥区域优势，大力发展休闲观光果园

经济林的种植使休闲度假地增多，由此带来果品采摘、农家乐和观光果园的建设，带动了旅游业、餐饮业的发展，为大众提供休闲、娱乐的场所，使人消除疲劳、愉悦身心。北京市经济林应紧抓特色，建设以春季赏花，冬季赏雪景、观日出等为主要内容的多功能综合性旅游。其风景资源价值、环境质量价值和旅游开发价值都较高。以北京市经济林为主体的自然环境和资源，通过科学规划和一定的经济技术活动，使之可以进一步为游憩所利用，加强宣传，对游人形成吸引力，提高生态服务价值。同时，需加强保护，制定保全、保存和发展的具体措施，在保证其可持续发展的前提下，进行科学合理的开发利用，进而增加人民收入。

（6）创新组织生产方式，实现适度规模发展

积极引导传统生产经营向"合作社 + 农户、龙头企业 + 农户"等方式转变；推动建立果树科技创新和专业化技术服务体系；充分发挥果树产业基金作用，吸引社会资本参与全产业链建设，探索建立多渠道、多元化的果园生产"托管或半托管"社会化服务新模式；支持家庭农场、专业合作社为引领的适度规模

化组织生产方式，推动"一村一品一特色""果品专业村"未来（智慧）果园等特色产业集群建设和示范，营造新场景，提升一批规模化、标准化、现代化的高效示范果园。

（7）创新营销方式，打造果品产业新业态

挖掘 30 余类京味果品文化，打造"京字号"特色果品品牌；引导、鼓励产销直挂、"互联网+"等新型营销模式，融入新消费；加强"线上线下"结合的宣传推介与销售合作，推动果品销售、观光采摘、休闲旅游等融合发展；建立以果树资源为基础，农资物料、技术服务、网上商城等为一体的果树综合管理线上服务平台。

（8）北京经济林产业发展规划

优化完善产业布局，推动产业转型升级，推动以顺义区舞彩浅山为中心，通州、海淀、门头沟等区协同发展的"环六环"樱桃观光采摘带。推动生态涵养区近百万亩干果向生态景观型果园发展；推动山前暖区等区域 30 万亩鲜果向特色精品型果园发展；推动平原地区 50 万亩鲜果向标准化、规范化果园发展。

"十四五"期间，北京经济林产业将以现代果业栽培模式改革、安全高效果品生产技术集成、规模化集约果品生产与经营，企业化的现代果品种、管、销体系构建为重点，全面提高经济林产业对"国际一流、和谐宜居之都"的建设贡献力量。

# 参考文献

[1] ALFANI A, MAISTO G, IOVIENO P, et al. Leaf contamination by atmospheric pollutants as assessed by elemental analysis of leaf tissue, leaf surface deposit and soil [J]. Journal of plant physiology, 1996, 148（s1-s2）: 243-248.

[2] BERMUDEZ G M A, RODRIGUEZ J H, PIGNATA M L. Comparison of the air pollution biomonitoring ability of three Tillandsia species and the lichen *Ramalina celastri* in Argentina [J]. Environmental research, 2009, 109: 6-14.

[3] BRUNEKREEF B, HOLGATE S T. Air pollution and health [J]. The lancet, 2002, 360（9341）: 1233-1242.

[4] CHARLSON R J, SCHWARTZ S E, HALES J M, et al. Climate forcing by anthropogenic aerosols [J]. Science, 1992, 255（5043）: 423-430.

[5] CHEN B, LI S N, YANG X B, et al. Pollution remediation by urban forests: $PM_{2.5}$ reduction in Beijing [J]. Polish journal of environmental studies, 2016, 25（5）: 1873-1881.

[6] CHRISTOFOROU C S, SALMON L G, HANNIGAN M P, et al. Trends in fine particle concentration and chemical composition in southern California [J]. Journal of the air and waste management association, 2000, 50（1）: 43-53.

[7] CLARKE J M. Effect of drought stress on residual transpiration and its relationship with water use of wheat [J]. Canadian journal of plant science, 2000, 1（3）: 695-702.

[8] COHEN P, POTCHTER O, MATZARAKIS A. Daily and seasonal climatic conditions of green urban open spaces in the Mediterranean climate and their impact on human comfort [J]. Building and environment, 2012, 51: 285-295.

[9] DAVIDSON C I, WU Y L. Dry deposition of particles and vapors [M]. Springer, New York: Acidic Precipitation, 1990.

[10] DENG W J, LOUIE P K K, LIU W K, et al. Atmospheric levels and cytotoxicity of PAHs and heavy metals in TSP and $PM_{2.5}$ at an electronic waste recycling site in southeast China [J]. Atmospheric environment, 2006, 40 (36): 6945-6955.

[11] DIXON R K, SOLOMON A M, BROWN S, et al. Carbon pools and flux of global forest ecosystems [J]. Science, 1994, 263 (5144): 185-190.

[12] FANG J Y, CHEN A P, PENG C H, et al. Changes in forest biomass carbon storage in China between 1949 and 1998 [J]. Science, 2001, 292: 2320-2322.

[13] FENG L, CHEN S K, SU H, et al. A theoretical model for assessing the sustainability of ecosystem services [J]. Ecological economy, 2008, 4 (3): 258-265.

[14] GOMEZ-MUNOZ V M, PORTA-GANDARA M A, FERNANDEZ J L. Effect of tree shades in urban planning in hot-arid climatic regions [J]. Landscape and urban planning, 2010, 94 (s3/s4): 149-157.

[15] GONZÁLEZ-MIQUEO L, ELUSTONDO D, LASHERAS E, et al. Use of native mosses as biomonitors of heavy metals and nitrogen deposition in the surroundings of two steel works [J]. Chemosphere, 2010, 78: 965-971.

[16] GRETCHEN A R, WILLIAM L B, JACK L M et al. Combining quantitative trait loci analysis with physiological models to predict genotype-specific transpriation rates [J]. Plant, cell and environment, 2015, 38 (4): 710-717.

[17] HATHWAYA E A, SHARPLESB S. The interaction of rivers and urban form in mitigating the urban heat island effect: a UK case study [J]. Building and environment, 2012, 58 (15): 14-22.

[18] HSU S C, LIU S C, JENG W L, et al. Variations of Cd/Pb and Zn/Pb ratios in Taipei aerosols reflecting long-range transport or local pollution emissions [J]. Science of the total environment, 2005, 347 (1-3): 111-121.

[19] IPCC. Contribution of working group I to the fifth assessment report of the

inter governmental panel on climate change. Climate Change 2013: the physical science basis [M]. Cambfige: Cambfige Universtiy Press, 2013.

[20] KRUEGER A P, REED E J. Biological impact of small air ions [J]. Science, 1976, 193（4259）: 1209–1213.

[21] KRUEGER A P. The biological effects of air ions [J]. International journal of biometeorology, 1985, 29（3）: 205–206.

[22] LOHR V I, PEARSON–MIMS C H. Particulate matter accumulation on horizontal surfaces in interiors: influence of foliage plants [J]. Atmospheric environment, 1996, 30（14）: 2565–2568.

[23] MA X, MA F, LI C, et al. Biomass accumulation, allocation, and water–use efficiency in 10 *Malus* rootstocks under two watering regimes [J]. Agroforestry systems, 2010, 80（2）: 283–294.

[24] MCDONALD A G, BEALEY W J, FOWLER D, et al. Quantifying the effect of urban tree planting on concentrations and depositions of PM10 in two UK conurbations [J]. Atmospheric environment, 2007, 41（38）: 8455–8467.

[25] MCDONALD A G, BEALEY W J, FOWLER D, et al. Quantifying the effect of urban tree planting on concentrations and depositions of PM10 in two UK conurbations [J]. Atmospheric environment, 2007, 41（38）: 8455–8467.

[26] MCNAUGHTON K G, JARVIS P G. Predicting effects of vegetation changes on transpiration and evaporation [J]. Advances in ecological research, 1983, 7（1）: 1–47.

[27] MOHAN M, KANDYA A, Battiprolu A. Urban heat island effect over national capital region of India: a study using the temperature trends [J]. Journal of environmental protection, 2011, 2（4）: 465–472.

[28] MORALES B R E. Analysis in the decay of particle concentration caused by tree species found in Korea. M.S [D]. Seoul: Hanyang University, 2009.

[29] MORGAN J A, DANIEL R L. Gas exchange, carbon isotope discrimination, and production [J]. Crop science, 1993, 33: 178–186.

[30] MYHRE G. Consistency between satellite–derived and modeled estimates of the direct aerosol effect [J]. Science, 2009, 325（5937）: 187–190.

[31] NAKANE H, ASAMI O, YAMADA Y, et al. Effect of negative air ions on computer operation, anxiety and salivary chromogranin a–like immunoreactivity [J]. International journal of psychophysiology, 2002, 46（1）: 85–89.

[32] NIU X, WANG B, LIU S R. Economical assessment of forest ecosystem services in China: characteristics and implications [J]. Ecological complexity, 2012, 11: 1–11.

[33] NIU X, WANG B, WEI W J. Chinese forest ecosystem research network: a platform for observing and studying sustainable forestry [J]. Journal of food, argriculture & environment, 2013, 11（2）: 1232–1238.

[34] NOBEL P S. Achievable productivities of certain CAM plants: basis for high values compared with C3 and C4 plants [J]. New phytologist, 1991, 119（2）: 83–205.

[35] NOWAK D J, CRANE D E, STEVENS J C. Air pollution removal by urban trees and shrubs in the united states [J]. Urban forestry & urban greening, 2006, 4（1）: 115–123.

[36] NOWAK D J, HIRABAYASHI S, BODINE A, et al. Modeled $PM_{2.5}$ removal by trees in ten U.S. cities and associated health effects [J]. Environmental pollution, 2013, 178: 395–402.

[37] PHILLIPS G, HARRIS G J, JONES M W. Effect of air ions on bacterial aerosols [J]. International journal of biometeorology, 1964, 8（8）: 27–37.

[38] POLICHETTI G, COCCO S, SPINALI A, et al. Effects of particulate matter（PM（10）, PM（2.5）and PM（1））on the cardiovascular system [J]. Toxicology, 2009, 261（1–2）: 1–8.

[39] REUNING G A, BAUERLE W L, MULLEN L, et al. Combining quantitative trait loci analysis with physiological models to predict genotype specific transpriation rates [J]. Plant, cell and environment, 2015, 38（4）: 710–717.

[40] ROWNTREE R A, NOWAK D J. Quantifying the role of urban forests in removing atmospheric carbon dioxide [J]. Journal of arboriculture, 1991, 17（10）: 269–275.

[41] TALLIS M, TAYLOR G, SINNETT D, et al. Estimating the removal of atmospheric particulate pollution by the urban tree canopy of London, under current and future environments [J]. Landscape and urban planning, 2011, 103: 129–138.

[42] TAYEL E H, H A O, ANWAR J, et al. Cypress tree ( *Cupressus semervirens* L. ) bark as an indicator for heavy metal pollution in the atmosphere of Amman City, Jordan [J]. Environment international, 2002, 28: 513–519.

[43] TEKLEHAIMANOT Z, JARVIS P G, LEDGER D C. Rainfall interception and boundary layer conductance in relation to tree spacing [J]. Journal of hydrology, 1991, 123 ( 3–4 ): 261–278.

[44] TERZAGHI E, WILD E, ZACCHELLO G, et al. forest filter effect: role of leaves in capturing/releasing air particulate matter and its associated PAHs [J]. Atmospheric environment, 2013, 74 ( 2 ): 378–384.

[45] TESTI L. Carbon exchange and water use efficiency of a growing, irrigated olive orchard [J]. Environmental and experimental botany, 2008, 63 ( 1–3 ): 168–177.

[46] TOMAŠEVIĆM, RAJŠIĆ S, DORDEVIĆ θ D, et al. Heavy metals accumulation in tree leaves from urban areas [J]. Environmental chemistry letters, 2004, 2 ( 3 ): 151–154.

[47] TONG X J, LI J, QIANG Y, et al. Ecosystem water use efficiency in an irrigated cropland in the North China Plain [J]. Journal of hydrology, 2009, 374 ( s3–s4 ): 329–337.

[48] UZU G, SOBANSKA S, SARRET G, et al. Foliar lead uptake by lettuce exposed to atmospheric fallouts [J]. Environmental science and technology, 2010, 44: 1036–1042.

[49] WANG D, WANG B, NIU X. Forest carbon sequestration in China and its benefit [J]. Scandinavian journal of forest research, 2014, 29 ( 1 ): 51–59.

[50] WU C C, LEE G W M. Oxidation of volatile organic compounds by negative air ions [J]. Atmospheric environment, 2004, 38 ( 37 ): 6287–6295.

[51] YIN S, SHEN Z, ZHOU P, et al. Quantifying air pollution attenuation within urban parks: an experimental approach in Shanghai, China [J].

Environmental pollution, 2011, 159: 2155–2163.

[52] YOUNG D R, YAVITT J B. Differences in leaf structure, chlorophyll, and nutrients for the understory tree asimina triloba [J]. American journal of botany, 1987, 74（10）: 1487–1491.

[53] YU H, ONG B L. Diurnal photosynthesis and carbon economy of *acacia mangium* [J]. Acta phytoecologica sinica, 2003, 27（5）: 624–630.

[54] ZHANG D, IWASAKA Y. Nitrate and sulfate in individual Asian dust-storm particles in Beijing, China in spring of 1995 and 1996 [J]. Atmospheric environment, 1999, 33（19）: 3213–3223.

[55] ZHANG J H, SU Z A, LIU G C. Effects of terracing and forestry on soil and water loss in hilly areas of the Sichuan basin, China [J]. Journal of mountain science, 2008, 5: 241–248.

[56] ZHANG W K, WANG B, NIU X. Study on the adsorption capacities for airborne particulates of landscape plants in different polluted regions in Beijing （China）[J]. International journal of environmental research and public health, 2015, 12: 9623–9638.

[57] 安磊. 城市生境中紫椴生态服务功能及其价值评估 [D]. 哈尔滨: 东北林业大学, 2008.

[58] 北京市环境保护局. 北京市环境公报 2016 [R/OL]. [2020–10–01]. http://sthjj.beijing.gov.cn.

[59] 北京市水务局. 北京市水土保持公报 2012 [R/OL]. [2020–10–01]. http://swj.beijing.gov.cn.

[60] 北京市水务局. 北京市水土保持公报 2013 [R/OL]. [2020–10–01]. http://swj.beijing.gov.cn.

[61] 北京市水务局. 北京市水土保持公报 2014 [R/OL]. [2020–10–01]. http://swj.beijing.gov.cn.

[62] 北京市水务局. 北京市水土保持公报 2015 [R/OL]. [2020–10–01]. http://swj.beijing.gov.cn.

[63] 北京市水务局. 北京市水土保持公报 2016 [R/OL]. [2020–10–01]. http://swj.beijing.gov.cn.

[64] 北京市统计局. 北京统计年鉴 2015 [M]. 北京: 中国统计出版社.

[65] 北京市统计局 . 北京统计年鉴 2016 [M]. 北京：中国统计出版社 .

[66] 曹生奎，冯起，司建华，等 . 植物叶片水分利用效率研究综述 [J]. 生态学报，2009，29（7）：3882–3892.

[67] 曹秀春，孟庆繁 . 城市绿化带对大气污染的防护效能 [J]. 东北林业大学学报，2007，35（10）：20–21.

[68] 曾曙才，苏志尧，陈北光 . 我国森林空气负离子研究进展 [J]. 南京林业大学学报（自然科学版），2006，30（5）：107–111.

[69] 柴一新，祝宁，韩焕金 . 城市绿化树种的滞尘效应：以哈尔滨市为例 [J]. 应用生态学报，2002，13（9）：1121–1126.

[70] 常艳，王庆民，张秋良，等 . 内蒙古大兴安岭森林负离子浓度变化规律及价值评估 [J]. 内蒙古农业大学学报（自然科学版），2010，31（1）：83–87.

[71] 陈波，刘海龙，赵东波，等 . 北京西山绿化树种秋季滞纳 $PM_{2.5}$ 能力及其与叶表面 AFM 特征的关系 [J]. 应用生态学报，2016，27（3）：777–784.

[72] 陈波，鲁绍伟，李少宁 . 北京城市森林不同天气状况下 $PM_{2.5}$ 浓度变化 [J]. 生态学报，2016，36（5）：1391–1399.

[73] 陈东立，余新晓，廖邦洪 . 中国森林生态系统水源涵养功能分析 [J]. 世界林业研究，2005，18（1）：49–54.

[74] 陈洪国 . 四种常绿植物蒸腾速率、净光合速率的日变化及对环境的影响 [J]. 福建林业科技，2006，33（1）：76–79.

[75] 陈怀满 . 环境土壤学 [M]. 北京：科学出版社，2005.

[76] 陈慧新 . 北京山区主要树种光合蒸腾与耗水特性研究 [D]. 北京：北京林业大学，2008.

[77] 陈荣华，林鹏 . 红树幼苗对汞的吸收和净化 [J]. 环境科学学报，1989（2）：218–224.

[78] 陈雪华 . 5 个榕树品种叶表面微形态结构与滞尘能力比较 [J]. 南方农业学报，2011，42（10）：1245–1247.

[79] 陈振钦 . 桐乡果树产业现状及产业化发展对策研究 [D]. 杭州：浙江大学，2001.

[80] 储德裕，张建国，徐高福，等 . 2 种植物群落空气负离子浓度及日变化的比较 [J]. 安徽农业科学，2009，37（24）：11805，11807.

[81] 丁杨.东北三省退耕还林工程生态效益评价 [D].北京：北京林业大学，2015.

[82] 董秀凯，管清成，徐丽娜，等.吉林省白石山林业局森林生态系统服务研究 [M].北京：中国林业出版社，2017.

[83] 杜克勤，刘步军.不同绿化树种温湿度效应的研究 [J].农业环境科学学报，1997，16（6）：266-268.

[84] 段舜山，彭少麟，张社尧.绿地植物的环境功能与作用 [J].生态科学，1999，18（2）：79-81.

[85] 方颖，张金池，王玉华.南京市主要绿化树种对大气固体悬浮物净化能力及规律研究 [J].生态与农村环境学报，2007，23（2）：36-40.

[86] 冯程程，姜永雷，唐探，等.昆明市十五种绿化树种降温增湿效应研究 [J].北方园艺，2015，39（13）：76-80.

[87] 冯鹏飞，于新文，张旭.北京地区不同植被类型空气负离子浓度及其影响因素分析 [J].生态环境学报，2015，24（5）：818-824.

[88] 高光林，姜卫兵，汪良驹，等.砧木对盐处理下'丰水'梨幼树光合特性的影响 [J].园艺学报，2013，30（3）：258-262.

[89] 高金晖，王冬梅，赵亮，等.植物叶片滞尘规律研究：以北京市为例 [J].北京林业大学学报，2007，29（2）：94-99.

[90] 龚吉蕊，赵爱，苏培玺，等.黑河流域几个主要植物种光合特征的比较研究 [J].中国沙漠，2005，25（4）：587-592.

[91] 顾文，赵阿丽，徐健，等.基于碳汇生产理念下的县南沟流域退耕还林工程实施效果评价 [J].水土保持研究，2014，21（2）：144-151.

[92] 关欣，李巧云，文倩，等.和田降尘与浮尘、扬尘、沙尘暴的关系研究 [J].环境科学研究，2000，13（6）：1-3.

[93] 郭阿君，岳桦，王志英.9种室内植物蒸腾降温作用的研究 [J].北方园艺，2007（10）：141-142.

[94] 郭二果，王成，郄光发，等.北方地区典型天气对城市森林内大气颗粒物的影响 [J].中国环境科学，2013，33（7）：1185-1198.

[95] 郭太君，林萌，代新竹，等.园林树木增湿降温生态功能评价方法的研究 [J].生态学报，2014，34（19）：5679-5685.

[96] 郭杨，卓丽环.哈尔滨居住区常用的 12 种园林植物固碳释氧能力研究 [J].

安徽农业科学，2014，42（17）：5533–5536.

[97] 国家标准化管理委员会.森林生态系统服务功能评估规范（GB/T 38582—2020）[S].北京：中国标准出版社，2020.

[98] 国家标准化管理委员会.森林生态系统长期定位观测方法（GB/T 33027—2016）[S].北京：中国标准出版社，2016.

[99] 国家标准化管理委员会.森林生态系统长期定位观测指标体系（GB/T 38377—2017）[S].北京：中国标准出版社，2017.

[100] 国家林业局.退耕还林工程生态效益监测国家报告（2013）[M].北京：中国林业出版社，2014.

[101] 国家林业局.退耕还林工程生态效益监测国家报告（2014）[M].北京：中国林业出版社，2015.

[102] 国家林业局.退耕还林工程生态效益监测国家报告（2015）[M].北京：中国林业出版社，2016.

[103] 国家统计局.中国环境统计年鉴 2013 [M].北京：中国统计出版社，2013.

[104] 国家统计局.中国环境统计年鉴 2015 [M].北京：中国统计出版社，2015.

[105] 国家统计局.中国环境统计年鉴 2016 [M].北京：中国统计出版社，2016.

[106] 国家统计局.中国统计年鉴 [M].北京：中国统计出版社，2015.

[107] 国家统计局.中国统计年鉴 [M].北京：中国统计出版社，2016.

[108] 韩焕金.哈尔滨市主要植物生理生态功能研究 [J].江苏林业科技，2005，32（4）：5–10.

[109] 韩庆典，谢宝东.3 种绿化藤本植物降温增湿效应的研究 [J].中国农学通报，2014，30（31）：224–228.

[110] 何亮.城市不同功能类型绿地的降温增湿和空气净化效应研究 [D].武汉：华中农业大学，2013.

[111] 和继军，蔡强国，田磊，等.植被措施对土壤保育的作用及其影响因素分析 [J].土壤通报，2010，41（3）：706–710.

[112] 胡星明，王丽平，杨坤，等.城市道路旁小蜡叶片对重金属的富集特征 [J].环境化学，2009，28（1）：89–93.

[113] 黄丽坤，王坤，王广智，等.哈尔滨市大气中 TSP、PM10 和 PM2.5 相关性分析 [J].化学与黏合，2014，36（6）：463–465.

[114] 黄彦柳，陈东辉，陆丹，等.空气负离子与城市环境 [J].干旱环境监测，

2004，18（4）：208–211.

[115] 贾彦，吴超，董春芳，等. 7种绿化植物滞尘的微观测定 [J]. 中南大学学报（自然科学版），2012，43（11）：2362–2366.

[116] 姜卫兵，高光林，俞开锦，等. 水分胁迫对果树光合作用及同化代谢的影响研究进展 [J]. 果树学报，2002，19（6）：416–420.

[117] 姜小文，易干军，张秋明. 果树光合作用研究进展 [J]. 湖南环境生物职业技术学院学报，2003，9（4）：302–308.

[118] 蒋有绪. 中国林业发展的环境目标战略研究 [M]. 北京：中国科学技术出版社，1992.

[119] 金华，玉米提·哈力克，阿丽亚·拜都热拉，等. 阿克苏8种常见树种叶片水分利用效率特征 [J]. 西北林学院学报，2015，30（2）：44–50.

[120] 靳芳. 中国森林生态系统价值评估研究 [D]. 北京：北京林业大学，2005.

[121] 孔国辉，陈宏通，刘世忠，等. 广东园林绿化植物对大气污染的反应及污染物在叶片的积累 [J]. 热带亚热带植物学报，2003，11（4）：297–315.

[122] 孔令伟. 北京市大兴区PM2.5质量浓度变化特征及植被调控功能研究 [D]. 哈尔滨：东北林业大学，2015.

[123] 李冬梅，谭秋平，高东升，等. 光周期对休眠诱导期桃树光合及PS II 光系统性能的影响 [J]. 应用生态学报，2014，25（7）：1933–1939.

[124] 李海梅，何兴元，宋力. 3种灌木树种光合特性及影响因子研究 [J]. 沈阳农业大学学报，2007（4）：605–608.

[125] 李海梅，刘霞. 青岛市城阳区主要园林树种叶片表皮形态与滞尘量的关系 [J]. 生态学杂志，2008，27（10）：1659–1662.

[126] 李晶，孙根年，任志远，等. 植被对盛夏西安温度/湿度的调节作用及其生态价值实验研究 [J]. 干旱区资源与环境，2002，16（2）：102–106.

[127] 李菊. 千烟洲人工针叶林水汽通量特征和水分利用效率研究 [D]. 北京：中国农业大学，2006.

[128] 李军民，孙羊林，黄健，等. 扬州市果树产业发展现状及对策 [J]. 现代农业科学，2017（11）：102–103.

[129] 李少宁，孔令伟，鲁绍伟，等. 北京常见绿化树种叶片富集重金属能力研究 [J]. 环境科学，2014，35（5）：1891–1900.

[130] 李少宁，鲁绍伟，孔令伟．北京地区部分树种生态功能研究 [M]．北京：
中国林业出版社，2014.

[131] 李少宁，王兵，赵广东，等．森林生态系统服务功能研究进展：理论与
方法 [J]．世界林业研究，2004，17（4）：14-18.

[132] 李少宁，王燕，张玉平，等．北京典型园林植物区空气负离子分布特征
研究 [J]．北京林业大学学报，2010，32（1）：130-135.

[133] 廖行，王百田，武晶，等．不同水分条件下核桃蒸腾速率与光合速率的
研究 [J]．水土保持研究，2007，14（4）：30-34.

[134] 林欣，林晨菲，刘素青，等．18 种常见灌木绿化树种光合特性及固碳释
氧能力分析 [J]．热带农业科学，2014（12）：30-34.

[135] 林治庆，黄会一．木本植物对汞耐性的研究 [J]．生态学报，1989（4）：
315-319.

[136] 刘斌，鲁绍伟，李少宁，等．北京大兴 6 种常见绿化树种吸附 PM2.5 能
力研究 [J]．环境科学与技术，2016，39（2）：31-37.

[137] 刘大锰，马永胜，高少鹏，等．北京市区春季燃烧源大气颗粒物的污染
水平和影响因素 [J]．现代地质，2005，19（4）：627-633.

[138] 刘国华，傅伯杰，方精云．中国森林碳动态及其对全球碳平衡的贡献 [J]．
生态学报，2000，20（5）：733-740.

[139] 刘嘉君，王志刚，阎爱华，等．12 种彩叶树种光合特性及固碳释氧功能 [J]．
东北林业大学学报，2011，39（9）：23-25.

[140] 刘璐，管东生，陈永勤．广州市常见行道树种叶片表面形态与滞尘能力 [J]．
生态学报，2013，33（8）：2604-2614.

[141] 刘萌萌．林带对阻滞吸附 PM2.5 等颗粒物的影响研究 [D]．北京：北京林
业大学，2014.

[142] 刘维涛，张银龙，陈喆敏，等．矿区绿化树木对镉和锌的吸收与分布 [J]．
应用生态学报，2008，19（4）：752-756.

[143] 刘欣欣，华超，张明如，等．千岛湖姥山林场不同森林群落空气负离子
浓度的比较 [J]．浙江农林大学学报，2012，29（3）：366-373.

[144] 刘艳菊，丁辉．植物对大气污染的反应与城市绿化 [J]．植物学报，2001
（5）：577-586.

[145] 刘玉，郜允兵，孙超，等．北京市果业发展现状、面临问题及对策研究 [J]．

北方园艺，2015（4）：174–177.

[146] 刘玉梅，王云诚，于贤昌，等.黄瓜单叶净光合速率对二氧化碳浓度、温度和光照强度响应模型 [J]. 应用生态学报，2007，18（4）：883–887.

[147] 鲁敏，李成.绿化树种对大气重金属污染物吸收净化能力的研究 [J]. 山东林业科技，164（3）：31–32.

[148] 鲁绍伟，高琛，杨新兵，等.北京市不同污染区主要绿化树种对土壤重金属的富集能力 [J]. 东北林业大学学报，2014，42（5）：22–26.

[149] 鲁绍伟，李少宁，陈波，等.北京西山不同海拔油松林 PM2.5 浓度及叶片吸附量变化规律 [J]. 生态学报，2017，37（19）：6588–6596.

[150] 鲁绍伟，杨超，陈波，等.北京市不同品种杏吸滞颗粒物能力研究 [J]. 四川农业大学学报，2016，34（2）：161–166.

[151] 陆贵巧，谢宝元，谷建才，等.大连市常见绿化树种蒸腾降温的效应分析 [J]. 河北农业大学学报，2006，29（2）：65–67.

[152] 陆贵巧，尹兆芳，谷建才，等.大连市主要行道绿化树种固碳释氧功能研究 [J]. 河北农业大学学报，2006，29（6）：49–51.

[153] 马生珍.果树栽培技术的发展特点 [J]. 中国农业信息，2015（4）：94–95.

[154] 马跃良，贾桂梅.广州市区植物叶片重金属元素含量及其大气污染评价 [J]. 城市环境与城市生态，2001（6）：28–30.

[155] 么旭阳，胡耀升，刘艳红，等.北京市 8 种常见绿化树种滞尘效应 [J]. 西北林学院学报，2014，29（3）：92–95.

[156] 苗毓鑫，王顺利，王荣新，等.甘肃省森林优势树种营养元素积累及其生态服务价值研究 [J]. 甘肃农业大学学报，2012，47（6）：108–113.

[157] 莫健彬，王丽勉，秦俊，等.上海地区常见园林植物蒸腾降温增湿能力的研究 [J]. 安徽农业科学，2007，35（30）：9506–9507，9510.

[158] 能源研究所"中国可持续发展能源暨碳排放分析"课题组.中国可持续发展能源暨碳排放情景研究 [J]. 中国能源，2003，25（6）：5–11.

[159] 聂道平.森林生态系统营养元素的生物循环 [J]. 林业科学研究，1991（4）：435–440.

[160] 牛香，胡天华，王兵，等.宁夏贺兰山国家级自然保护区森林生态系统服务功能评估 [M]. 北京：中国林业出版社，2017.

[161] 牛香，薛恩东，王兵，等.森林治污减霾功能研究：以北京市和陕西关中地区为例 [M].北京：科学出版社，2017.

[162] 欧阳志云，王如松，赵景柱.生态系统服务功能及其生态经济价值评价 [J].应用生态学报，1999，10（5）：635-640.

[163] 潘海燕，冀兰涛，丁清波.梧桐落叶对重金属吸附的初步研究 [J].黑龙江环境通报，2002，26（1）：91-92.

[164] 潘瑞炽.植物生理学 [M].5 版.北京：高等教育出版社，1979.

[165] 彭镇华.城市森林纵横谈 [J].中国城市林业，2005，3（2）：4-7.

[166] 濮阳雪华，高晨浩，罗红松，等.北京鸿华高尔夫球场生态环境效益评价研究 [J].草业学报，2014，23（5）：124-132.

[167] 齐飞艳，朱彦锋，赵勇，等.郑州市园林植物滞留大气颗粒物能力的研究 [J].河南农业大学学报，2009，43（3）：256-259.

[168] 秦仲，李湛东，成仿云，等.北京园林绿地 5 种植物群落夏季降温增湿作用 [J].林业科学，2016，52（1）：37-47.

[169] 邱媛，管东生，宋巍巍，等.惠州城市植被的滞尘效应 [J].生态学报，2008，28（6）：2455-2462.

[170] 任军，宋庆丰，山广茂，等.吉林省森林生态连清与生态系统服务研究 [M].北京：中国林业出版社，2016.

[171] 任乃林，陈炜彬，黄俊生，等.用植物叶片中重金属元素含量指示大气污染的研究 [J].广东微量元素科学，2004，11（10）：41-45.

[172] 尚杰，耿增超，陈心想，等.施用生物炭对旱作农田土壤有机碳、氮及其组分的影响 [J].农业环境科学学报，2015，34（3）：509-517.

[173] 邵海荣，贺庆棠，阎海平，等.北京地区空气负离子浓度时空变化特征的研究 [J].北京林业大学学报，2005，27（3）：35-39.

[174] 邵海荣，贺庆棠.森林与空气负离子 [J].世界林业研究，2000，13（5）：19-23.

[175] 沈国舫，王礼先.中国生态环境建设与水资源保护利用 [M].北京：中国水利水电出版社，2001.

[176] 石强，舒惠芳，钟林生，等.森林游憩区空气负离子评价研究 [J].林业科学，2004，40（1）：36-40.

[177] 史红文，秦泉，廖建雄，等.武汉市 10 种优势园林植物固碳释氧能力研

究 [J]. 中南林业科技大学学报，2012，31（9）：87-90.

[178] 束怀瑞. 中国果树产业可持续发展战略研究 [J]. 落叶果树，2012，44（1）：1-4.

[179] 司婷婷，罗艳菊，赵志忠，等. 吊罗山热带雨林空气负离子浓度与气象要素的关系 [J]. 资源科学，2014，36（4）：788-792.

[180] 宋丽华，曹兵，吴李. 银川市几种绿化树种降温增湿效应的比较 [J]. 西北林学院学报，2009，24（3）：46-48.

[181] 宋庆丰. 中国近40年森林资源变迁动态对生态功能的影响研究 [D]. 北京：中国林业科学研究院，2015.

[182] 宋宇，唐孝炎，方晨，等. 北京市大气细粒子的来源分析 [J]. 环境科学，2002，23（6）：11-16.

[183] 孙明珠，田媛，刘效兰. 北京不同功能区空气负离子差异的实验研究 [J]. 环境科学与技术，2010，33（12）：515-519.

[184] 孙霞，柴仲平，蒋平安. 水、氮对南疆'红富士'苹果光合特性日变化的影响 [J]. 北方经济林树种，2010（1）：3-6.

[185] 覃正亚，王永安，苏立刚，等. 湖南省油茶林生态经济效益研究（续）[J]. 经济林研究，2003，21（1）：29-32.

[186] 唐艳，刘连友，屈志强，等. 植物阻沙能力研究进展 [J] 中国沙漠，2011，31（1）：43-48.

[187] 陶宝先，张金池. 南京地区主要森林类型空气负离子变化特征 [J]. 南京林业大学学报（自然科学版），2012，36（2）：147-150.

[188] 陶吉寒. 山东省果品产业发展现状与可持续发展对策研究 [D]. 泰安：山东农业大学，2004.

[189] 土晓宁，刘广全. 秦岭主要林区锐齿栎林营养积累和分布的特点 [J]. 西北林学院学报，2000，15（1）：1-8.

[190] 汪本福，黄金鹏，杨晓龙，等. 干旱胁迫抑制作物光合作用机理研究进展 [J]. 湖北农业科学，2014，53（23）：5628-5632.

[191] 王爱霞，张敏，方炎明，等. 行道树对重金属污染的响应及其功能型分组 [J]. 北京林业大学学报，2010，32（2）：177-183.

[192] 王兵，鲁绍伟. 中国经济林生态系统服务价值评估 [J]. 应用生态学报，2009，20（2）：417-425.

[193] 王兵，魏江生，胡文 . 中国灌木林 – 经济林 – 竹林的生态系统服务功能
评估 [J]. 生态学报，2011，31（7）：1936–1945.

[194] 王兵，张维康，牛香，等 . 北京 10 个常绿树种颗粒物吸附能力研究 [J].
环境科学，2015，36（2）：408–414.

[195] 王兵 . 森林生态连清技术体系构建于应用 [J]. 北京林业大学学报，
2015，37：1–8.

[196] 王兵 . 生态连清理论在森林生态系统服务功能评估中的实践 [J]. 中国水
土保持科学，2016，14（1）：1–10.

[197] 王成，郭二果，郄光发 . 北京西山典型城市森林内 PM2.5 动态变化规律 [J].
生态学报，2014，34（19）：5650–5658.

[198] 王成，郄光发，杨颖，等 . 高速路林带对车辆尾气重金属污染的屏障作
用 [J]. 林业科学，2007，43（3）：1–7.

[199] 王丹丹，孙峰，周春玲，等 . 城市道路植物圆柏叶片重金属含量及其与
滞尘的关系 [J]. 生态环境学报，2012，21（5）：947–951.

[200] 王根绪，程国栋，徐中民 . 中国西北干旱区水资源利用及其生态环境问
题 [J]. 自然资源学报，1999，14（2）：109–116.

[201] 王红霞，张志华，玄立春 . 果树光合作用研究进展 [J]. 河北农业大学学报，
2003，26（z1）：49–52.

[202] 王洪俊 . 城市森林结构对空气负离子水平的影响 [J]. 南京林业大学学报
（自然科学版），2004，28（5）：96–98.

[203] 王焕校 . 污染生态学 [M]. 北京：高等教育出版社，2002.

[204] 王会霞，石辉，李秧秧 . 城市绿化植物叶片表面特征对滞尘能力的影响 [J].
应用生态学报，2010，21（12）：3077–3082.

[205] 王继和，张盹明，吴春荣，等 . 金冠、毛里斯、新红星苹果光合特性的
研究 [J]. 西北植物学报，2000，20（5）：802–811.

[206] 王蕾，高尚玉，刘连友，等 . 北京市 11 种园林植物滞留大气颗粒物能力
研究 [J]. 应用生态学报，2006，17（4）：597–601.

[207] 王蕾，哈斯，刘连友，等 . 北京市春季天气状况对针叶树种叶面颗粒物
附着密度的影响 [J]. 生态学杂志，2006，25（8）：998–1002.

[208] 王蕾，哈斯，刘连友，等 . 北京市六种针叶树叶面附着颗粒物的理化特
征 [J] 应用生态学报，2007，18（3）：487–492.

[209] 王孟本，李洪建，柴宝峰，等．树种蒸腾作用、光合作用和蒸腾效率的比较研究 [J]．植物生态学报，1999，23（5）：401-410．

[210] 韦朝阳，陈同斌．重金属超富集植物及植物修复技术研究进展 [J]．生态学报，2001，21（7）：1196-1203．

[211] 魏立峰．内蒙古京津风沙源治理工程区森林防风固沙功能价值评估 [J]．内蒙古林业调查规划，2017，40（2）：30-33．

[212] 温达志，孔国辉，张德强，等．30种园林植物对短期大气污染的生理生态反应 [J]．植物生态学报，2003，27（3）：311-317．

[213] 吴楚材，郑群明，钟林生．森林游憩区空气负离子水平的研究 [J]．林业科学，2001，37（5）：75-81．

[214] 吴际友，程政红，龙应忠，等．园林树种林分中空气负离子水平的变化 [J]．南京林业大学学报（自然科学版），2003，27（4）：78-80．

[215] 吴文勇，尹世洋，刘洪禄，等．污灌区土壤重金属空间结构与分布特征 [J]．农业工程学报，2013，29（4）：165-173．

[216] 吴雁雯，张金池，顾哲衍，等．百山祖两种阔叶木本植物的光合蒸腾作用特性研究 [J]．水土保持研究，2014，21（6）：204-210．

[217] 吴耀兴，康文星，郭清和，等．广州市城市森林对大气污染物吸收净化的功能价值 [J]．林业科学，2009，45（5）：42-48．

[218] 夏尚光，牛香，苏守香，等．安徽省森林生态连清与生态系统服务研究 [M]．北京：中国林业出版社，2016．

[219] 谢滨泽，王会霞，杨佳，等．北京常见阔叶绿化植物滞留 PM2.5 能力与叶面微结构的关系 [J]．西北植物学报，2014，34（12）：2432-2438．

[220] 谢雪宇，胡希军，朱炫霓．寨场山森林公园空气负离子浓度的时空变化特征 [J]．西北林学院学报，2014，30（5）：37-41．

[221] 辛惠卿，霍俊伟．环境胁迫对果树光合作用的影响 [J]．东北农业大学学报，2008，39（9）：130-135．

[222] 徐昭晖．安徽省主要森林旅游区空气负离子资源研究 [D]．合肥：安徽农业大学，2004．

[223] 杨超，鲁绍伟，陈波，等．北京地区常见果树光合速率和固碳释氧效应 [J]．经济林研究，2016，34（1）：57-64．

[224] 杨超，鲁绍伟，陈波，等．北京地区常见果树蒸腾吸热和蒸腾降温效应

研究 [J]. 北方园艺，2015，39（18）：22–25.

[225] 杨国亭，王兵，殷彤，等. 黑龙江省森林生态连清与生态系统服务研究 [M].
北京：中国林业出版社，2016.

[226] 杨洪强，接玉玲，张连忠，等. 断根和剪枝对盆栽苹果叶片光合蒸腾及
WUE 的影响 [J]. 园艺学报，2002，29（3）：197–202.

[227] 杨佳，王会霞，谢滨泽，等. 北京 9 个树种叶片滞尘量及叶面微形态解
释 [J]. 环境科学研究，2015，28（3）：384–392.

[228] 杨建松，杨绘，李绍飞，等. 不同植物群落空气负离子水平研究 [J]. 贵
州气象，2006，30（3）：23–27.

[229] 杨赉丽. 城市绿地系统规划 [M]. 北京：中国林业出版杜，1995.

[230] 杨士弘. 城市绿化树木的降温增湿效应研究 [J]. 地理研究，1994，13（4）：
74–80.

[231] 杨小波，吴庆书. 城市生态学 [M]. 北京：科学出版社，2001.

[232] 杨新兵. 华北土石山区典型人工林优势树种及群落耗水规律研究 [D]. 北
京：北京林业大学，2007.

[233] 于贵瑞. 植物光合、蒸腾与水分利用的生理生态学 [M]. 北京：科学出版
社，2010.

[234] 于雅鑫，胡希军，金晓玲. 12 种木兰科乔木固碳释氧和降温增湿能力研
究 [J]. 广东农业科学，2013，40（6）：47–50.

[235] 张彪，高吉喜，谢高地，等. 北京城市绿地的蒸腾降温功能及其经济价
值评估 [J]. 生态学报，2012，32（24）：7698–7705.

[236] 张翠萍，温琰茂. 大气污染植物修复的机理和影响因素研究 [J]. 云南地
理环境研究，2005，17（6）：82–86.

[237] 张翠霞，张秋良，常金宝. 库布其沙漠几种植物的光合蒸腾及水分利用
效率 [J]. 南京林业大学学报（自然科学版），2007，31（4）：81–84.

[238] 张景哲，刘启明. 北京城市气温与下垫面结构关系的时相变化 [J]. 地理
学报，1988，43（2）：159–168.

[239] 张菊. 环境胁迫对果树光合作用的影响 [J]. 北京农业，2013（15）：48.

[240] 张明丽，秦俊，胡永红. 上海市植物群落降温增湿效果的研究 [J]. 北京
林业大学学报，2008，30（2）：39–43.

[241] 张瑞. 北京市果树产业发展规划的研究与制定 [D]. 北京：中国农业大学，

2005.

[242] 张维康. 北京市主要树种滞纳空气颗粒物功能研究 [D]. 北京：北京林业大学，2016.

[243] 张翔. 浅析相关因子对空气负离子水平的影响 [J]. 湖南环境生物职业技术学院学报，2004，10（4）：346-351.

[244] 张新献，古润泽，陈自新，等. 北京城市居住区绿地的滞尘效益 [J]. 北京林业大学学报，1997，19（4）：12-17.

[245] 张旭，朱丽琴，李文斌，等. 火炬树蒸腾速率及其环境因子的影响研究 [J]. 亚热带水土保持，2010，22（3）：24-27.

[246] 张艳丽，费世民，李智勇，等. 成都市沙河主要绿化树种固碳释氧和降温增湿效益 [J]. 生态学报，2013，33（12）：3878-3887.

[247] 张艳丽. 杭州市典型城市森林类型生态保健功能研究 [D]. 北京：中国林业科学研究院，2013.

[248] 张一弓，张荟荟，付爱良，等. 植物固碳释氧研究进展 [J]. 安徽农业科学，2012（18）：9688-9689.

[249] 赵爱芳. 夏县果树产业发展现状与对策 [D]. 咸阳：西北农林科技大学，2009.

[250] 赵冰清. 重庆市大气颗粒物时空变化及植物滞尘能力研究 [D]. 北京：北京林业大学，2015.

[251] 赵晨曦，王玉杰，王云琦，等. 细颗粒物（PM2.5）与植被关系的研究综述 [J]. 生态学杂志，2013，32（8）：2203-2210.

[252] 赵风华，王秋凤，王建林，等. 小麦和玉米叶片光合—蒸腾日变化耦合机理 [J]. 生态学报，2011，31（24）：7526-7532.

[253] 赵海珍，何芳，帕提古力·麦麦提，等. 南疆几种果树叶片吸附物成分分析 [J]. 新疆农业科学，2013（11）：2054-2059.

[254] 赵瑞祥. 空气负离子疗法在疗养医学中的应用 [J]. 中国疗养医学，2002（2）：10-12.

[255] 赵雄伟，李春友，葛静茹，等. 森林环境中空气负离子研究进展 [J]. 西北林学院学报，2007，22（2）：57-61.

[256] 赵勇，李树人，阎志平. 城市绿地的滞尘效应及评价方法 [J]. 华中农业大学学报，2002，21（6）：582-586.

[257] 郑鹏，史红文，邓红兵，等 . 武汉市 65 个园林树种的生态功能研究 [J].
植物科学学报，2012，30（5）：468-475.

[258] 中国森林资源核算研究项目组 . 生态文明制度构建中的中国森林资源核
算研究 [M]. 北京：中国林业出版社，2015.

[259] 中华人民共和国水利部 . 2015 中国水土保持公报 [R/OL]. [2020-12-31].
http://www.mwr.gov.cn/.

[260] 中华人民共和国水利部 . 2016 中国水资源公报 [R/OL]. [2020-07-11].
http://www.mwr.gov.cn/.

[261] 周斌，余树全，张超，等 . 不同树种林分对空气负离子浓度的影响 [J].
浙江农林大学学报，2011，28（2）：200-206.

[262] 周志翔，邵天一，王鹏程，等 . 武钢厂区绿地景观类型空间结构及滞尘
效应 [J]. 生态学报，2002，22（12）：2036-2040.

[263] 朱春阳，李树华，纪鹏 . 城市带状绿地结构类型与温湿效应的关系 [J].
应用生态学报，2011，22（5）：1255-1260.

[264] 朱燕青 . 常见灌木固碳释氧及降温增湿效应研究：以长沙市为例 [D]. 长
沙：中南林业科技大学，2013.

[265] 庄树宏，王克明 . 城市大气重金属（Pb，Cd，Cu，Zn）污染及其在植
物中的富积 [J]. 烟台大学学报（自然科学与工程版），2000，13（1）：
31-37.

[266] 宗美娟，王仁卿，赵坤 . 大气环境中的负离子与人类健康 [J]. 山东林业
科技，2004（2）：32-34.

# 附表　北京市经济林生态服务评估社会公共数据（推荐使用价格）

| 编号 | 名称 | 单位 | 2015年数值 | 2014年数值 | 数值来源及依据 |
|---|---|---|---|---|---|
| 1 | 水库建设单位库容投资 | 元/t | 9.05 | 8.79 | 1993—1999年《中国水利年鉴》平均水库库容造价为2.17元/t，国家统计局公布的2012年原材料、燃料、动力类价格指数为3.725，根据贴现率得到2013年单位库容造价为8.44元/t |
| 2 | 水的净化费用 | 元/t | 3.29 | 3.20 | 采用网格法得到2012年全国各大中城市的居民用水价格的平均值，为2.94元/t，根据价格指数（水的生产和供应业）折算为2013年的现价，即3.07元/t，贴现到2015年为3.29元/t |
| 3 | 挖取单位面积土方费用 | 元/m³ | 67.55 | 65.63 | 根据2002年黄河工程预算定额《中华人民共和国水利部水利建筑工程预算定额》（上册）中所述人工挖土方Ⅰ类和Ⅱ类土类每100m³需42个工时，按2013年每个人工150元/日计算。逐步贴现到2015年挖取单位土方费用为67.55元/m³ |
| 4 | 磷酸二铵含氮量 | | 14.00% | 14.00% | 化肥产品说明 |

续表

| 编号 | 名称 | 单位 | 2015年数值 | 2014年数值 | 数值来源及依据 |
|---|---|---|---|---|---|
| 5 | 磷酸二铵含磷量 | | 15.01% | 15.01% | 化肥产品说明 |
| 6 | 氯化钾含钾量 | | 50.00% | 50.00% | 化肥产品说明 |
| 7 | 磷酸二铵化肥价格 | 元/t | 3538.34 | 3437.78 | 磷酸二铵、氯化钾化肥价格根据中国化肥网（http：//www.fert.cn）2013年春季平均价格；有机质肥价格根据中国农资网（www. |
| 8 | 氯化钾化肥价格 | 元/t | 3002.22 | 2916.90 | ampcn.com）2013年鸡粪类有机肥的春季平均价格。通过贴现分 |
| 9 | 有机质价价格 | 元/t | 857.78 | 833.40 | 别得到2015年的磷酸二铵化肥、氯化钾化肥、有机质价格 |
| 10 | 固碳价格 | 元/t | 1373.51 | 1334.48 | 采用欧盟CO<sub>2</sub>市场得到2006年CO<sub>2</sub>市场价31欧元/t，再根据贴现率转换为2015年的现价 |
| 11 | 制造氧气价格 | 元/t | 1392.89 | 1353.31 | 采用中华人民共和国卫生部网站（http：//www.nhfpc.gov.cn）2007年春季氧气平均价格（1000元/t），根据价格指数（医药制造业）折算为2013年的现价，即1299.07元/t，根据贴现率转化为2015年的现价 |
| 12 | 负离子生产费用 | 元/10<sup>18</sup>个 | 10.14 | 9.85 | 根据企业生产的适用范围30m<sup>2</sup>（房间高3m），功率6W，负离子浓度1000 000个/m<sup>3</sup>，使用寿命10年，价格由每个65元的KLD-2000型负离子发生器而推算获得，其中负离子产生10分钟，2013年电费0.65元/千瓦时，推算获得负离子产生费用为9.46元/10<sup>18</sup>个，贴现到2015年费用 |

| 编号 | 名称 | 单位 | 2015年数值 | 2014年数值 | 数值来源及依据 |
| --- | --- | --- | --- | --- | --- |
| 13 | $SO_2$治理费用 | 元/kg | 1.99 | 1.93 | 采用中华人民共和国国家发展和改革委员会等四部委2003年第31号令《排污费征收标准及计算方法》中北京市高硫煤$SO_2$排污费标准，为1.20元/kg；$HF_x$排污费收费标准为0.69元/kg；$NO_x$排污费收费标准为1.04元/kg；一般性粉尘排污费收费标准为0.15元/kg；然后贴现分别得到2015年各项污染物排污收费标准 |
| 14 | $HF_x$治理费用 | 元/kg | 1.13 | 1.10 | |
| 15 | $NO_x$治理费用 | 元/kg | 1.04 | 1.01 | |
| 16 | 降尘清洁费用 | 元/kg | 0.20 | 0.24 | |
| 17 | PM10所造成健康危害经济损失 | 元/kg | 28.30 | 30.34 | 根据David等2013年"Modele PMRemoval by Trees in Ten U.S.Cities and Associated Health Effects"中对美国10个城市绿色植被吸附及健康价值影响的研究。其中，价值贴现至2015年，人民币对美元汇率按照2013年平均汇率6.2897计算 |
| 18 | PM2.5所造成健康危害经济损失 | 元/kg | 4350.89 | 4665.12 | |
| 19 | 生物多样性保护价值 | 元/（年·hm²） | 3000<br>5000<br>10 000<br>20 000<br>30 000<br>40 000<br>50 000 | — | 根据Shannon-Wiener指数计算生物多样性保护价值，采用2008年价格，即：Shannon-Wiener指数<1时，S1为3000元/（年·hm²）；1≤Shannon-Wiener指数<2，S1为5000元/（年·hm²）；2≤Shannon-Wiener指数<3，S1为10 000元/（年·hm²）；3≤Shannon-Wiener指数<4，S1为20 000元/（年·hm²）；4≤Shannon-Wiener指数<5，S1为30 000元/（年·hm²）；5≤Shannon-Wiener指数<6，S1为40 000元/（年·hm²）；指数≥6时，S1为50 000元/（年·hm²），通过贴现率现率为2015年的价格参数 |

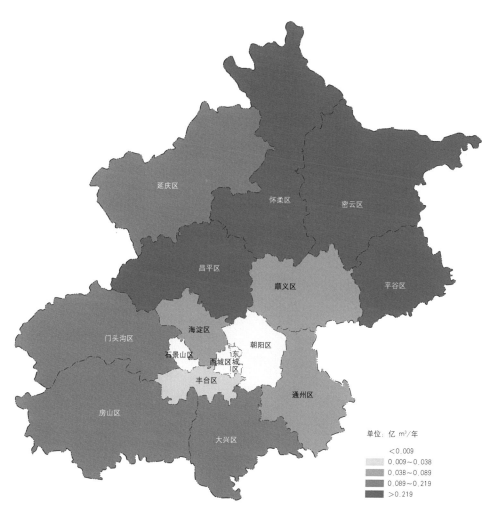

单位: 亿 m³/年

<0.009
0.009～0.038
0.038～0.089
0.089～0.219
>0.219

彩图 9-1  北京市经济林生态系统涵养水源物质量分布

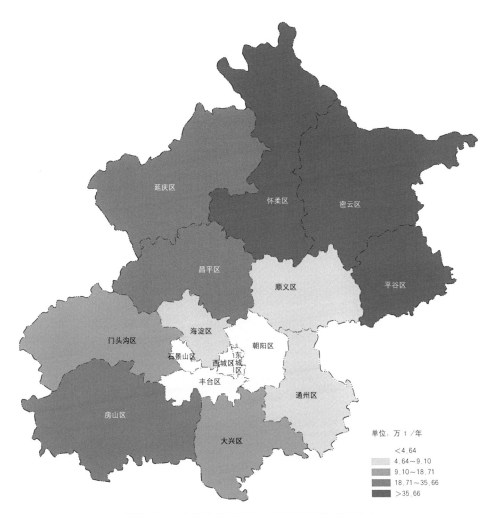

单位: 万 t /年

<4.64
4.64~9.10
9.10~18.71
18.71~35.66
>35.66

彩图 9-2 北京市经济林生态系统固土物质量分布

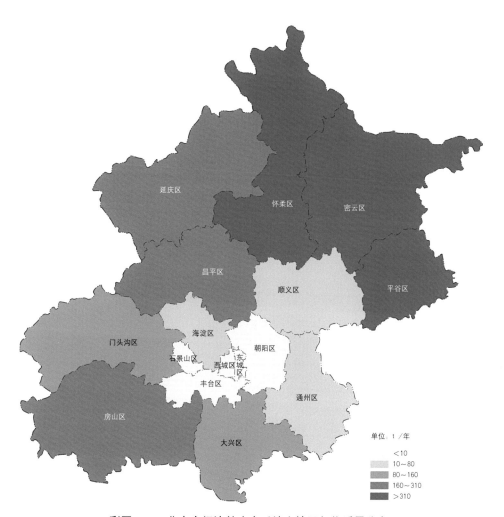

单位：t／年
<10
10～80
80～160
160～310
>310

彩图 9-3　北京市经济林生态系统土壤固氮物质量分布

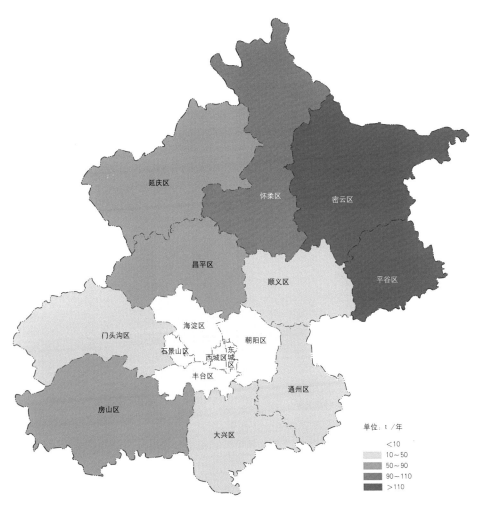

彩图 9-4　北京市经济林生态系统土壤固磷物质量分布

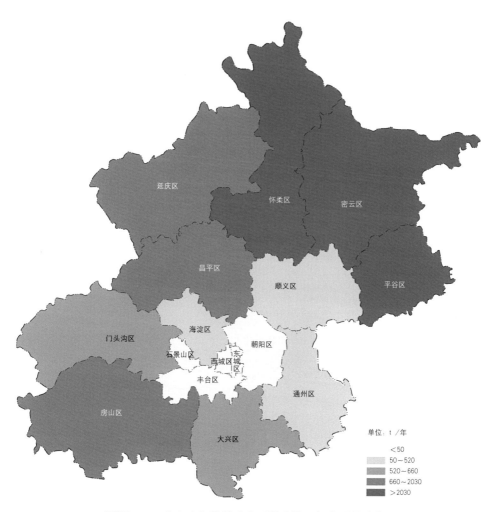

延庆区

怀柔区

密云区

昌平区

顺义区

平谷区

门头沟区

海淀区

朝阳区

石景山区

东城区

西城区

丰台区

通州区

房山区

大兴区

单位：t／年

<50

50~520

520~660

660~2030

>2030

彩图 9-5　北京市经济林生态系统土壤固钾物质量分布

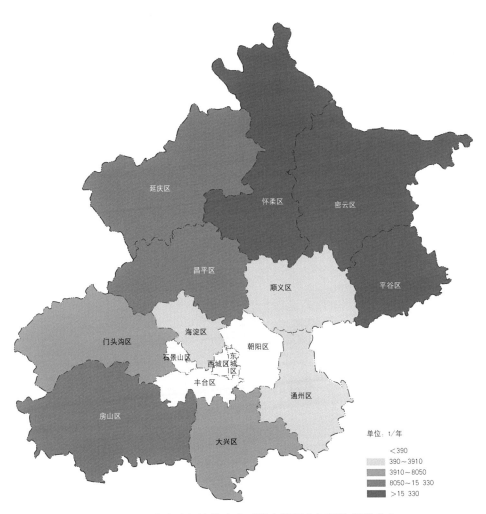

单位：t/年

&lt;390

390~3910

3910~8050

8050~15 330

&gt;15 330

彩图 9-6　北京市经济林生态系统土壤固有机质物质量分布

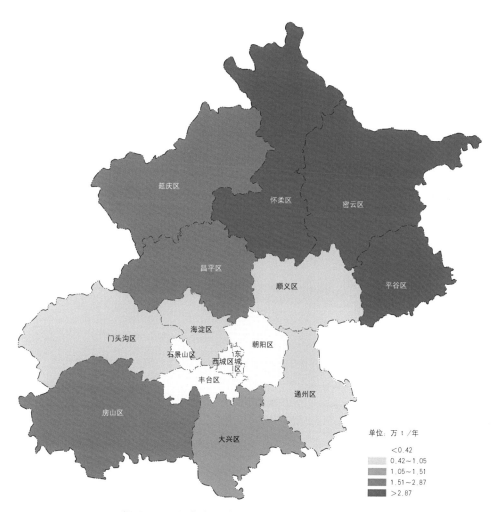

彩图 9-7　北京市经济林生态系统固碳物质量分布

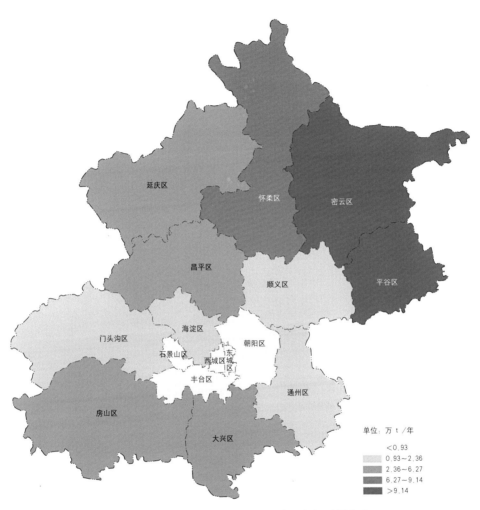

单位：万 t／年

       &lt;0.93

       0.93～2.36

       2.36～6.27

       6.27～9.14

       &gt;9.14

彩图 9-8　北京市经济林生态系统释氧物质量分布

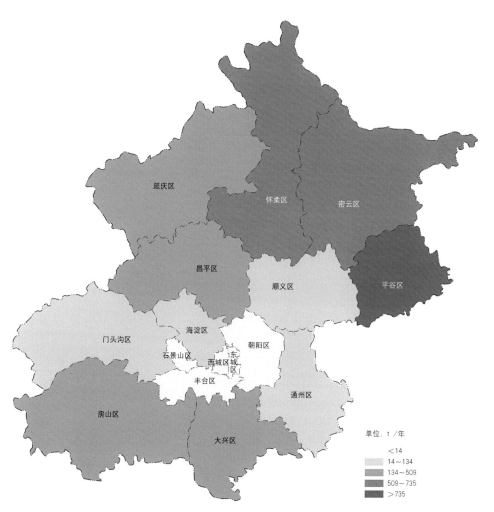

彩图 9-9　北京市经济林生态系统林木积累氮物质量分布

单位：t／年

<14
14～134
134～509
509～735
>735

延庆区
怀柔区
密云区
昌平区
顺义区
平谷区
门头沟区
海淀区
朝阳区
石景山区
西城区
东城区
丰台区
通州区
房山区
大兴区

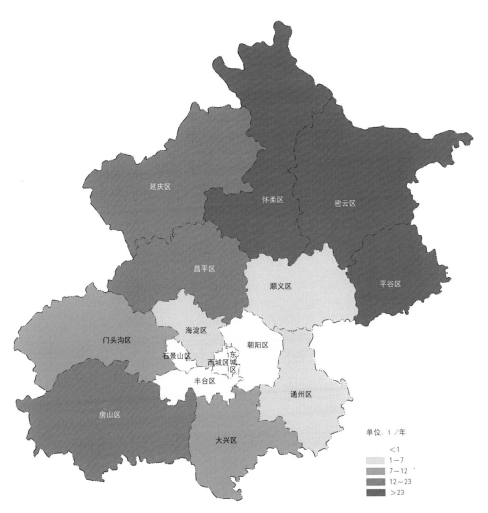

彩图 9-10　北京市经济林生态系统林木积累磷物质量分布

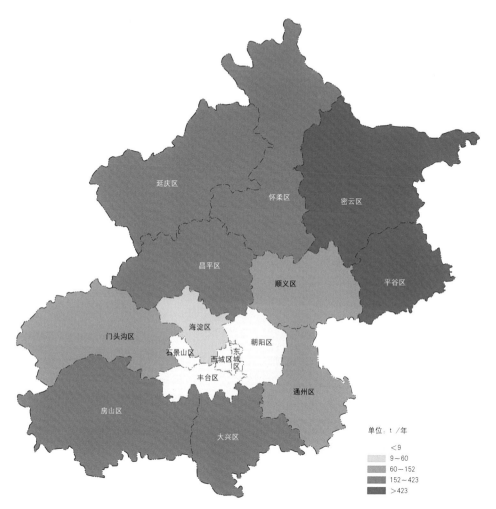

彩图 9-11　北京市经济林生态系统林木积累钾物质量分布

单位：t／年
<9
9～60
60～152
152～423
>423

延庆区
怀柔区
密云区
昌平区
顺义区
平谷区
门头沟区
海淀区
朝阳区
石景山区
西城区
东城区
丰台区
通州区
房山区
大兴区

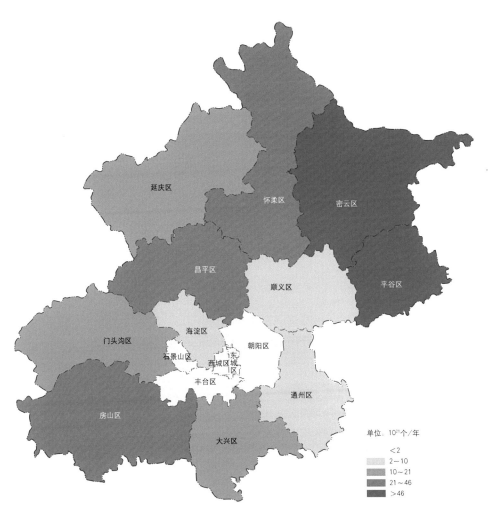

彩图 9-12　北京市经济林生态系统提供负离子物质量空间分布

单位：$10^{21}$个／年

< 2
2～10
10～21
21～46
> 46

延庆区

怀柔区

密云区

昌平区

顺义区

平谷区

门头沟区

海淀区

朝阳区

石景山区

东城区

西城区

丰台区

通州区

房山区

大兴区

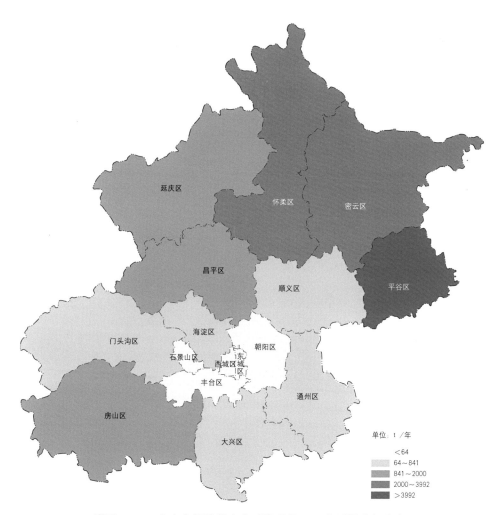

单位: t /年
<64
64～841
841～2000
2000～3992
>3992

延庆区　怀柔区　密云区　昌平区　顺义区　平谷区　门头沟区　海淀区　朝阳区　石景山区　西城区　东城区　丰台区　通州区　房山区　大兴区

彩图 9-13　北京市经济林生态系统吸收 SO$_2$ 物质量空间分布

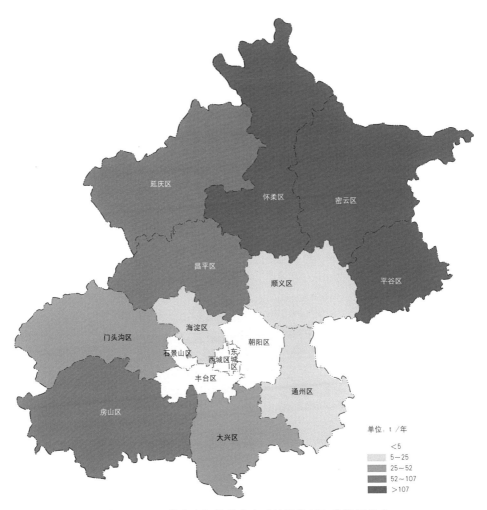

单位：t／年
<5
5～25
25～52
52～107
>107

**彩图 9-14 北京市经济林生态系统吸收 HF$_x$ 物质量分布**

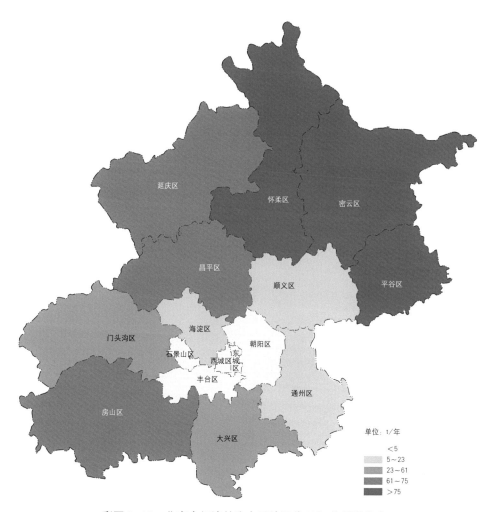

单位: 1/年
<5
5~23
23~61
61~75
>75

彩图 9-15 北京市经济林生态系统吸收 NOₓ 物质量分布

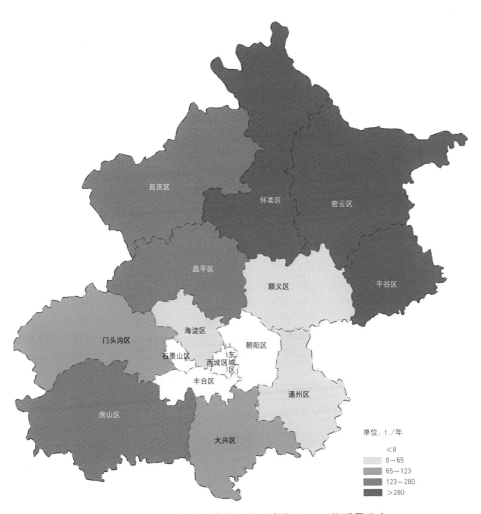

彩图 9-16　北京市经济林生态系统滞纳 TSP 物质量分布

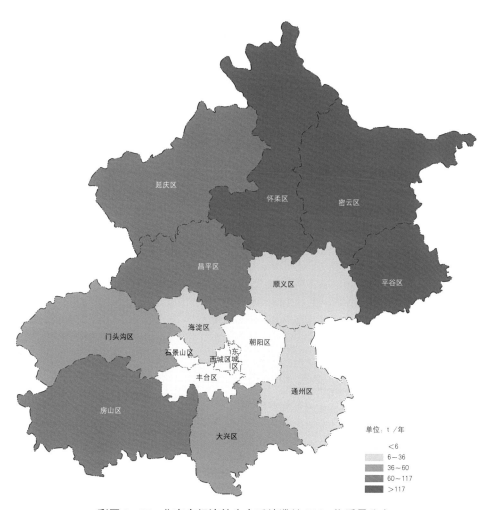

单位：t／年

&lt;6

6～36

36～60

60～117

&gt;117

彩图 9-17　北京市经济林生态系统滞纳 PM₁₀ 物质量分布

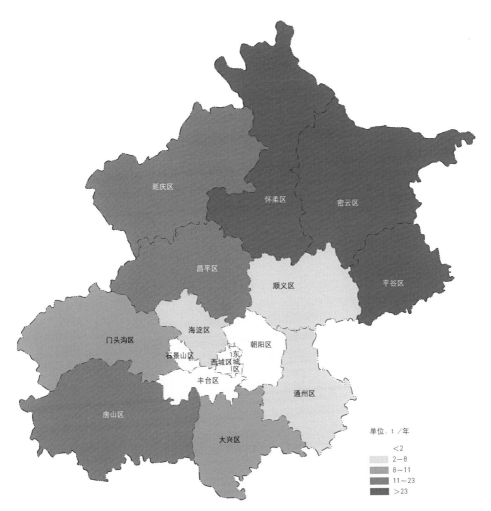

单位: t/年
- <2
- 2~8
- 8~11
- 11~23
- >23

彩图 9-18　北京市经济林生态系统滞纳 $PM_{2.5}$ 物质量分布

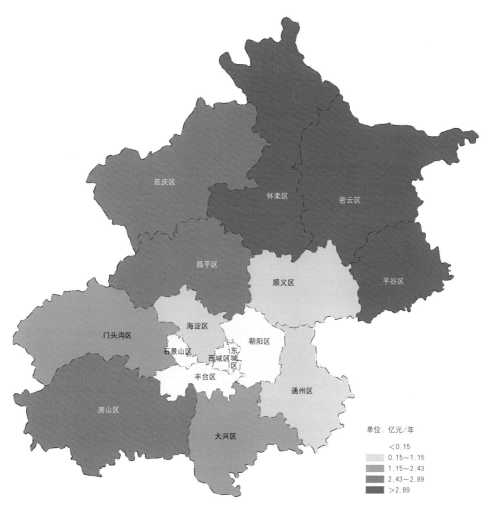

单位: 亿元/年

<0.15
0.15~1.15
1.15~2.43
2.43~2.89
>2.89

**彩图 10-3 北京市各行政区经济林生态系统涵养水源功能价值量**

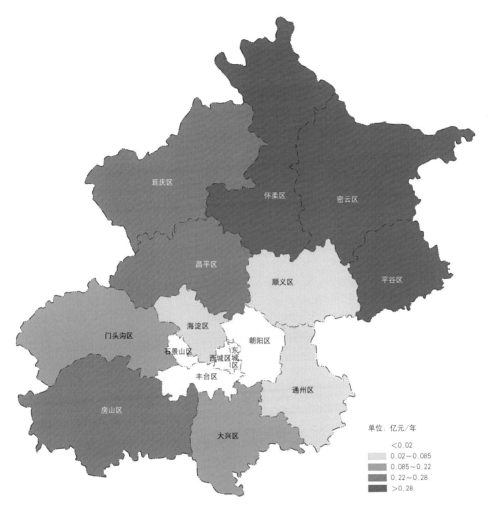

单位：亿元/年
<0.02
0.02~0.085
0.085~0.22
0.22~0.28
>0.28

**彩图 10-4 北京市各行政区经济林生态系统保育土壤功能价值量**

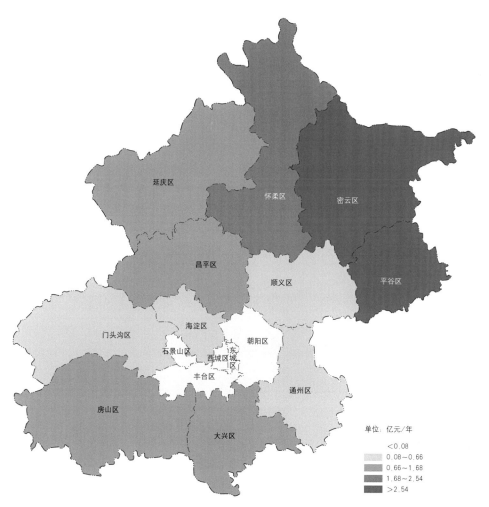

单位: 亿元/年

<0.08
0.08~0.66
0.66~1.68
1.68~2.54
>2.54

**彩图 10-5　北京市各行政区经济林生态系统固碳释氧功能价值量**

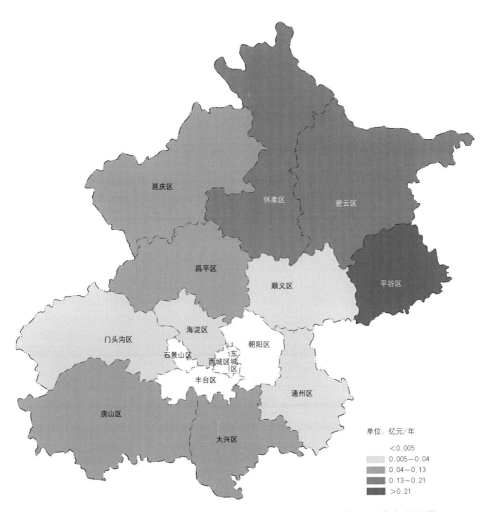

单位：亿元／年
<0.005
0.005～0.04
0.04～0.13
0.13～0.21
>0.21

**彩图 10-6 北京市各行政区经济林生态系统林木积累营养物质功能价值量**

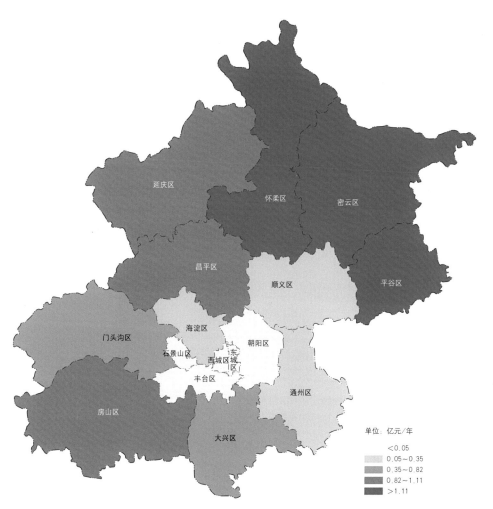

単位: 亿元/年
- <0.05
- 0.05—0.35
- 0.35—0.82
- 0.82—1.11
- >1.11

彩图 10-7　北京市各行政区经济林生态系统净化大气环境功能价值量

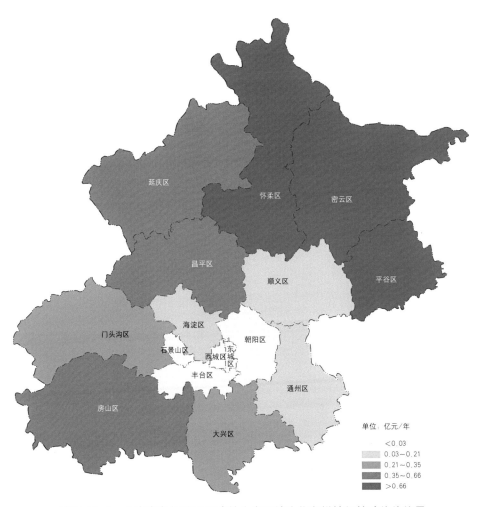

单位: 亿元/年

<0.03
0.03～0.21
0.21～0.35
0.35～0.66
>0.66

彩图 10-8　北京市各行政区经济林生态系统生物多样性保护功能价值量

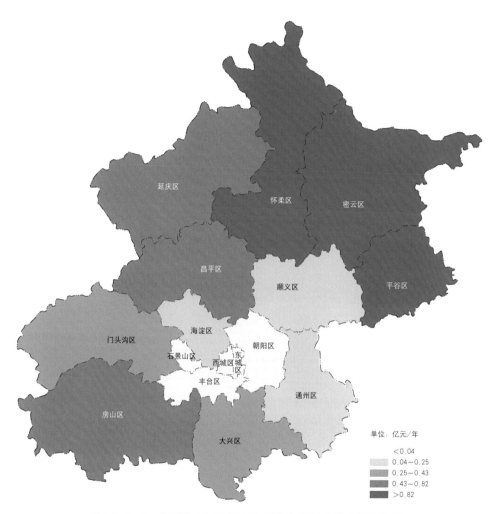

单位：亿元／年

- <0.04
- 0.04～0.25
- 0.25～0.43
- 0.43～0.82
- >0.82

**彩图 10-9　北京市各行政区经济林生态系统游憩功能价值量**